本書の対応バージョン

Photoshop CC 2019

本書記載の情報は、2018年10月20日現在の最新版である「Photoshop CC 2019」の内容を元にして制作しています。パネルやメニューの項目名や配置位置などはPhotoshopのバージョンによって若干異なる場合があります。

サンプルファイルのダウンロード

本書で解説しているサンプルのデータは、以下の本書サポートページからダウンロードできます。

（サポートページ） http://isbn.sbcr.jp/98267/

※各項目に対応するサンプルファイルは各項目の番号と同名のフォルダ内に格納されています。本書を読み進めていくうえで参考にしてください。

※ダウンロードしたサンプルファイルは本書の学習用途にのみご利用いただけます。すべてのダウンロードデータは著作物であり、コード、グラフィック、画像の一部、またはそれらのすべてを公開したり、改変して使用することはできません。

本書に関するお問い合わせ

この度は小社書籍をご購入いただき誠にありがとうございます。小社では本書の内容に関するご質問を受け付けております。本書を読み進めていただきます中でご不明な箇所がございましたらお問い合わせください。なお、お問い合わせに関しましては下記のガイドラインを設けております。恐れ入りますが、ご質問の際は最初に下記ガイドラインをご確認ください。

● ご質問の際の注意点

- ご質問はメール、または郵便など、必ず文書にてお願いいたします。お電話では承っておりません。
- ご質問は本書の記述に関することのみとさせていただいております。従いまして、○○ページの○○行目というように記述箇所をはっきりお書き添えください。記述箇所が明記されていない場合、ご質問を承れないことがございます。
- 小社出版物の著作権は著者に帰属いたします。従いまして、ご質問に関する回答も基本的に著者に確認の上回答いたしております。これに伴い返信は数日ないしそれ以上かかる場合がございます。あらかじめご了承ください。

● ご質問送付先

ご質問については下記のいずれかの方法をご利用ください。

Webページより
上記のサポートページ内にある「この商品に関する問い合わせはこちら」をクリックすると、メールフォームが開きます。要綱に従って質問内容を記入の上、送信ボタンを押してください。

郵送
郵送の場合は下記までお願いいたします。

〒106-0032
東京都港区六本木2-4-5
SBクリエイティブ　読者サポート係

■本書内に記載されている会社名、商品名、製品名などは一般に各社の登録商標または商標です。本書中では®、™マークは明記しておりません。

■本書の出版にあたっては正確な記述に努めましたが、本書の内容に基づく運用結果について、著者およびSBクリエイティブ株式会社は一切の責任を負いかねますのでご了承ください。

©2018　本書の内容は著作権法上の保護を受けています。著作権者・出版権者の文書による許諾を得ずに、本書の一部または全部を無断で複写・複製・転載することは禁じられております。

はじめに

　本書は「Photoshopでやりたいことはあるけど、操作方法がわからない！」という方のために目的別に項目をまとめた逆引き本です。

　Photoshopはフォトレタッチを行うソフトウェアの中で最も高機能なものの1つです。Photoshopを使用すれば、画像に関するあらゆることが実現できると言っても過言ではありません。しかし、その一方で、機能が多く、多岐にわたるため、操作マニュアルや入門書では表現したいイメージを実現するのに必要な機能を探し出せないことがあります。

　本書では、これらの問題を踏まえ、みなさんのクリエイティブワークがより円滑になるよう、頻出の目的別に項目をまとめ、できる限りわかりやすい解説を行いました。また、より理解を深めることができるよう、関連する重要なページを「関連」として本文下部に追加しています。さらに、Photoshopを使いこなすうえで必修の最も重要な基本操作を第1章に集約しています。初心者の方やまだPhotoshopの操作に十分に慣れていない方は、最初に第1章を通読していただくことで、基本操作を習得することができ、本書後半の各手順をスムーズに読み進められるようになります。

　また、書籍内で紹介している画像とは異なる特徴の画像でも応用できるよう、各設定値や手順について、その理由や原理を紙面が許す限り解説しました。機能の応用方法やさまざまな状況での具体的な設定値も極力解説しています。

　そのため、初心者の方だけでなく、すでにその機能を使いこなしている中・上級者の方にも読み応えのある1冊になっていると思います。実際にみなさんがオリジナルの画像を加工する際の役に立てば幸いです。

　画像をより良くする原則や方法はPhotoshopのバージョンに関わらず、この先もずっと活用できます。そのため、ここで覚えてしまえば、本書名「10年使える逆引き手帖」ではありませんが、10年後も十分役に立つテクニックになると思います。

　もう1つ、本書の大きな特徴として、書籍内容の理解に役立つダウンロードデータを用意しました。ダウンロードデータには、レイヤー付きの画像、設定値、アクションが付属しています。制作途中のステップもレイヤーとして残してあります。また、本書では掲載・解説できなかった画像や解説もいくつか付属しています。初心者の方は動作確認に、中・上級者の方は設定値を組み合わせて一歩進んだ作品制作に役立ててください。

　本書の執筆においては、記載内容の検証作業や原稿の査読、また私の仕事のフォローなどで多くの方々にご協力いただきました。また本書の構成や内容については、担当編集者の岡本晋吾氏より適切なアドバイスをたくさん頂きました。この場を借りて、ご協力いただいた方々、私を支えてくれた方々に感謝を申し上げます。ありがとうございました。

　最後に、本書が少しでも、みなさんのクリエイティブワークのお役に立てれば幸いです。10年後、みなさんの机の上に本書があることを願っています。

藤本圭

Photoshop Contents

　　　ツール一覧 ……………………………………………………………… 10
　　　パネル一覧 ……………………………………………………………… 12

第1章　基本機能 …………………………………………………………… 17

- **001** ファイルを開く ……………………………………………………… 18
- **002** 複数の画像を比較しながら開く …………………………………… 19
- **003** RAWファイルをPhotoshopに取り込む …………………………… 20
- **004** 新規ファイルを作成する …………………………………………… 23
- **005** 画像を正しく保存する ……………………………………………… 24
- **006** フォーマットの違いを理解する …………………………………… 25
- **007** 誰でも見られる再編集可能な方法で保存する …………………… 26
- **008** 複数のPSDファイルをPDFにまとめる …………………………… 28
- **009** 表示エリアをスクロールする ……………………………………… 29
- **010** 画像の表示倍率や位置を揃えて複数の画像を比較する ………… 30
- **011** 画面を回転させて表示する ………………………………………… 31
- **012** 画像サイズを調べる ………………………………………………… 32
- **013** 画像の解像度を変更する …………………………………………… 33
- **014** カンバスサイズを変更する ………………………………………… 34
- **015** 画像を切り抜いてトリミングする ………………………………… 35
- **016** サイズを指定してトリミングする ………………………………… 36
- **017** 画像の一部を削除する ……………………………………………… 37
- **018** 傾いた画像を修正する ……………………………………………… 38
- **019** パスを使って画像を切り抜く ……………………………………… 40
- **020** 切り抜き画像をIllustratorに配置する …………………………… 41
- **021** 画像のRGB値やCMYK値を調べる ………………………………… 42
- **022** パネルを非表示にする ……………………………………………… 43
- **023** ガイドを使用する …………………………………………………… 44
- **024** オブジェクトをガイドやグリッドに吸着させる ………………… 45
- **025** ガイドを数値で指定する …………………………………………… 46
- **026** ヒストリーで操作をやり直す ……………………………………… 47
- **027** 操作画像を開いたときの状態に戻す ……………………………… 48
- **028** 過去の画像から別の画像を作成する ……………………………… 49
- **029** さまざまな図形や記号を簡単に描く ……………………………… 50
- **030** フィルターを使用する ……………………………………………… 51
- **031** 画像にぼかしを加える ……………………………………………… 52

032	画像にノイズを加える	53
033	［ぼかしギャラリー］によるぼかし処理	54
034	画像をシャープにする	56
035	［フィルターギャラリー］で複数のフィルターを適用する	58
036	テレビ画面のような走査線を入れる	60
037	選択範囲内の画像やレイヤーを変形する	62
038	画像内容に応じた画像の拡大・縮小	63
039	コンテンツに応じた画像の拡大・縮小	64
040	ブラシでランダムにペイントする	66
041	オリジナルブラシの登録と使用	68
042	ブラシで連続したオブジェクトを描く	69
043	グラデーションで塗りつぶす	70
044	オリジナルのグラデーションを作成する	71
045	パスの形状に沿って文字を入力する	73
046	写真に文字を入れる	74
047	文字をパスに変換する	76
048	画像をパターンで塗りつぶす	77
049	パターンを登録する	78
050	頻繁に使う操作を登録する	79
051	アクションの途中で設定値を変える	80
052	複数の画像にアクションを適用する	82
053	ワンクリックで画像にさまざまなフレームをつける	83
054	さまざまな種類の配色案を作成する	84
Column	［ペン］ツールとパス	86

第2章　選択範囲・アルファチャンネル　　87

055	選択範囲の基礎知識	88
056	シンプルな選択範囲を作成する	89
057	曲線の選択範囲を作成する	90
058	数値を指定して選択範囲を作成する	91
059	パスから選択範囲を作成する	92
060	選択範囲を追加・削除する	93
061	選択範囲を移動する	94
062	選択範囲を正確に移動する	95
063	選択範囲を変形する	96
064	選択範囲を拡大・縮小する	98
065	選択範囲を拡張する	99
066	選択範囲を反転する	100
067	被写体を自動的に選択する	101
068	ギザギザの選択範囲を自然な曲線にする	102
069	選択範囲の境界線をぼかす	103
070	画像の輪郭を使用して選択範囲を作成する	104
071	画像の色と濃度をもとに選択範囲を作成する	106

072	半自動的に選択範囲を作成する	108
073	特定の色域を選択する	109
074	ふわふわしたオブジェクトを正確に選択する	110
075	アルファチャンネルとは	113
076	アルファチャンネルの基本操作	114
077	選択範囲をアルファチャンネルに保存する	116
078	保存した選択範囲を読み込む	117
079	読み込み方法を指定して選択範囲を読み込む	118
080	アルファチャンネルを使用して選択範囲を作成する	120
081	半透明の選択範囲を作成する	124
082	各チャンネルの色情報やアルファチャンネルの情報を確認する	126
083	選択範囲の境界を確認しながら加工する	128
084	クイックマスクを加工して選択範囲を編集する	129

第3章 レイヤー　131

085	新規レイヤーを作成する	132
086	レイヤーの順番を変更する	133
087	レイヤーを複製する	134
088	不要なレイヤーを削除する	135
089	画像を直接クリックしてレイヤーを選択する	136
090	複数のレイヤーをまとめてアクティブにする	137
091	レイヤーを移動する	138
092	レイヤーを上下左右に反転させる	139
093	異なるレイヤー上の画像を整列させる	140
094	レイヤーをグループ化する	142
095	複数のレイヤーをまとめる	143
096	アクティブな複数のレイヤーを1つにまとめる	144
097	グループ化したレイヤーを解除・結合する	145
098	各レイヤーを個別ファイルとして保存する	146
099	レイヤーを部分的に複製する	147
100	描画モードを変更する	148
101	レイヤーの不透明度を変更する	153
102	レイヤーマスクで画像の一部を元に戻す	154
103	レイヤーマスクの適用・削除・無効化	155
104	やり直し可能なレイヤーマスクを設定する	157
105	レイヤーとレイヤーマスクのリンクを切る	158
106	レイヤーを美しく発光させる	159
107	［ドロップシャドウ］で影を加える	160
108	レイヤースタイルを他のレイヤーに適用する	161
109	レイヤースタイルを［スタイル］パネルに登録する	162
110	レイヤースタイルを残したまま不透明度を変更する	163
111	レイヤースタイルを拡大・縮小する	164
112	レイヤースタイルをレイヤーとして書き出す	165

- 113 シェイプや文字を通常のレイヤーに変換する……… 166
- 114 レイヤーをスマートオブジェクトに変換する……… 167
- 115 複数のデザイン案をワンクリックで切り替える……… 168
- **Column** Photoshopの勉強方法……… 170

第4章 レタッチ・色調補正 171

- 116 色調補正の全体像を理解する……… 172
- 117 [調整レイヤー]を使用して再編集可能な色調補正を行う……… 175
- 118 色調補正の設定内容の保存と読み込み……… 177
- 119 トーンカーブの使い方……… 178
- 120 偏った色を補正する……… 182
- 121 コントラストの弱い画像を補正する……… 184
- 122 画像にメリハリをつけてヌケをよくする……… 186
- 123 被写体の色を鮮やかにする……… 188
- 124 特定の色のみ色補正をする……… 190
- 125 画像内の特定の色を変更する……… 192
- 126 ハイライトとシャドウを修正する……… 193
- 127 イメージ通りのモノトーンに変換する……… 194
- 128 彩度は変えずにコントラストを上げる……… 196
- 129 色を補正して夕焼けの赤みを強調する……… 197
- 130 グレイッシュに仕上げる……… 198
- 131 トンネル効果でモチーフを目立たせる……… 200
- 132 色かぶりした画像を明瞭にする……… 203
- 133 不要なオブジェクトを消す……… 204
- 134 細かい傷やゴミを取り除く……… 205
- 135 境界線の汚れを取り除く……… 206
- 136 宝石をキラキラ輝かせる……… 207
- 137 ブレている写真を補正する……… 208
- 138 画像の一部を滲ませる……… 209
- 139 背景をぼかして遠近感を強調する……… 210
- 140 修正ブラシでシワを消去する……… 212
- 141 理想的な顔の形を調べる……… 213
- 142 [ゆがみ]フィルターで画像を変形する……… 214
- 143 ブラシで簡単に肌をきれいにする……… 216
- 144 [ぼかし]ツールで画像を滑らかにする……… 218
- 145 瞳にガラスのような輝きを与える……… 220
- 146 肌に自然な立体感を付け加える……… 222
- 147 ソフトフォーカス風の加工をする……… 225
- 148 ソフトフォーカスレンズをシミュレーションする……… 226
- 149 パース(遠近感)を調整する……… 229

第5章 画像合成 ... 231

- 150 画像合成の全体像を理解する ... 232
- 151 モノクロ写真に色をつける ... 234
- 152 レイヤーマスクとグラデーションで合成する ... 237
- 153 合成後の不自然なエッジをきれいに仕上げる ... 238
- 154 快晴の空に雲を合成する ... 240
- 155 はためく旗にイラストを合成する ... 242
- 156 料理写真に湯気を合成する ... 244
- 157 商品にエンボスを加える ... 247
- 158 [自動整列]機能で必要な部分のみ合成する ... 250
- 159 床の映り込みを作成する ... 252
- 160 写真に逆光を入れる ... 254
- 161 色のついた光源を作成する ... 256
- 162 画像にきらめくような効果を与える ... 257
- 163 画像を立体物に貼り付ける ... 260
- Column 便利なショートカットキー一覧 ... 262

第6章 アートワーク ... 263

- 164 手早くカラーフィルタ効果をかける ... 264
- 165 ワープ変形と影で画像を合成する ... 266
- 166 優しく、温かいナチュラル系の写真にする ... 270
- 167 色あせたカラー写真のように加工する ... 272
- 168 トイカメラ風の写真にする ... 274
- 169 淡く、優しい雰囲気に加工する ... 276
- 170 美しく流れる髪の毛を描画する ... 278
- 171 夜景を虹色に輝かせる ... 280
- 172 写真をHDR画像風に加工する ... 284
- 173 HDR画像を作成する ... 286
- 174 複数の画像をつなぎ合わせてパノラマ写真を作成する ... 288
- 175 写真をカットアウト風のイラストにする ... 290
- 176 [Camera Rawフィルター]で色温度を変更する ... 291
- 177 写真を水彩画風に仕上げる ... 292
- 178 絞りのボケを再現して画像を幻想的にする ... 294
- 179 雪や雨をレイヤースタイルで作成する ... 296
- 180 モノグラムのパターンを作成する ... 298
- 181 写真に白ふちをつけてポラロイド写真のようにする ... 301
- 182 光が差し込んで輝くような効果 ... 302
- 183 自然な炎を作成する ... 304
- 184 フォトモザイク画像を作成する ... 307
- 185 ソフトフォーカスの再現 ... 310
- 186 輝く柔らかな線を描く ... 312

187	[パペットワープ]でオブジェクトを変形する	314
188	特定のオブジェクトを画像から消す	316
189	風景写真をミニチュア画像に加工する	318
190	風景にシャボン玉を追加する	322

第7章 環境設定・カラーマネジメント 325

191	ワークスペースを保存する	326
192	単位を変更する	327
193	操作のやり直し可能回数を増やす	328
194	メモリの容量と画面の表示速度を設定する	329
195	カーソルの形状を変更する	330
196	不要なメモリをクリアする	331
197	キーボードのショートカットを変更する	332
198	チャンネルの表示色を変更する	334
199	画像を個別のウィンドウで開く	335
200	カラーマネジメントの全体像	336
201	RGB作業用スペースの設定方法	338
202	CMYK作業用スペースの設定方法	339
203	カラーマネジメントポリシーの設定	340
204	プロファイルを変換する	341
205	プロファイルを変更する	342
206	プロファイルを削除する	343
207	[埋め込まれたプロファイルの不一致]ダイアログでの設定方法	344
208	[プロファイルなし]ダイアログの設定方法	346
209	モニターのキャリブレーション方法	347
Column	レンズのゆがみを自動的に修正する	348

第8章 印刷・Web 349

210	画像をプリントする	350
211	見た目のきれいさを優先して印刷する	351
212	忠実な色再現で印刷する	352
213	モニターで印刷時のシミュレーションを行う	353
214	キャプション付きでプリントする	354
215	画像を一覧にして印刷する	355
216	画像サイズをプリント用のサイズに揃える	356
217	写真をWeb用に保存する	358
218	透過画像をGIF形式で保存する	359
219	透過画像をWeb用に書き出す	360
220	画像からスライスを作成する	361
221	レイヤーからスライスを作成する	362
222	スライスを保存する	363

索引 364

ツール一覧

	アイコン	ツール名	説明	ショートカット(※)
A	✥	移動	レイヤーやガイド、シェイプや選択範囲内のピクセルなどを移動します。	V
A		アートボード	アートボードを作成します	V
B	▭	長方形選択	ドラッグして長方形の選択範囲を作成します。オプションでサイズやぼかしを設定できます。	M
B	○	楕円形選択	ドラッグして楕円形の選択範囲を作成します。オプションでサイズやぼかしを設定できます。	M
B	┅	一行選択	画像の幅と同じサイズの高さ1ピクセルの選択範囲を作成します。	なし
B	┆	一列選択	画像の高さと同じサイズの幅1ピクセルの選択範囲を作成します。	なし
C	⟲	なげなわ	ドラッグすることで自由な形状の選択範囲を作成します。	L
C	⟁	多角形選択	クリックしたポイントが角となる多角形の選択範囲を作成します。	L
C		マグネット選択	ドラッグすると画像のエッジに境界線が吸着し、それが選択範囲になります。	L
D		クイック選択	画像をブラシで塗るようにして選択範囲を作成します。境界線は画像のエッジに沿って作成されます。	W
D		自動選択	クリックしたポイントと近似した濃度の選択範囲を作成します。	W
E	🔲	切り抜き	ドラッグして範囲を決定し、画像を任意のサイズに変更します。	C
E		遠近法の切り抜き	クリックした任意の4箇所をカンバスサイズと同じサイズに変形して切り抜きます	C
E		スライス	1つの画像からスライスされた画像を作成します。	C
E		スライス選択	スライスを選択します。スライスの各種変更などを行う際に使用します。	C
	⊠	フレーム	長方形や楕円形のプレースホルダーフレームを作成します。図形やテキストをフレームに変換することも可能です。	K
F	⟲	スポイト	画像内のクリックしたポイントを描画色に設定します。	I
F		3Dマテリアルスポイト	高機能スポイトツールです。	I
F		カラーサンプラー	クリックしたポイントのRGB値などを[情報]パネルに表示します。	I
F		ものさし	ドラッグした対角線の距離と角度を[情報]パネルに表示します。	I
F		注釈	画像内に注釈を埋め込みます。注釈はPSDやPDFファイルなどで保持できます。	I
F	123	カウント	クリックしたポイントにカウントをつけます。[計測ログ]パネルで確認します。	I
G		スポット修復ブラシ	クリックまたはドラッグした場所にある画像の汚れなどを消去します。	J
G		修復ブラシ	option([Alt])+クリックした位置をサンプルにして、画像の汚れなどを消去します。	J
G		パッチ	選択した範囲を移動させることで、画像の濃度や画像をなじませて、汚れなどを消します。あらかじめ選択範囲を作ってから、[パッチ]ツールに切り替えることも可能です。	J
G		コンテンツに応じた移動	選択された範囲やドラッグした場所を移動させます。移動後、元の場所は[コンテンツに応じた塗りつぶし]のような効果で塗りつぶされます。	J
G		赤目修正	撮影時のフラッシュで生じた赤目現象を修正します。	J
H		ブラシ	画像を描画色で塗りつぶします。また、マスクなどを描画する場合にも使用します。	B
H		鉛筆	ぼけのないブラシでペイントします。	B
H		色の置き換え	画像の輝度をそのままにして、描画色で色相を置き換えます。	B
H		混合ブラシ	ドラッグした場所の色をにじませたり、画像のピクセルと描画色を混合させたりします。	B
I		コピースタンプ	option([Alt])+クリックした位置をサンプルにして、画像をピクセルごとに置き換えます。	S
I		パターンスタンプ	ドラッグした場所を、任意のパターンで塗りつぶします。	S
J		ヒストリーブラシ	画像内のドラッグした場所を[ヒストリー]パネルで指定した時点まで戻します。	Y
J		アートヒストリーブラシ	ヒストリーブラシにさまざまなペイントスタイルを設定してペイントできます。	Y
K		消しゴム	画像を消去して透明にします。[背景]レイヤーの場合は背景色で塗りつぶされます。	E
K		背景消しゴム	[背景]レイヤーを自動的に通常のレイヤーに変更してから、ドラッグした部分を透明にします。	E
K		マジック消しゴム	クリックしたポイントと近似した濃度の範囲を消去します。	E

アイコン	ツール名	説明	ショートカット(※)
	グラデーション	ドラッグした範囲をグラデーションで塗りつぶします。グラデーションは[グラデーションピッカー]で設定します。	G
	塗りつぶし	クリックしたポイントと近似した濃度の範囲を描画色で塗りつぶします。	
	3Dマテリアルドロップ	3Dオブジェクトのマテリアルを読み込んだり、適用したりします。	
	ぼかし	ドラッグした範囲のピクセルを平均化してピクセルの境界を甘くします。	なし
	シャープ	ドラッグした範囲のピクセルの濃度をコントロールしてコントラストを上げます。	
	指先	ドラッグした範囲を移動させることで、画像を擦ったように歪めます。	
	覆い焼き	ドラッグした範囲のピクセルを明るくします。	O
	焼き込み	ドラッグした範囲のピクセルを暗くします。	
	スポンジ	ドラッグした範囲のピクセルの彩度をコントロールします。	
	ペン	クリックしたポイントをコーナーとしてパスを作成します。	P
	フリーフォームペン	ドラッグした軌跡をパスとして設定します。	
	曲線ペン	曲線や直線のセグメントを、直感的なドラッグ操作で描画します。	
	アンカーポイントの追加	パスの上をクリックしてアンカーポイントを追加します。パスを細かく調整する際に利用します。	なし
	アンカーポイントの削除	クリックしたアンカーポイントを削除します。	
	アンカーポイントの切り替え	アンカーポイントをクリックしてコーナーポイントとスムーズポイントを切り替えます。	
	横書き文字	横書きのテキストレイヤーを追加します。また、既存のテキストレイヤーを選択する場合にも使用します。	T
	縦書き文字	縦書きのテキストレイヤーを追加します。また、既存のテキストレイヤーを選択する場合にも使用します。	
	縦書き文字マスク	[縦書き文字]ツールと同じ操作手順で、文字の形状の選択範囲を作成します。	
	横書き文字マスク	[横書き文字]ツールと同じ操作手順で、文字の形状の選択範囲を作成します。	
	パスコンポーネント選択	[パス]パネルでアクティブになっているパスをクリックするか、ドラッグすると、パスが選択され、アンカーポイントなどが表示されます。	A
	パス選択	2つのアンカーポイント間のパスのみを選択して移動させます。	
	長方形	長方形のパスやシェイプレイヤー、塗りつぶした領域を作成します。	U
	角丸長方形	角丸長方形のパスやシェイプレイヤー、塗りつぶした領域を作成します。コーナーの丸みはオプションで設定します。	
	楕円形	楕円形のパスやシェイプレイヤー、塗りつぶした領域を作成します。	
	多角形	多角形のパスやシェイプレイヤー、塗りつぶした領域を作成します。角の数はオプションで設定します。	
	ライン	直線のパスやシェイプレイヤー、塗りつぶした領域を作成します。幅などはオプションで指定します。	
	カスタムシェイプ	登録されている形状のパスやシェイプレイヤー、塗りつぶした領域を作成します。	
	手のひら	画像の表示する領域を移動します。	H
	回転ビュー	画像の表示のみを回転します。	R
	ズーム	画像の表示を拡大・縮小します。	Z
	ツールバーを編集	Photoshopのツールバーを設定・変更できます。	
	描画色と背景色を初期設定に戻す	描画色をブラック、背景色をホワイトに設定します(クイックマスク、アルファチャネル編集時は逆になります)。	D
	描画色と背景色を入れ替え	現在の描画色と背景色を入れ替えます。	X
	描画色カラー選択ボックス	クリックすると、カラーピッカーが開いて描画色を設定できます。	なし
	背景色カラー選択ボックス	クリックすると、カラーピッカーが開いて背景色を設定できます。	なし
	クイックマスクモードで編集/画像描画モードで編集	クイックマスクモードと画像描画モード(通常のモード)を切り替えます。	Q
	スクリーンモードを切り替え	ウィンドウや背景の表示方法を切り替えます。メニューから[表示]→[スクリーンモード]の内容を切り替えます。	F

※他のツールへは、ショートカットキーを押すだけで切り替えることができます。また、[Shift]を押しながらキーを押すと、同一系統のツールに切り替わります。

パネル一覧

各パネルには、それぞれのパネルに関連するさまざまな機能を呼び出すことができる「パネルメニュー」が用意されています。パネルメニューはパネル右上の三角マークをクリックすると表示されます。また、各パネルには、それぞれの機能に対応したプリセットも用意されています。

❖ 対象のオブジェクトを編集するパネル

●[スウォッチ]パネル
描画色や背景色、カラーピッカーで作成した色を登録したり、呼び出したりすることができます。DICやPANTONEカラーもプリセットとして用意されています。

●[カラー]パネル
背景色と描画色を表示します。また、描画色と背景色をカラースライダーなどで設定できます。

●[チャンネル]パネル
RGB画像の場合は[レッド]チャンネル、[グリーン]チャンネル、[ブルー]チャンネルがあり、最上部にこの3つを合成した[RGB]合成チャンネルがあります。その4つのチャンネル以外に、選択範囲を画像として保存、加工するためのチャンネルである[アルファチャンネル]があります。

●[スタイル]パネル
レイヤースタイルをプリセットとして保存できます。ここに保存したレイヤースタイルは、クリックすることでレイヤーに適用できます。また、レイヤー効果だけを保存することも可能です。

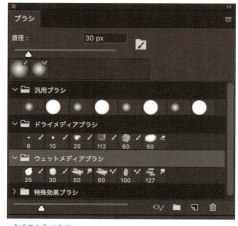

●[パス]パネル
パスをレイヤーやチャンネルと同様に保存・編集できます。パスには[保存されたパス]、[作業用パス]、[ベクトルマスクパス]の3種類があります。[作業用パス]は[保存されたパス]に変換するまでの一時的な状態です。また[ベクトルマスクパス]はシェイプレイヤーを選択した際のみ表示されます。

●[ブラシ]パネル
[ブラシ設定]パネルで設定した、[サイズ]や[硬さ]、[形状]などの全項目をプリセットとして保存できます。

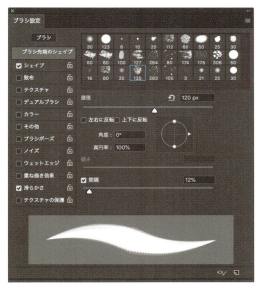

●[色調補正]パネル

色調補正関連の調整レイヤーをワンクリックで追加できるパネルです。このパネルのアイコンをクリックすると、対応する調整レイヤーが画像に追加され、[属性]パネルにその内容が表示されます。

●[ブラシ設定]パネル

[ブラシ]ツールや[コピースタンプ]ツールといったペイント系ツールのブラシを設定できます。設定内容は[サイズ]、[硬さ]、[形状]といったものだけでなく、[シェイプ]や[散布]など、多岐にわたる項目を設定できます。

●[属性]パネル(トーンカーブ表示時)

ほとんどの調整レイヤーと、そのプリセットをこのパネルで作成・編集できます。調整レイヤーがすでにある場合は、調整レイヤーをアクティブにすることで、対応した設定画面を表示させることができます。

●[属性]パネル(マスク表示時)

ピクセルマスクとベクトルマスクを編集できます。ダイアログを使用せずに、パネル内でマスクを編集できるので、他の作業を行いながらマスクを編集できます。また、内容を確定することで通常のマスクとして利用できます。

● 13

対象のオブジェクトの情報を確認するパネル

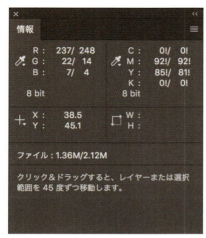

● [情報]パネル
画像に関するさまざまな情報（選択範囲のサイズやカーソル位置の色情報、位置情報など）を表示します。また、[カラーサンプラー]や[ものさし]ツールなどの計測値も表示されます。

● [ナビゲーター]パネル
現在の画像をサムネールとして表示します。また、表示領域が赤枠で示され、これをドラッグすることで、表示位置を変更することもできます。また、数値入力、スライダー、ボタンの3つで画面の拡大・縮小も行えます。このパネル自体を大きく表示すれば、サブビューパネルとしても使用できます。

● [レイヤー]パネル
レイヤーの階層状態や設定を表示・編集できます。また、描画モードも変更できるので、マスクなどと連携させることで、より高度な使い方ができます。複数のレイヤーを[レイヤーセット]と呼ばれるフォルダのような状態で管理することもできます。

● [レイヤーカンプ]パネル
レイヤーの状態を保存できます。この機能を利用することで、複数のデザイン案を素早く切り替えることができます。

● [ヒストグラム]パネル
画像のヒストグラム（全チャンネルや各カラーチャンネルの色の分布）を表示します。

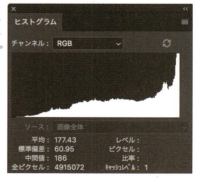

● [計測ログ]パネル
[なげなわ]ツールや[自動選択]ツールなどで定義した領域の[高さ]、[幅]、[面積]の計測や、[カウント]ツールでクリックした場所のカウントを行います。

✦ テキストを制御するパネル

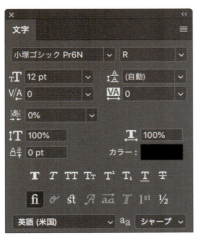

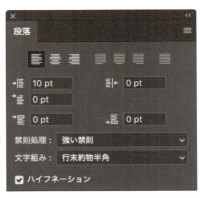

● [文字]パネル
テキストの[フォント]、[サイズ]、[スタイル]といった、さまざまなオプションを設定できます。テキストの設定は、このパネルだけでなく、オプションバーや[注釈]パネルと併用して行います。

● [段落]パネル
テキストの[段落]や[配置]、[行揃え]、[書式設定]などを設定できます。また、禁則処理や文字組みの設定も行えます。

● [文字スタイル]パネル
[文字]パネルで設定できる主な項目をプリセットとして保存できます。

● [段落スタイル]パネル
[段落]パネルで設定できる主な項目をプリセットとして保存できます。

✦ 実行処理を制御するパネル

● [ヒストリー]パネル
作業内容を作業順にリスト化して表示します。この機能を使用すれば、画像を以前の状態に戻したり、部分的に修正したりできます。また、ファイルを開いた時点の画像や、任意の時点の画像の状態を、「スナップショット」として保存できます。

● [アクション]パネル
アクションと呼ばれるPhotoshopの自動化機能を記録・実行・編集することができます。

● [コピーソース]パネル
[コピースタンプ]ツールや [修復ブラシ]ツールなどが使用するサンプルソースを5つまで設定できます。また、サンプルソースの移動、拡大・縮小、回転を数値で設定できます。表示方法を指定することもできます。

● [ツールプリセット]パネル
[ブラシ]ツールや[コピースタンプ]ツールなどの設定値を組み合わせて、保存・編集・呼び出しを行うことができます。

その他の機能

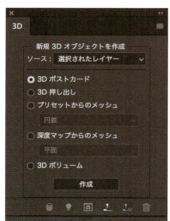

● [3D]パネル
3Dレイヤーを選択した場合に、3Dファイルのコンポーネントが表示されます。

● [注釈]パネル
静止画に注釈を追加・保存することができます。注釈は画面内にアイコンとして表示されますが、これは、レイヤーではなく画像自体に貼り付けられます。

● [タイムライン]パネル
ビデオをタイムラインでコントロールします。また、オーディオトラックも編集したり、再生したりできます。不透明度などのコントロールも可能です。

● [オプション]バー
[ツール]パネルで選択した各種ツールのオプションを設定できます。

第 1 章

基本機能

Sample_Data/001/

001 ファイルを開く

画像ファイルをダブルクリックした際に、Photoshop以外のアプリケーションが起動する場合は、Photoshopのメニューから[ファイル]→[開く]を選択してダイアログを表示し、画像を選択します。

step 1

メニューから[ファイル]→[開く]を選択して❶、[開く]ダイアログを表示します。

step 2

[開く]ダイアログで開くファイルを選択して❷、[開く]ボタンをクリックします❸。
[開く]ダイアログにはサムネールが表示されます❹。また、[オプション]ボタンをクリックして❺、[形式]プルダウンでフォーマットを指定すると、対象のファイルのみ表示されます。フォーマットは30種類以上あります。

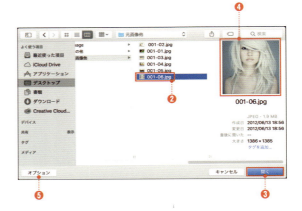

Tips

別の画像が開いている状態で新たに画像を開くと、その画像はタブとして開きます。
タブではなく、新規ファイルとして画像を開きたい場合は、メニューから[Photoshop CC]（Windowsでは[編集]）→[環境設定]→[ワークスペース]を選択して、[タブでドキュメントを開く]のチェックを外します❻。
また、画像同士がタブとして結合しないようにするには、[フローティングドキュメントウィンドウの結合を有効にする]のチェックを外します❼。

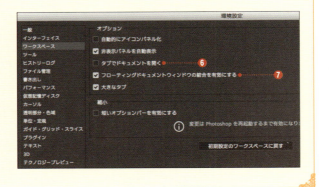

18　関連　複数の画像を比較しながら開く：p.19　フォーマットの種類：p.25　ファイルを正しく保存する：p.24

Sample_Data/002/

002　複数の画像を比較しながら開く

複数ある候補画像を比較しながら開きたい場合は、Photoshopに標準で搭載されている[Adobe Bridge]を使用します。Bridgeは他のAdobe製ソフトウェアとの連動も可能です。

step 1

メニューから[ファイル]→[Bridgeで参照]を選択して、[Adobe Bridge]を起動します。
Bridgeが起動したら、[お気に入り]または[フォルダー]を選択して❶、目的のファイルを探します。

step 2

画像が保存されているフォルダーを選択すると、中央の[コンテンツ]にフォルダー内の画像が表示されます❷。⌘([Ctrl])を押しながらクリックすると、複数の画像を選択できます。画像を選択すると、その画像が[プレビュー]に表示されます❸。

step 3

複数の画像を比較しながら確認したい場合は、ウィンドウ上部にある表示形式から[フィルムストリップ]を選択します❹。すると、[プレビュー]が上部に、[コンテンツ]が下部に表示され、各画像が大きく表示されます。

step 4

[プレビュー]の大きさは、パネルの境界部分をドラッグすることで調整できます❺。タブをドラッグすることで各パネルの位置を変更することもできます。
また、[プレビュー]内の画像をクリックして、画像を部分的に拡大して表示することもできます❻。より詳細に比較したい場合に便利です。
目的の画像が決まったら、[コンテンツ]にあるサムネールをダブルクリックするか、右クリック→[アプリケーションを指定して開く]を選択して、画像を開きます。

> **Tips**
> Bridgeには[初期設定]や[フィルムストリップ]以外にも、[プレビュー]や[メタデータ]など、合計8種類の表示方法が用意されています。ウィンドウ上部にある[▼]ボタンから選択できます❼。

関連　ファイルを開く：p.18　RAWファイルをPhotoshopに取り込む：p.20

Sample_Data/003/

003 RAWファイルをPhotoshopに取り込む

Photoshopに付属している[Camera Raw]機能を使用すると、調整しながらRAWファイルをPhotoshopに取り込むことができます。一般的にこの作業を「RAW現像」と呼びます。

step 1

通常、RAWファイルを開くには、デジタルカメラのハードウエア情報や、それをもとにさまざまな設定を行う必要があります。Photoshopの「Camera Raw」はこれらの設定を容易に行うことができる機能です。RAWファイルを通常の画像として取り込むことができます。
Camera Rawを使用するには、メニューから[ファイル]→[開く]を選択して、[開く]ダイアログを表示し、RAWファイルを選択して[開く]ボタンをクリックします❶。

step 2

[Camera Raw]ダイアログで、**[基本補正]ボタン**をクリックして❷、[基本補正]を開きます。
[自動補正]ボタンをクリックするとボタンの下にある設定値がすべて自動設定されます❸。元に戻したいときは[初期設定]ボタンをクリックします。ここでは、いったん初期設定に戻してから手動で設定します。
まず、[ホワイトバランス]エリアで無彩色なピクセルの色温度と色かぶりを補正します❹。
[色温度]で画像の赤黄色さと青さの調整を行い、[色かぶり補正]で緑色と赤紫色の度合いを調整します。ここでは、画像の白い部分を見ながら[色温度：5000]にしてから、[色かぶり補正：−2]に設定しました。

◎ [ホワイトバランス]エリアの設定項目

項目	内容
[ホワイトバランス]プルダウン	ホワイトバランスの方法を指定します。初期設定では[撮影時の設定]が選択されています。他に[自動][昼光][フラッシュ]などを指定できます。
色温度	数値を上げると色温度の高い撮影状況に合うように、赤黄色く補正されます。色温度を下げると色温度が低い撮影状況に合うように青く補正されます。
色かぶり補正	数値を上げるとマゼンタ(赤紫)に補正されます。数値を下げるとグリーンに補正されます。

20

- **step 3**

[トーンコントロール]エリアで画像の濃度やコントラストなど、色彩に関係のない範囲を補正します❺。最初に[露光量]で明るさを調整してから、[コントラスト]以外の値を設定します。

画像の明るい部分の明るさを[ハイライト]で、暗い部分を[シャドウ]で調整します。また、最も明るい部分を[白レベル]で、最も暗い部分を[黒レベル]で調整します。この時点で全体のコントラストが不足していたり、強すぎたりする場合は[コントラスト]を使用して全体のコントラストを調整します。

再度、明るさを確認し、必要であれば[露光量]や[明るさ]を調整します。ここでは次のように設定します。

- 露光量：+1.25
- コントラスト：+10
- ハイライト：+20
- シャドウ：-10
- 白レベル：0
- 黒レベル：-60

- **step 4**

現像の仕上げとして、[明瞭度と彩度]エリアで画像の[明瞭度]と[彩度]を調整します❻。明瞭度とは、画像の濃淡のある部分のコントラストです。シャープネスに似ていますが、より広い範囲で作用します。彩度とは、色の鮮やかさのことです。
ここでは[明瞭度：0][自然な彩度：+60]に設定しました。

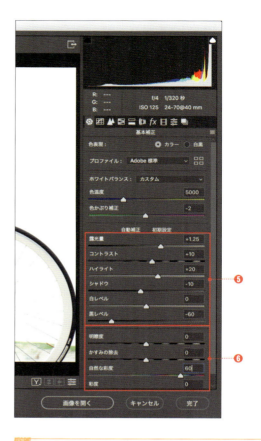

Tips

Raw現像したいデータがCamera Rawの対応機種に含まれていない場合、Raw現像が行えない場合があります。その場合は最初にCamera Rawのバージョンを最新のものにアップデートを行ってください。Camera Rawのデータは以下の場所にあります。

URL http://www.adobe.com/jp/support/downloads/dngmac.html

URL http://www.adobe.com/jp/support/downloads/dngwin.html

◎ [トーンコントロール]エリアの設定項目

項目	内容
露光量	画像全体の明るさを調整します。この機能はハイライト部分に対して大きな効果を与えます。
コントラスト	画像全体のコントラストをコントロールします。この値は他の項目を試した後で指定してください。
ハイライト	画像の中間よりも明るい部分を中心に明るさを調整します。より明るい部分を調整するには[白レベル]を使用します。
シャドウ	画像の中間よりも暗い部分を中心に明るさを調整します。より暗い部分を調整するには[黒レベル]を使用します。
白レベル	画像の最も明るい部分の明るさを調整します。
黒レベル	画像の最も暗い部分の明るさを調整します。

◎ [明瞭度と彩度]エリアの設定項目

項目	内容
明瞭度	部分的なコントラストをコントロールします。アンシャープマスクに似ています。この項目は100%以上のプレビューで、画像のエッジやディテールに注目しながら設定してください。
自然な彩度	彩度をコントロールする設定値です。彩度の低い部分に対する効果が多くなるので、彩度を上げすぎても画像は大きくは粗くなりません。
彩度	画像全体の彩度をコントロールします。彩度を上げると画像が鮮やかになりますが、画像が粗くなることがあるので、[自然な彩度]を使用した後で調整してください。

step 5

Photoshop の画像として開くときは、[画像を開く]ボタンをクリックします❼。

RAW データには撮影時のすべての情報が残っています。そのため、一見すると完全に暗くつぶれていたり、明るくなりすぎたりして、画像に残っていない部分も、データには残っていることがあります。
そのため、すべての現像作業がここで紹介したように各入力ボックスを一度だけ設定して終わるとは限りません。さまざまな設定方法を試して画像に合った RAW 現像を行いましょう。

Tips

旧バージョンの Camera Raw で現像したデータを Photoshop CC の Camera Raw で開くと、設定項目が以前のバージョンと同じ内容になることがあります❽。またこの際は画像の右下に[！]アイコンが表示されます❾。
このような場合、旧バージョンの設定項目のまま作業を続けることも可能ですが、新しい Camera Raw で現像を行いたい場合は、この[！]アイコンをクリックして最新の Camera Raw に切り替えます。
また、以前のバージョンに戻すには、[カメラキャリブレーション]アイコンをクリックして[処理]プルダウンから、バージョンを変更します。

関連 ファイルを開く：p.18　複数の画像を比較しながら開く：p.19　画像を保存する：p.24

004 新規ファイルを作成する

新規にファイルを作成する場合は、作成時にサイズや解像度、カラーモードなどを設定する必要があります。これらは作成後でも変更できますが、基本項目については理解しておくことが必要です。

step 1

メニューから［ファイル］→［新規］を選択して、［新規］ダイアログを表示します。
ダイアログ内の各項目に必要な値を入力して、［作成］ボタンをクリックすると❶、新規画像ファイルが開きます。各設定項目については下表を参照してください。

❶

◎ ［新規］ダイアログの設定項目

項目	内容
ドキュメントの種類	制作対象に規格サイズがあるものは、ここでその対象を選択すると自動的に画像サイズや解像度が設定されます。例えば［Web］を選択すると、解像度が「72」に設定されます。［写真］や［印刷］［アートとイラスト］などを選択できます。
ドキュメントプリセット	ドキュメントの種類で選択した内容に応じたサイズを選択します。例えば、ドキュメントの種類で「印刷」を選択した場合、A4やB5などの用紙サイズを選択できます。
ファイル名	新規ファイルのファイル名を指定します。
幅・高さ	画像の幅と高さを指定します。単位も選択できます。
解像度	画像の解像度を指定します。単位も選択できます。一般的にWeb用画像の場合は「72」を、印刷用画像の場合は「350」程度を指定します。
カラーモード	カラーモードを選択します。一般的に、Web用画像の場合は［RGBカラー］を、印刷用画像の場合は［CMYKカラー］を選択します。画像のbit数に［16bit/チャンネル］を選択するとトーンジャンプを起こしにくくなります。ただし、ファイルサイズが大きくなるので注意してください。また、画像が美しくなるわけではありません。
カンバスカラー	［背景］レイヤーの色を指定します。［白］［背景色］［透明］のいずれかを選択します。透明を選択すると［背景］レイヤーではなく［レイヤー1］が作成されます。
カラープロファイル	［カラープロファイル］と［ピクセル縦横比］は［詳細オプション］ボタンをクリックすると表示されます。よくわからないときは、［RGBカラー］では［sRGB IEC61966-2.1］を、［CMYKカラー］では［Japan Color 2001 Coated］にしましょう（詳細はp.339参照）。
ピクセル縦横比	ピクセルの縦横比を選択します。特別な理由がない限り［正方形ピクセル］を選択します。
［閉じる］ボタン	ファイルの新規作成をキャンセルします。

Tips

新規ファイルを作成するための［新規ドキュメント］ダイアログがPhotoshop CC 2017で一新されて機能が大幅に増え、とても便利になりました。一方で、機能が増えた分、システム環境によってはダイアログが開くまでに時間がかかることがあります。そのような場合は、旧バージョンのシンプルな［新規ドキュメント］ダイアログに戻すことで問題を解決できる場合があります。
［新規ドキュメント］ダイアログを旧バージョンのシンプルなものに戻すには、メニューから［Photoshop CC］→［環境設定］→［一般］を選択して、オプションエリアにある［従来の「新規ドキュメント」インターフェイスを使用］にチェックを入れます。

005 画像を正しく保存する

画像ファイルはメニューから[ファイル]→[保存]を選択すると保存できます。現在のフォーマットと異なるフォーマットで保存したり、複製を保存したりする場合は[別名で保存]を使用します。

step 1

保存方法によってさまざまなオプションが表示されることがありますが、ここではPSD形式の保存方法を中心に説明します。

画像を開いた状態でメニューから[ファイル]→[保存]を選択します❶。

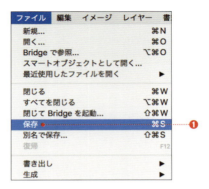

step 2

過去に一度でもPhotoshopで保存されたことのある画像の場合は、同じ条件で上書き保存されます。一方、Photoshopで保存されたことのない画像に対して[保存]を実行すると、自動的に[別名で保存]になります。

ファイル名と保存先を指定して❷、[フォーマット](Windowsでは[ファイルの種類])に保存するフォーマットを選択します❸。設定内容を確認したら、[保存]ボタンをクリックします❹。

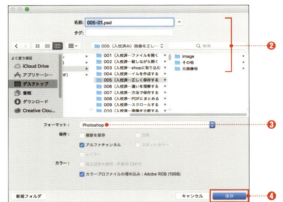

◎[別名で保存]ダイアログの設定項目

項目	内容
複製を保存	チェックを入れるとファイルの複製が保存されます。また、レイヤー付きの画像に対してJPEG形式を指定するなど、画像の状態をそのまま保存できないフォーマットを選択すると、自動的にチェックが入ります。
アルファチャンネル	チェックを外すとアルファチャンネルが破棄されます。
レイヤー	チェックを外すと非表示のレイヤーは破棄され、表示されているレイヤーは統合されて、レイヤーのない状態で保存されます。
注釈	チェックを外すと注釈が破棄されます。
スポットカラー	チェックを外すとスポットカラーが破棄されます。
校正設定を使用	[表示]→[校正設定]で指定したプロファイルで保存されます。ただし[Photoshop PDF]と[Photoshop EPS]を選択した場合でのみ使用できます。
カラープロファイルの埋め込み	現在使用中のカラープロファイル(p.336)を埋め込んだまま保存します。特に理由がない場合はチェックを入れておきます。

関連 アルファチャンネル:p.113　レイヤー:p.132　カラープロファイル:p.336　ファイルを開く:p.18

Sample_Data/006/

006 フォーマットの違いを理解する

Photoshop は、さまざまなフォーマット（ファイル形式）の画像を扱うことができます。各フォーマットの特徴を理解したうえで、必要に応じて最適なフォーマットを選択することが必要です。

• 概要

画像編集中はフォーマット（ファイルの種類）によって機能が制限されることはありませんが、保存時は適切なフォーマットを選択する必要があります。

不適切なフォーマットを選択すると、場合によってはすべての機能が継承されないこともあるので注意してください。

フォーマットを指定してファイルを保存するにはメニューから［ファイル］→［別名で保存］を選択します❶。

ただし、［DNG］は［Camera Raw］からしか保存できません。また、RAW DATAは保存時のフォーマットとしては選択できません。

◎ フォーマットの種類

項目	内容
PSD PSB	PSD（Photoshop Data）は Photoshop のデフォルトのフォーマットです。すべての機能を保ったまま保存できます。他のAdobe製品との親和性も高く、IllustratorやInDesignなど、多くのAdobe製品で直接読み込むことができます。PSBはPSDとほぼ同等の機能を持ちますが、2GBを超える大きなファイルを扱えるのが特徴です。
TIFF	TIFF は多くのアプリケーションで読み込むことができる、汎用性の高いフォーマットです。レイヤー（p.132）や不透明度（p.153）、注釈などの機能も保持できます。Photoshopの機能を保持する必要があり、かつPSD形式が使用できない場合に有効なファイル形式です。また、4GBまでのファイルサイズや8bit、16bit、32bit画像にも対応しています。
JPEG	JPEGは写真のようにグラデーションの豊富な画像を圧縮して保存する場合の標準的なフォーマットです。Photoshopでは品質を12段階から選べます。アルファチャンネル（p.113）やレイヤーは保持できませんがファイルサイズが大幅に小さくなる（最高画質を選択してもPSDの1/3〜1/2程度）ため、Web用やプリント用のフォーマットに向いています。ただし、「非可逆圧縮」という種類の圧縮方式なので、保存を繰り返すたびに画質が劣化します。何度も編集・保存を繰り返す場合は注意が必要です。
RAW DATA	デジタルカメラの撮影データはCCDやCMOSなどのイメージセンサーから受け取ったデータを、独自の演算によって画像データへ変換しています。つまり、撮影した情報のすべてが残っている生（RAW）のデータが存在します。そのRAWデータを画像ファイルとして扱えるように変換することを「RAW現像」（p.20）と呼びます。
DNG	DNG（Digital Negative）は Adobe社が開発したフォーマットで、カメラメーカー間で互換性のないRAWデータに互換性を持たせる規格です。PhotoshopではRAW現像する際の設定をそのまま保存できるため、RAW現像を行う前にさまざまなバージョンを作る場合には非常に便利です。
PDF	PDFはPCのドキュメント方式としてよく使われるフォーマットの1つです。Macでは標準のフォーマットとしてサポートされています。PDF形式の特徴は、ページ構造を持つことが可能な点と、他のアプリケーションと連動できる多くのオプションがある点です。保存時に「Photoshop編集機能」にチェックを入れておけば、PSD形式と同様にPhotoshopで再編集可能となります。
EPS	EPS はPostscript形式の一種でイメージセッターやDTPソフトと相性がよく、Postscriptエラーを起こしにくいフォーマットです。ラスターデータとベクトルデータ、Photoshopのパスを保持できることが最大の特徴です。

関連 ファイルを正しく保存する：p.24　PDF形式で保存する：p.26　ファイルを開く：p.18　RAWファイルを開く：p.20

Sample_Data/007/

007 誰でも見られる再編集可能な方法で保存する

［別名で保存］でPDFフォーマットを選択すると、再編集可能な［Photoshop PDF］形式で保存できます。PDFは現在ではさまざまな環境で閲覧が可能な、汎用性の高いフォーマットです。

概要

ここでは、右図のようにPhotoshopの多くの機能を使用した画像を［Photoshop PDF］形式で保存する方法を解説します。

Photoshopデータ（PSD形式）の画像は、環境によっては閲覧できないことがありますが、［Photoshop PDF］形式で保存すれば、Photoshopの機能を残したまま、ほぼすべての環境で画像を確認することが可能になります。

step 1

メニューから［ファイル］→［別名で保存］を選択して、［別名で保存］ダイアログを表示します。
［フォーマット：Photoshop PDF］を選択したうえで❶、後から再編集できるように、［アルファチャンネル］と［レイヤー］にチェックを入れます❷。なお、画像にアルファチャンネルやレイヤーが含まれていない場合はこのチェックは選択できません。
設定したら［保存］ボタンをクリックします❸。

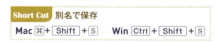

Short Cut 別名で保存
Mac ⌘ + Shift + S   Win Ctrl + Shift + S

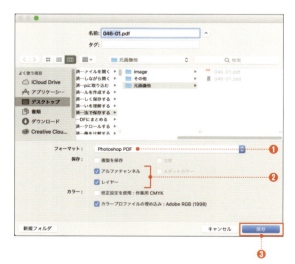

step 2

注意を促すダイアログが表示されますが、気にせず［OK］ボタンをクリックします❹。

Tips
このダイアログは、PDF形式で保存する際に常に表示されます。ダイアログを表示したくない場合は、ダイアログの左下部にある［再表示しない］にチェックを入れてから［OK］ボタンをクリックします。

26

step 3

［Adobe PDFを保存］ダイアログで［Adobe PDFプリセット：高品質印刷］を選択して❺、［Photoshop編集機能を保持］と［サムネールを埋め込み］にチェックを入れます❻。

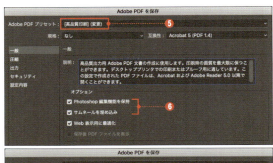

step 4

［圧縮］を選択して❼、［オプション］エリアで［ダウンサンプルしない］と［圧縮：なし］を選択します❽。
内容を確認したら［PDFを保存］ボタンをクリックします❾。

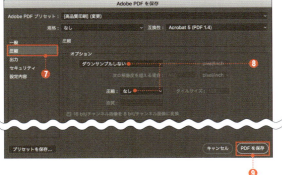

◎ ［オプション］エリアの設定項目

項目	内容
ダウンサンプルしない	画像を圧縮しないため、画質を維持したまま保存できます。通常はこの設定を使用します。
ダウンサンプル（バイリニア法）	画像を圧縮する際に［バイリニア法］を使用します。［バイリニア法］では画質は高くありませんが処理が高速なのが特徴です。特に理由がない場合は使用しません。
サブサンプル（ニアレストネイバー法）	画像を圧縮する際に［ニアレストネイバー法］を使用します。［ニアレストネイバー法］ではピクセルをそのまま縮小するので、ドット絵やアイコンなどの見た目を優先する場合はこちらを使用します。
ダウンサンプル（バイキュービック法）	画像を圧縮する際に［バイキュービック法］を使用します。［バイキュービック法］は各ピクセルだけでなく、周りのピクセルの色や濃度も考慮して色を補完する最も精度の高い補完方法です。そのため、圧縮する際に特に理由がなければ、こちらを使用します。

step 5

互換性に関するダイアログが表示されます。そのまま［はい］ボタンをクリックして保存します❿。
保存したファイルをPDF互換ソフトで開くとレイヤーのないPDF画像として開き、Photoshopで開くとPSDファイルと同様に再編集可能なファイルとして開きます⓫。

Sample_Data/008/

008 複数のPSDファイルをPDFにまとめる

画像を選択して［PDF スライドショー］機能で書き出すだけで、複数の PSD ファイルを 1 つの PDF にまとめることができます。

step 1

メニューから［ファイル］→［自動処理］→［PDF スライドショー］を選択して❶、［PDF スライドショー］ダイアログを表示します。

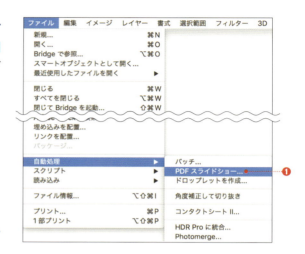

step 2

［開いているファイルを追加］にチェックを入れるか❷、［参照］ボタンからファイルを選択します❸。画像の順序を入れ替えたい場合はファイル名をドラッグして入れ替えます。
また、必ず［保存形式：複数ページドキュメント］を選択します❹。
内容を確認したら［保存］ボタンをクリックして❺、［保存］ダイアログを表示し、ファイル名と保存先を指定して、［保存］ボタンをクリックします。

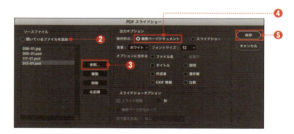

step 3

［Adobe PDFを保存］ダイアログが表示されます。
［Adobe PDF プリセット：高品質印刷］を選択して❻、
［Photoshop 編集機能を保持］のチェックを外し、
［Web 表示用に最適化］にチェックを入れます❼。
各項目を設定したら、設定内容を確認して［PDFを保存］ボタンをクリックます。

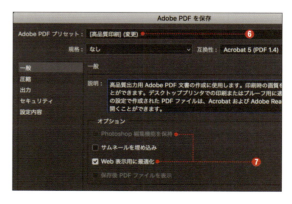

> **Tips**
> 今回紹介した方法と［別名で保存］で［Photoshop PDF］を選択する方法（p.26）では、出力されるファイルの結果が異なることがあるので注意してください。

PDF として書き出された画像の表示サイズは元画像の解像度などに依存します。画像のサイズや解像度を変更するには『画像の解像度を変更する』（p.33）を参照してください。

関連　ファイルを正しく保存する：p.24　フォーマットの種類：p.25　PDF 形式で保存する：p.26

Sample_Data/009/

009 表示エリアをスクロールする

[手のひら]ツール🖐 を選択するか、Space を押しながら画面をドラッグすると、表示エリアをスクロールすることができます。

step 1

表示エリアをスクロールするには、ツールパネルから **[手のひら]ツール** 🖐 を選択するか❶、Space を押しながら、画面上をドラッグします❷。

> **Tips**
> 上記のとおり Photoshop では、作業中に Space を押すことで、ツールを一時的に **[手のひら]ツール** 🖐 に切り替えることができます。この方法のほうが効率的に作業を進めることができるので、特別な理由がない限り、Space を使用することをお勧めします。

step 2

表示エリアのスクロールは、[ナビゲーター]パネル上をドラッグすることでも実行できます❸。この方法では、どのツールを選択している状態でも、[ナビゲーター]パネル上にカーソルを移動すると、一時的に **[手のひら]ツール** 🖐 に切り替わります。[ナビゲーター]パネル内の赤枠は、現在の表示エリアです。
この方法では、画面全体と拡大表示されている画像の両方を確認しながら、表示位置を変更できます。

step 3

また、拡大表示中に H を押してドラッグすると、元の表示エリアを示すエリアガイドが表示されます❹（ドラッグをやめると元の画面サイズに戻ります）。
この機能を使用すると、[ナビゲーター]パネルと同様に、画像全体と拡大した部分を比較しながら表示エリアをスクロールすることができます。

> **Tips**
> メニューから [Photoshop CC]（Windows は [編集]）→[環境設定]→[ツール] を選択して、[環境設定]ダイアログから[フリックパンを有効にする]にチェックを入れると、[フリックパン]機能が有効になります。[フリックパン]を使うと、ドラッグを終えた直後にスクロールが止まることなく、滑らかにスクロールが停止します。
> ただし、この機能を利用するには、Open GL または Open CL に対応したグラフィックボードが必要です。また、事前に [Photoshop CC]（Windows は [編集]）→[環境設定]→[パフォーマンス] を選択して、[Open GL]か[グラフィックプロセッサーを使用]を有効にしておく必要があります。

関連 画像の表示倍率や位置を揃える：p.30　画像を回転させて表示する：p.31

Sample_Data/010/

010 画像の表示倍率や位置を揃えて複数の画像を比較する

[すべてを一致]コマンドを実行すると、複数の画像の表示倍率や位置を揃えることができ、簡単に比較することができます。

step 1

比較したい複数の画像を開いて、メニューから[ウィンドウ]→[アレンジ]→[並べて表示]を選択します❶。
これで、開いている画像が並んで表示されますが、表示倍率や位置がそれぞれ異なります。

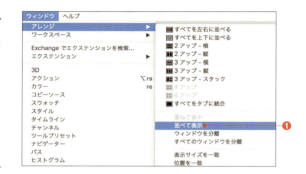

step 2

表示倍率や位置を揃えるには、メニューから[ウィンドウ]→[アレンジ]→[すべてを一致]を選択します❷。これで、すべての画像が同じ表示倍率と表示位置になります❸。
なお、ファイルの[タブ表示]がオンの場合は、先にメニューから[ウィンドウ]→[アレンジ]→[すべてのウィンドウを分離]を選択します。

Tips

複数の画像を開いている際に、画像表示の拡大・縮小やスクロールを、すべての画像に対して同時に行いたい場合は、[Shift]を押しながら各操作を行います。
また、[手のひら]ツール 選択時のオプションバーに表示される[すべてのウィンドウをスクロール]❹や、[ズーム]ツール 選択時のオプションバーに表示される[全ウィンドウをズーム]❺にチェックを付ける（有効にする）ことでも、[Shift]を押しながらの操作と同様に、開いているすべての画像に対して同時に各操作を実行できます。これらを有効にした場合は、[Shift]を押す必要はありません。

011 画面を回転させて表示する

データを劣化させることなく、カンバスの表示のみを回転させる場合は、[回転ビュー]ツール を使用します。

概要

右図のような、スキャンした手書きのイラストを、ペンタブレットなどを使用して書き起こす際に、自分の利き手や癖に合わせてカンバスを回転させたい場合は、[回転ビュー]ツール を使用します。
[回転ビュー]ツール を使用すると、実際の画像を回転させることなく、画面表示を回転できるので、画質の劣化が起こりません。[ズーム]ツール で画像を拡大・縮小するのと似ています。
実際に画像を回転すると、画像は必ず劣化します。画像を劣化させたくない場合や、後で元に戻すような場合は、[回転ビュー]ツール を使用して、画面表示のみ回転させるようにしましょう。

step 1

ツールパネルから[回転ビュー]ツール を選択して❶、画像上の任意の箇所をクリックし、そのままドラッグします❷。すると、画像が回転します。オプションバーで[回転角度]を指定することもできます❸。

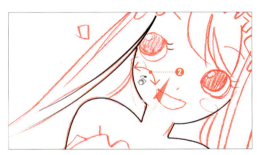

> **Tips**
> この機能を利用するには、事前にメニューから[Photoshop CC](Windowsは[編集])→[環境設定]→[パフォーマンス]を選択して[環境設定]ダイアログを表示し、[グラフィックプロセッサー]設定エリアにある[Open GL]か[グラフィックプロセッサーを使用]にチェックを付けておく必要があります。

step 2

画像を回転させると、ガイドやグリッドもいっしょに回転します❹。また、作成した選択範囲も元の形のまま画像上に残ります❺。

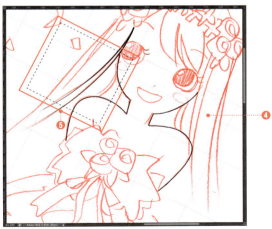

Sample_Data/012/

012 画像サイズを調べる

画像サイズは[画像解像度]ダイアログで確認できます。また、このダイアログでは他に、画像の[解像度]や[出力サイズ]も確認できます。

step 1

メニューから[イメージ]→[画像解像度]を選択して❶、[画像解像度]ダイアログを表示します。

step 2

画像サイズは[画像解像度]ダイアログの[寸法]で確認できます❷。プルダウンメニューで画像の表示単位(pixelや%など)を選択することも可能です。
[ドキュメントのサイズ]エリアには、解像度に応じたサイズ(cmなど)が表示されます❸。サイズを指定して変更したい場合はここに数値を入力して設定します。

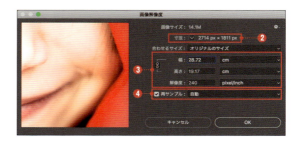

Tips

[再サンプル]のチェックを外すと❹、[寸法]([ピクセル数]エリア)が固定されます。その状態で[ドキュメントのサイズ]エリアの[幅]や[高さ]、[解像度]を変更すると、現在のピクセル数のまま、サイズのみが変更されます。
[再サンプル]については、『画像の解像度を変更する』(p.33)を参照してください。

⦅ Variation ⦆

画像のピクセル数や解像度は、ウィンドウの左下をクリックすることでも❺、確認できます。こちらの方法のほうが簡単かつ効率的なので、ピクセル数や解像度を確認したい場合(変更する必要がない場合)は、この方法で確認しましょう。

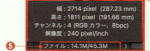

013 画像の解像度を変更する

画像が大きすぎる場合は、メニューから[イメージ]→[画像解像度]を選択して解像度を変更します。解像度を下げるとファイルサイズも小さくなります。

step 1

メニューから[イメージ]→[画像解像度]を選択して、[画像解像度]ダイアログを表示します。

ここでは元画像の25%の大きさに変更します。[画像解像度]ダイアログで以下の設定を行います。

- [鎖]アイコンと[再サンプル]を有効にする❶
- [再サンプル:自動]に設定する❷
- [幅]と[高さ]の単位を[%]にし、[25]に設定する❸

設定後、[OK]ボタンをクリックして、リサイズを実行します。

リサイズ前

リサイズ後

Tips
画像の解像度を下げると、ファイルサイズは小さくなりますが、画像そのものが小さくなるため、同じ大きさで印刷すると、画像が粗く見える(画質が低く見える)場合があるので注意してください。画像の利用目的に合った画像サイズにすることが重要です。

◎[画像解像度]ダイアログの設定項目

項目	内容
スタイルを拡大・縮小	レイヤースタイル(p.159)などが使用されている場合に、画像の拡大・縮小に合わせて効果を拡 大縮小します。
鎖アイコン	画像の縦横比を固定します。画像の再サンプルにチェックが入っている場合のみ使用できます。
再サンプル	チェックを入れると、実際の画像サイズが変更されます。
自動	画像とリサイズの内容を考慮して最適な方法が選択されます。特に理由がない限り、この項目を選択してください。
その他の選択項目	Photoshopには他にも滑らかなグラデーションや拡大、縮小に適した[バイキュービック法]や、[ニアレストネイバー法](ピクセルをそのまま複製する方式)、[バイリニア法](周りのピクセルを平均して補完する方法)などが用意されていますが、通常これらの項目を選択することはあまりありません。
ディテールを保持(拡大)	拡大に最適な方法です。この方法では[ノイズを軽減]スライダーが表示され拡大時のノイズを抑制することが可能です。

関連 画像のサイズを調べる:p.32 カンバスサイズ:p.34 画像をトリミングする:p.35

Sample_Data/014/

014 カンバスサイズを変更する

カンバスサイズはメニューから[イメージ]→[カンバスサイズ]を選択することで変更できます。ただし、カンバスサイズを変更しても画像の解像度が変更されたり、リサイズされたりすることはありません。

step 1

メニューから[イメージ]→[カンバスサイズ]を選択して❶、[カンバスサイズ]ダイアログを表示します。

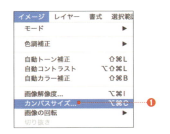

step 2

ダイアログ上部に現在のファイルサイズが表示されています❷。値を確認して、変更後のカンバスサイズと、変更する際の[基準位置]を指定します❸。[相対]にチェックを入れると、元画像の大きさを基準にしてサイズを指定できます❹。
この際、背景レイヤーがある状態で、元の画像よりも大きい値を指定すると、広がった余白部分は[カンバス拡張カラー]に指定されている色で塗りつぶされます❺。一方、背景レイヤーがない場合は、透明になります。
なお、元の画像よりも小さい値を指定すると、[基準位置]を中心にして、指定値からはみ出す部分は切り抜かれるので注意してください。

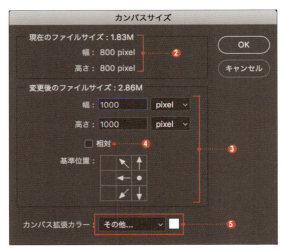

[カンバス拡張カラー:ブラック]を指定して、元のサイズ(800 × 800pixel)よりも大きい値を指定した場合。基準点は右下に設定しています。

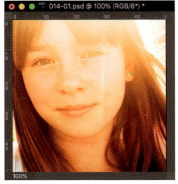

元のサイズ(800 × 800pixel)よりも小さい値を指定した場合。はみ出した部分は切り抜かれます。

[相対]にチェックを入れて、[幅:8%][高さ:8%]を指定した場合。元のサイズを基準に8%分だけ広がります。

015　画像を切り抜いてトリミングする

画像を切り抜くには[切り抜き]ツールを使用します。切り抜き確定前であれば、切り抜く範囲を再設定することもできます。

step 1

ツールパネルから[切り抜き]ツールを選択して❶、画面上をドラッグします❷。

> **Tips**
> [切り抜き]ツールを選択した時点で（ドラッグをしなくても）、画像の周りに8つのハンドルが表示されます。
> しかし、大きな画像の中の一部分をトリミングするような場合は、最初にドラッグして、ある程度トリミングするエリアを絞ったほうが、効率的に作業を進められます。

step 2

ドラッグした範囲に8つのハンドルが表示されます❸。各ハンドルを調整して、切り抜く範囲を決定します。

step 3

切り抜く範囲が決まったら、画面内をダブルクリックするか、オプションバーの○印をクリックして❹、切り抜きを実行します。画像を切り抜くと、切り抜かれた状態で画像が再表示されます。

> **Tips**
> 切り抜く際に削除される範囲を「シールド」と呼びます。この範囲の表示・非表示や、表示色、不透明度は、オプションバーの[切り抜きの追加オプションを設定]で指定できます❺。

関連　サイズを指定してトリミングする：p.36　画像の一部を削除する：p.37

Sample_Data/016/

016 サイズを指定してトリミングする

画像のサイズを指定してトリミングしたい場合は、[切り抜き]ツール のオプションバーでサイズを指定してから、切り抜く範囲を指定します。

step 1

ツールパネルから[切り抜き]ツール を選択して❶、オプションバーで解像度を設定し❷、[幅]と[高さ]を設定します❸。ここでは[幅:25cm][高さ:20cm]にしました。

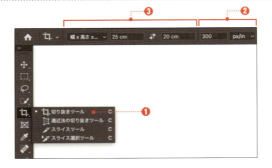

step 2

通常の切り抜き(p.35)と同様に画面をドラッグして、切り抜く範囲を指定します❻。
切り抜く範囲の縦横比が、step1で指定したサイズと同じ縦横比に固定されていることがわかります。

step 3

切り抜く範囲が確定したら画面内をダブルクリックするか、オプションバーの右端にある○印をクリックして、変形を確定します❼。

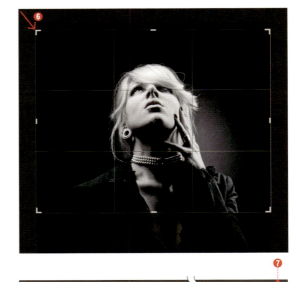

step 4

切り抜きが確定すると、画面が切り抜かれた状態で再表示されます。また、[画像解像度]ダイアログで画像サイズを確認すると、設定されたサイズに切り抜かれたことが確認できます❽。
なお、サイズを指定して切り抜きを行うと、画像がリサイズされるため、少なからず画質が劣化します。少しでも高品質に仕上げたい場合は必ず画像補完方式(p.33)を確認してください。

36

関連 画像をトリミングする:p.35 画像の内容に応じた拡大・縮小:p.63

Sample_Data/017

{017} 画像の一部を削除する

画像の一部を削除するには、削除箇所に選択範囲を作成したうえで、メニューから[編集]→[消去]を選択します。Delete（BackSpace）を押して削除することもできます。

step 1

［レイヤー］パネルで、対象のレイヤーをアクティブにして❶、選択範囲を作成します❷。

step 2

メニューから[編集]→[消去]を選択すると❸、選択範囲に含まれている部分の画像が消去されて透明になります❹。Delete（BackSpace）を押して削除することもできます。

Tips

削除対象のレイヤーが[背景]レイヤーの場合は、削除部分は、削除時にツールパネルの[背景色]に設定されている色❺で塗りつぶされます。

削除部分を透明にするには、事前に[背景]レイヤーを通常のレイヤーに変換してから（p.133）、削除を実行する必要があります。

関連　画像の切り抜き：p.35　選択範囲の作成：p.88　レイヤーの基本操作：p.132

Sample_Data/018/

018 傾いた画像を修正する

画像の傾きを修正するには、[ものさし]ツール と[編集]→[変形]→[回転]を使用します。傾きを修正する際は「角度を測る場所」を適切に決め、正確に測ることが重要です。

step 1

垂直・水平を意識して作られた人工物(壁や天井、梁など)や、カメラに対して平行になっている場所を基準にして、角度を測る場所を決定します。
ここでは、壁面と天井の境界を基準にします❶。

step 2

ツールパネルから[ものさし]ツール を選択して❷、基準となる部分をドラッグします❸。
ドラッグすると自動的に、[イメージ]→[画像の回転]→[角度入力]を選択した際に表示される[カンバスの回転]ダイアログに傾きの角度が入力されます。

step 3

メニューから[イメージ]→[画像の回転]→[角度入力]を選択して❹、[カンバスの回転]ダイアログを表示します。
[角度]に角度が入力されており、回転方向が設定されていることを確認します❺。この角度が画像の傾きです。ここではその状態のまま[OK]ボタンをクリックします。

> **Tips**
> [ものさし]ツール を選択すると、オプションバーに[レイヤーの角度補正]ボタンが表示されます❻。このボタンをクリックすると、自動的に[ものさし]ツール の角度に合わせて画像が回転します。

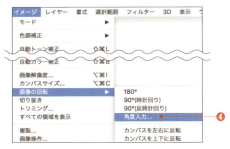

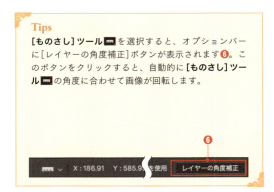

38

step 4

指定された角度だけ画像が回転し、画像の傾きが修正されます。回転した分だけ、画像の角が欠けていることがわかります❼。

step 5

最後に、ツールパネルから[切り抜き]ツール を選択して❽、不要な欠けた部分を切り抜きます❾。

> **Tips**
> Photoshop CC では[Camera Raw]フィルターを使用することでも画像の傾きを自動的に修正できます。[Camera Raw]フィルターも試してみてください。

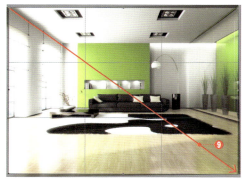

❦ Variation ❦

写真の中には、壁などに向かって斜めに撮影されているために、回転だけでは修正不可能なものもあります。そのような場合は、メニューから[編集]→[自由変形]を選択して修正します（p.62）。

右の写真は水平・垂直の場所がほとんどなく、また壁に対して正面の部分がないため、本項の方法では傾きを修正できません。そのため、ここではガイドを引いてから[自由変形]で修正しています。

関連 画像の切り抜き：p.35　自由変形：p.62　ガイド：p.44

Sample_Data/019/

{019} パスを使って画像を切り抜く

パスを使用すると、切り抜く範囲を自由に調整することが可能です。エッジのはっきりした画像を切り抜く際などはこの方法が効率的です。

step 1

ここでは右の画像の椅子の部分だけを切り抜きます。画像のレイヤー❶と切り抜くために用意したパスをアクティブにして❷、メニューから[レイヤー]→[ベクトルマスク]→[現在のパス]を選択します。すると、画像が切り抜かれて表示されます❸。
また、パス自体がマスクとなっているので、パスを選択することも可能です。

Tips
この機能は、[背景]レイヤーに対しては実行できません。画像が切り抜かれない場合は、対象のレイヤーが通常のレイヤーであることを確認してください。また、[背景]レイヤーである場合は、通常のレイヤーに変換してから作業を進めてください（p.133）。

step 2

切り抜く範囲を変更するには、マスクに使用しているパスを直接操作します。
[レイヤー]パネルでベクトルマスクのサムネールをクリックしてアクティブにします❹。アクティブになると白枠が表示されます。
ここでは、切り抜いた部分が見えやすいように、切り抜くレイヤーの下に新しいレイヤーを作成してブラックで塗りつぶしています。

step 3

ツールパネルから[ペン]ツールを選択して❺、パスのある部分を、⌘（Ctrl）を押しながらクリックします❻。すると、パスのアンカーポイントが表示されるので、アンカーポイントを⌘（Ctrl）を押しながらドラッグして修正します。
また、パスの曲線部分を操作したい場合はoption（Alt）を押しながら[方向点]をドラッグします。

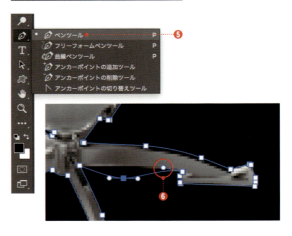

関連 切り抜き画像を Illustrator に配置する：p.41　パスから選択範囲を作成する：p.92　[ペン]ツールとパス：p.86

020 切り抜き画像をIllustratorに配置する

Photoshopの[クリッピングパス]機能を使用すると、切り抜き画像を、Illustratorに配置することができます。

step 1

ツールパネルから[ペン]ツール を選択して❶、オプションバーから[パス]を選択し❷、切り抜きたい部分を囲むようにパスを作成します❸（p.86）。

> **Tips**
> Photoshopの[ペン]ツール で描画するパスには、Illustratorのパスと同様に、CGの世界で広く利用されている「ベジェ曲線」が採用されています。ベジェ曲線の計算方法を理解する必要はありませんが、パスやポイントをいろいろと操作して、基本的な仕組みと操作方法は覚えておきましょう。

step 2

パスが完成したら、[パス]パネルに自動的に作成される[作業用パス]をダブルクリックして❹、[パスを保存]ダイアログを表示し、パス名を付けます❺。これで作業用パスが通常のパスとして保存されます。

step 3

続いて、[パス]パネルのパネルメニューから[クリッピングパス]を選択して❻、[クリッピングパス]ダイアログを表示し、[パス]プルダウンに先ほど作成したパスを指定し❼、[平滑度]を空白に設定して❽、[OK]ボタンをクリックします。
これでクリッピングパスに変換されました。クリッピングパスを埋め込んだ画像をEPS形式に保存して、Illustratorに配置するとパスで囲まれていなかった部分が透明に設定されます。

> **Tips**
> ［平滑度］とは、出力誤差の許容量を設定するものです。［平滑度］は空白のままにするか、0.2～100の値を設定します。空白の場合はプリンタの初期設定値が使用されますが、プリント時にエラーが起きる場合は［平滑度］を再設定してください。一般的に高解像度の出力環境（1200～2400dpi）では8～10を、一般的なプリンタ（300～600dpi）の場合は1～3を設定します。

Sample_Data/021/

021 画像のRGB値やCMYK値を調べる

画像を構成する各ピクセルのRGB値やCMYK値は［情報］パネルで確認できます。一度に複数ピクセルの情報を確認することもできます。

step 1

［情報］パネルが表示されていない場合は、メニューから［ウィンドウ］→［情報］を選択します。
選択しているツールにかかわらず、カーソルを画像の上におくと❶、［情報］パネルにRGB値やCMYK値などの情報が表示されます❷。

step 2

複数のピクセルの値を同時に調べたい場合は、ツールパネルから［カラーサンプラー］ツールを選択して❸、画像の複数のポイントをクリックします。
すると、［情報］パネルが拡張されて、複数のピクセルの値が表示されます❹。
クリックしたポイントはドラッグすることもできます。また、クリックしたポイントを右クリックすると、ポイントを削除したり、カラーモードを変更したりできます。

step 3

デフォルトでは、選択した1ピクセルの値が表示されますが、サンプリングするピクセルの範囲を変更することもできます。
サンプリングの範囲を変更するにはツールパネルから［スポイト］ツールを選択して❺、任意のポイントを右クリックします。表示されるコンテキストメニューからサンプリングの範囲を指定します❻。
また、［カラーをHTMLコードとしてコピー］を選択すると❼、色の値をHTMLコードとして取得できます。コピーされたHTMLコードは「color="#0e4cad"」のような形式になります。

関連 ツールパネル一覧：p.10　パネル一覧：p.12　パネルを非表示にする：p.43　配色案を作る：p.84

Sample_Data/022/

022 パネルを非表示にする

パネル周りの操作にはさまざまな方法がありますが、デスクトップのファイルにアクセスするためにパネル類を非表示にしたい場合は、Tab を押す方法が最も簡単です。

step 1
右図のように、ディスプレイが画像やパネル類で覆われていると、デスクトップのファイルにアクセスできません❶。このような場合は、Tab を押してパネル類を一時的に非表示にします。

step 2
Tab を押すとツールパネルを含む、すべてのパネルが非表示になります❷。
こうすることで、簡単にデスクトップのファイルにアクセスしたり、画像を大きく表示したりすることが可能になります。

step 3
Tab + Shift を押すと、ツールパネルのみを表示することもできます❸。

Tips
メニューから[Photoshop CC]（Windowsは[編集]）→[環境設定]→[ツール]を選択して[環境設定]ダイアログを表示し、[オプション]エリアにある[ズームでウィンドウのサイズを変更]にチェックを入れると❹、[ズーム]ツール で画像を拡大・縮小した際に、ウィンドウサイズも一緒に拡大・縮小します。
そうすることで、ここで紹介した右図のように画面いっぱいに画像を表示できます。

第1章 基本機能

関連 ツールパネル一覧：p.10　パネル一覧：p.12　ガイドを使用する：p.44

43

023 ガイドを使用する

ガイドを使用すると、複数のレイヤーをきれいに整列させたり、選択範囲系のツールで正確にサイズを測ったりすることができます。

step 1

ガイドは、複数のレイヤーを整列させたり、正確に位置を合わせたりする際に使用します。
ウィンドウに定規が表示されていない場合は、メニューから[表示]→[定規]を選択して❶、定規を表示します。

step 2

[移動]ツール を選択して❷、定規の上からドラッグを開始し、適当な位置でマウスを離します❸。すると、離した箇所にガイドが表示されます。
上部の定規からドラッグすると水平なガイドを、左側の定規からドラッグすると垂直なガイドを表示できます。

step 3

ガイドは任意の場所に移動できます。ガイドを移動するには[移動]ツール を選択してガイドの上にマウスを移動します。すると、カーソルが❹に変わるので、ガイドをドラッグして移動します。このとき、画面の外側へ移動すると、ガイドは削除されます。

step 4

すべてのガイドの表示／非表示を一括で切り替えるには、メニューから[表示]→[表示・非表示]→[ガイド]を選択します❺。
また、すべてのガイドを消去するには、メニューから[表示]→[ガイドを消去]を選択します❻。

024 オブジェクトをガイドやグリッドに吸着させる

[スナップ]機能を使用すると、選択範囲やレイヤーを簡単にガイドやグリッドに吸着させることができます。グリッドに沿って整列させたい場合などに便利です。

step 1

ここでは、右図の[オブジェクト]レイヤーの周りにガイドを作成します。
[レイヤー]パネルで対象となるレイヤーをアクティブにします❶。

step 2

メニューから[表示]→[スナップ]を選択します❷。

Short Cut スナップさせる
Mac ⌘ + Shift + ;　Win Ctrl + Shift + ;

step 3

ガイドをレイヤー付近にドラッグすると❸、レイヤーのエッジ近辺にガイドが吸着するので、確実にエッジにガイドを作成することができます。
また、ガイド付近を[長方形選択]ツール でドラッグすると、選択範囲がガイドに吸着します。

step 4

スナップ先には、ガイドの他に[グリッド]、[レイヤー]、[スライス]、[ドキュメントの端]などを指定できます❹。[表示]→[スナップ先]以下からスナップ先を選択してください。
ただし、グレー表示されている項目はスナップ先に指定できません。例えば、右図ではグリッドやスライスを非表示にしているので、選択できなくなっています。

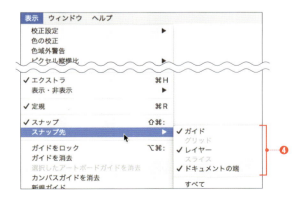

関連 ガイドを使用する：p.44　ガイドを数値で指定する：p.46　レイヤーを移動する：p.138

025 ガイドを数値で指定する

ガイドを数値で指定すると、簡単かつ確実に、正確な位置にガイドを表示することができます。複数のオブジェクトを正しい位置に配置する必要がある場合などに利用できます。

step 1

ガイドを数値で指定するには、メニューから［表示］→［新規ガイド］を選択して❶、［新規ガイド］ダイアログを表示します。

step 2

［方向］セクションのボタンでガイドの方向を指定してから❷、［位置］に数値を入力します❸。
画像の左右を結ぶガイドを表示させたいときは［水平方向］を、上下を結ぶガイドを表示させたいときは［垂直方向］を選択します。

step 3

設定後、［OK］ボタンをクリックすると、ガイドが表示されます❹。表示後に位置を移動することもできます(p.44)。

Tips
［位置］に数値を入力する際に、単位を省略すると［定規］に設定されている現在の単位が適用されますが、任意の単位を指定することもできます。単位を入力すると、画像の解像度に合わせた位置にガイドが表示されます。

Variation

ガイドの色は、メニューから［編集］→［環境設定］→［ガイド・グリッド・スライス］を選択した際に表示される［環境設定］ダイアログで変更できます❺。
また、［定規］の単位は、メニューから［編集］→［環境設定］→［単位・定規］を選択すると変更できます。

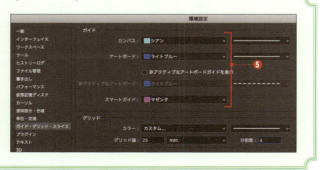

Sample_Data/026/

026 ヒストリーで操作をやり直す

Photoshopでは、操作履歴（ヒストリー）が自動的に［ヒストリー］パネルに記録されています。ヒストリー機能を利用すると、作業内容をさかのぼって操作をやり直すことができます。

step 1

ヒストリー機能を利用するには、メニューから［ウィンドウ］→［ヒストリー］を選択して、［ヒストリー］パネルを表示します。ハイライトになっている部分が現在の画像と対応しています❶。
戻りたいヒストリーの場所を選択すると❷、選択した部分がハイライトになり、画像もヒストリーに対応して戻ります❸。ここでは、「ぼかし（レンズ）」や「レイヤーマスクの追加」などの作業をキャンセルしています。
なお、ヒストリーで戻った後に、そのまま作業を続けると、以降のヒストリーが消えてしまうので注意してください。ヒストリーを消さずに操作を続けたい場合は、ヒストリーを別のファイルに書き出す必要があります（p.49）。

> **Tips**
> ヒストリーに記録される操作は、初期設定では過去20回分の操作です。その数を超えるとヒストリーは順に消されます。
> 記録するヒストリーの数を変更するには、メニューから［編集］→［環境設定］→［パフォーマンス］を選択して［環境設定］ダイアログを表示し、［ヒストリー＆キャッシュ］セクションにある［ヒストリー数］を指定します（p.328）。

step 2

ヒストリーにはほとんどの操作が記録されますが、初期設定では「レイヤーの表示／非表示」の操作は記録されません。
「レイヤーの表示／非表示」を記録したい場合は、［ヒストリーパネル］オプションから、［ヒストリーオプション］を選択して❹、［ヒストリーオプション］ダイアログを表示し、［レイヤーの表示／非表示の変更を取り消し可能にする］にチェックを入れます❺。

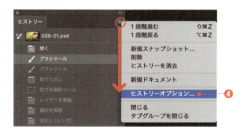

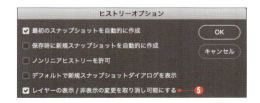

関連　操作画像を開いたときの状態に戻す：p.48　ヒストリーを書き出す：p.49　やり直す回数を増やす：p.328

027　操作画像を開いたときの状態に戻す

画像を開くと、[ヒストリー]パネルの最上部に必ず開いたときの状態の画像が[スナップショット]として保存されます。スナップショットをクリックすると、画像を開いたときの状態に戻せます。

step 1

[ヒストリー]パネルのハイライトになっている部分が現在の画像と対応しています❶。

> **Tips**
> [ヒストリー]パネルが表示されていないときは、メニューから[ウィンドウ]→[ヒストリー]を選択します。

step 2

最上部にあるスナップショットのサムネールをクリックすると❷、レイヤーや選択範囲など、すべての状態が開いたときの状態に戻ります。
また、取り消された操作は、グレーアウトされて表示されます❸。

step 3

スナップショットを選択した状態で作業を行うと、ヒストリーに残っている作業が消えてしまいます。作業を続ける場合は、[ヒストリー]パネルの下部にある**[現在のヒストリー画像から新規ファイルを作成]ボタン**をクリックして❹、画像を新規ファイルとして複製します❺。
通常、最初のヒストリーは[新規]か[開く]ですが、[ヒストリー]パネルで複製した画像は、[ヒストリー画像を複製]が最初のヒストリーになります。

関連　操作をやり直す：p.47　過去の画像から別の画像を作成する：p.49　やり直す回数を増やす：p.328

028 過去の画像から別の画像を作成する

過去の画像から別の画像を作るには、ヒストリー機能の[新規スナップショット作成]や[現在のヒストリー画像から新規ファイルを作成]を使用します。

step 1

[ヒストリー]パネルを表示して、任意のヒストリーの位置を選択します❶。すると、その時点まで操作が戻ります。
なお、この状態で作業を進めると、以降のヒストリーが消えるので注意してください。

step 2

[ヒストリー]パネル下部の[**新規スナップショット作成**]**ボタン**をクリックします❷。
すると、[ヒストリー]パネル上部に新規スナップショットである[スナップショット1]が作成されます❸。
これで、設定されたヒストリーの数を超えてもこのスナップショットまでは戻ることができるようになりました。

Tips

スナップショットとは、一連の画像操作のある一時点の操作内容（画像の状態）を保存したものです。スナップショットはヒストリー数にはカウントされません。

step 3

スナップショットを作成しただけでは、ファイルを閉じた時点でスナップショットは消えてしまいます。必要であれば、現在のヒストリー画像を別ファイルとして書き出しましょう。

[**現在のヒストリー画像から新規ファイルを作成**]**ボタン**をクリックします❹。すると、新しいファイルが作成されます。
ファイル名はその時点でのヒストリー名と同じです。新たなファイルとなったため、元画像とは独立して編集できるようになります❺。

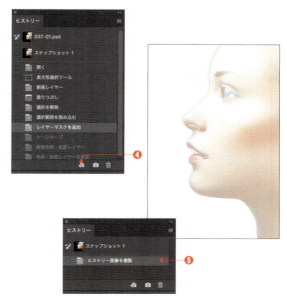

関連 操作をやり直す：p.47　操作画像を開いたときの状態に戻す：p.48　やり直せる回数を増やす：p.328

029 さまざまな図形や記号を簡単に描く

[カスタムシェイプ]ツールを使用すると、ハート形や星形などさまざまな図形や記号、マークなどを簡単に描くことができます。

step 1

ツールパネルから[カスタムシェイプ]ツールを選択して❶、オプションバーで[シェイプ]を選択します❷。
[塗り]と[線]に色を指定します❸。ここでは[塗り]は任意の色に設定し、[線]の色は[ブラック]で、[幅: 0.00px]にします。
次に[シェイプピッカー]から[ゆりの紋章]のシェイプを選択します❹。

step 2

画像上でドラッグすると、選択した形状のシェイプが描画されます❺。このとき、Shift+ドラッグすると元の形を維持したシェイプを作成できます。

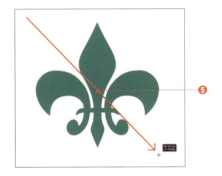

step 3

シェイプレイヤーのパスはベクトルマスクになっているので、描画後でも、シェイプの形状を自由に変更できます。
シェイプ形状を変更するには、[パス]パネルでシェイプパスレイヤーをアクティブにしたうえで❻、[ペン]ツールを選択して❼、アンカーポイントを移動します❽。

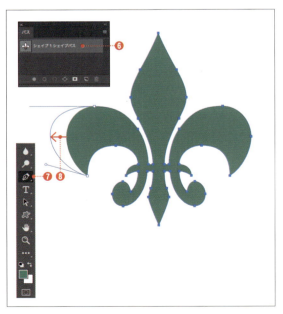

> **Tips**
> シェイプの色や形状だけではなく、シェイプのパスに沿ってストロークを設定することもできます。下図では、パスに丸点が連続するストロークを適用しています。

関連 パスを使って画像を切り抜く：p.40　パスの形状に沿って文字を入力する：p.73　ブラシを登録する：p.68

Sample_Data/030/

030 フィルターを使用する

Photoshopには、画像にさまざまな効果を適用する「フィルター」と呼ばれる機能があります。事前に選択範囲を作成しておけば、画像全体ではなく、部分的にフィルターを適用することができます。

step 1

画像を開き、フィルターを適用したいレイヤーを1つだけアクティブにします❶。
フィルターを適用する際は、このように必ず目的の画像が含まれるレイヤーを1つだけアクティブにしてから作業を進めます。

step 2

[フィルター]メニューから使用するフィルターを選択します。
ここでは、メニューから[フィルター]→[ノイズ]→[明るさの中間値]を選択して、[明るさの中間値]ダイアログを表示します。
プレビューを確認しながら❷、設定値を決定します。ここでは[半径:20]に設定して❸、[OK]ボタンをクリックします。
画像にフィルターが適用され、イラスト風の画像になりました❹。
なお、どのフィルターも、ダイアログの[OK]ボタンを押すまでは、実際に効果は適用されません。

Tips

選択範囲を作成せずにフィルターを実行すると、画像全体に効果が適用されますが、選択範囲を作成した状態でフィルターを実行すると、選択範囲の内側にだけフィルターの効果が適用されます。

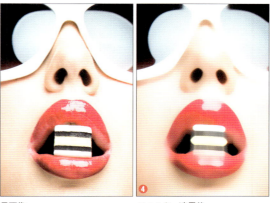

元画像　　　　　　　　　　フィルター適用後

関連　フィルターギャラリー：p.58　選択範囲を作成する：p.88

Sample_Data/031/

031 画像にぼかしを加える

Photoshopでは16種類のぼかしフィルターを選択できます。ここでは、その中でも最も使用頻度の高い[ぼかし（ガウス）]を紹介します。他のフィルターの使用方法も基本的には同じです。

step 1

ぼかしを加えたい画像を開き、その画像が配置されているレイヤーをアクティブにします❶。

step 2

メニューから[フィルター]→[ぼかし]→[ぼかし（ガウス）]を選択して、[ぼかし（ガウス）]ダイアログを表示します。
[プレビュー]でフィルター適用後の画像を確認しながら[半径]の値を調整します❷。ここでは[半径：12]に設定して、[OK]ボタンをクリックします。
すると画像全体にフィルターが適用されます❸。

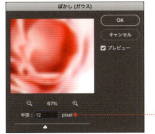

Tips
ぼかしフィルターの種類はPhotoshopのバージョンによって異なります。例えば、CS5以前には11種類のぼかしフィルターが用意されており、CS6にはこれに3種類を加えた全14種類、CCにはさらに2種類を加えた全16種類のぼかしフィルターが用意されています。

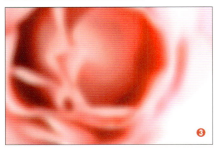

┤ Variation ├

ぼかしフィルターは、多くの場合、選択範囲と組み合わせて使用します。選択範囲と組み合わせることで画像の一部のみにフィルターを適用できます(p.51)。
右図では画像の周辺のみに[ぼかし（ガウス）]フィルターを適用することで、花の中心部にフォーカスしたような画像に加工しています。
なお、選択範囲の代わりにレイヤーマスク(p.154)を使用することもできます。

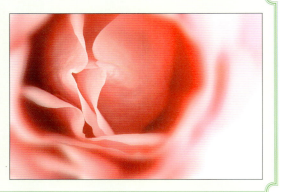

関連 フィルターを使用する：p.51　ぼかしギャラリー：p.54　フィルターギャラリー：p.58

032 画像にノイズを加える

画像にノイズを加えることで、古ぼけたイメージやオカルティックなイメージを強調することができます。また、微量のノイズを加えることで画像に立体感や本物らしさを加えることもできます。

step 1

フィルターを適用する画像が配置されているレイヤーをアクティブにして、メニューから[フィルター]→[ノイズ]→[ノイズを加える]を選択して、[ノイズを加える]ダイアログを表示します。

[プレビュー]を見ながら、各項目を設定します。ここでは[量:25][分布方法:均等に分布][グレースケールノイズ:オン]に設定して❶、[OK]ボタンをクリックします。

すると、画像にノイズフィルターが適用されます。ここでは、背景レイヤーにノイズ効果を加えています。

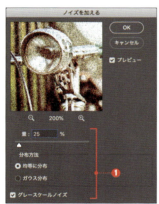

元画像

フィルター適用後

◎[ノイズを加える]ダイアログの設定項目

項目	内容
量	画像全体に占めるノイズの割合をパーセントで指定します。
分布方法	ノイズの分布方法です。同じ数値でも、[均等に分布]を選択するとノイズが目立ちにくくなり、[ガウス分布]を選択すると自然なノイズになります。
グレースケールノイズ	チェックを入れると無彩色のグレースケールのノイズになります。

❖ Variation ❖

CG画像は全体的に滑らかな印象の画像になっているため、立体感や現実感に欠ける場合があります。そのような画像に弱いノイズを加えると本物らしさを演出できます。

ノイズなし

ノイズあり

関連 画像にぼかしを加える:p.52 画像をシャープにする:p.56 フィルターギャラリー:p.58

Sample_Data/033/

[ぼかしギャラリー]によるぼかし処理

Photoshop CCで機能強化された[ぼかしギャラリー]を使用すると、画像のぼかし処理を以前と比べ、大幅に効率的かつ容易に行うことができます。

概要

Photoshopには、メニューの[フィルター]→[ぼかし]以下にある11種類のぼかしフィルターに加えて(p.52)、[フィルター]→[ぼかしギャラリー]以下に、[フィールドぼかし][虹彩絞りぼかし][チルトシフト][パスぼかし][スピンぼかし]の合計5つのぼかしフィルターが用意されています。

これらの機能を使用すると、効率的かつ容易に複雑なぼかし効果を画像に適用できます。

ここでは、右の画像を使用してこれらの機能について解説します。

元画像

step 1

ぼかしギャラリーのフィルターを使用するには、画像を開き、メニューから[フィルター]→[ぼかしギャラリー]を選択します❶。

ここでは[フィールドぼかし]を選択して、[ぼかしギャラリー]に入ります。

step 2

[フィールドぼかし]を選択した場合は、画像の中心に[ぼかしリング]が表示され、[ぼかしリング]の中心に[ぼかしピン]と呼ばれる[ぼかしリング]を移動させるアイコンが表示されます❷。

また、同時に[ぼかしツール]パネルと[効果]パネルが表示されます。

ぼかしの量を変更するには、この[ぼかしリング]に沿ってドラッグするか、[ぼかしツール]パネルの[フィールドぼかし]エリアの[ぼかし]の値を変更します❸。

> **Tips**
> [ぼかしギャラリー]に入ると、ワークスペースが[ぼかしギャラリー]モードに切り替わり、右側に[ぼかしツール]パネルと[効果]パネルが表示されます。他のフィルターのように別途ダイアログが表示されるわけではありません。

step 3

［ぼかしギャラリー］の使用中は、［ぼかしツール］パネルの右端にあるチェックボックスのオン／オフを切り替えることで、複数のぼかしを組み合わせたり、適用するぼかしを切り替えたりできます❹。右図では［フィールドぼかし］の機能をオフにして、［虹彩絞りぼかし］をオンにしています。

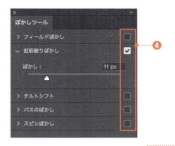

step 4

［虹彩絞りぼかし］では［ぼかしリング］の外側にいくほど画像がぼけます。
ぼける範囲は周囲の枠のサイズで決定します。枠のサイズと角度を変更するには、一番外側の上下左右にある白いポイントをドラッグします❺。
また、周囲の枠の丸さは一番外側にある菱形の白いポイントをドラッグすることで調整します❻。
ぼける諧調をコントロールするには、内側にある4つの白いポイントをドラッグします❼。
ここでは人物の中心がぼけないように位置と量を調整しました。

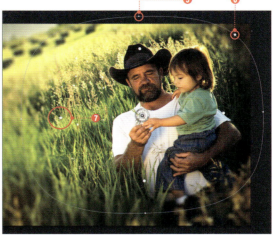

step 5

［チルトシフト］では、カメラの「被写界深度」と呼ばれる"ピントの合う範囲"を再現できます。
この機能も他の［ぼかしギャラリー］と同様に［ぼかしリング］でぼかしの量と位置を調整できます❽。
また、上下の点線❾でぼける範囲を設定し、［ぼかしリング］の上下にある白いポイント❿でぼける諧調とぼける範囲の角度をコントロールします。
［ゆがみ］スライダーを使用するとより正確なボケを表現できます⓫。スライダーをプラス方向に移動させると外側に画像が流れるような状態を再現でき、マイナス方向に移動すると内側に丸まるような状態を再現できます。
また、［ゆがみ］スライダーは下側のみに作用しますが、［対称のゆがみ］にチェックを入れることで⓬、画像の上部にも同じ収差が適用されます。

［効果］パネルでは、ぼかした部分を輝かせることができ、これによりぼかし（レンズ）のスペーキュラーハイライトに似た効果を出すことができます。［光のボケ］で輝く度合いをコントロールし、［光の範囲］で輝く範囲をコントロールします。

関連 画像にぼかしを加える：p.52　フィルターギャラリー：p.58

034 画像をシャープにする

［アンシャープマスク］フィルターを使用すると、シャープネス処理を実行できます。ピントの合っていない、ぼんやりとした画像に適用すると効果的な場合があります。

概要

シャープネス処理とは、濃度差のある輪郭の暗い部分をより暗く、明るい部分をより明るくすることで、目に見えない程度の細い境界線を作る処理です。右図ではソフトな人物の肌部分と硬調な金属部分が混在しています。全体的にはノイズが少なく、高画質であり、人物の肌はきれいに表現されているので、今回は金属部分を優先してシャープネス処理を施します。

step 1

シャープネス処理を行うには、メニューから［フィルター］→［シャープ］→［アンシャープマスク］を選択して❶、［アンシャープマスク］ダイアログを表示します。
［プレビュー］を見ながら各項目の値を調整します。ここでは［量:250］［半径:1］［しきい値:25］に設定して❷、［OK］ボタンをクリックします。
なお、［アンシャープマスク］ダイアログの各設定値の関係性については、次ページのVariationを参照してください。

Photoshopには、さまざまな［シャープ］フィルターが用意されています。

◎ ［アンシャープマスク］ダイアログの設定項目

項目	内容
量	シャープネスの強さ（エッジ効果の適用度合い）を指定します。この項目は他の項目にも影響を与えるので、通常は［量:150］程度から少しずつ値を上げて調整します。1〜500%の間で設定できますが、ほとんどの場合、150〜250%の間で設定します。
半径	シャープネスがかかる半径（エッジそのものの幅）を指定します。通常、出力された画像を観察する距離やプリンタの解像度などから値を決定します。一般的には、解像度を基準にして設定します。解像度が96dpiでは0.4pixel、300dpiでは1.0pixel、350dpiでは1.2pixelに設定します（鑑賞距離25cm、視力1.0の場合）。 また、画像を見る距離が遠くなるほどより大きな値を設定します。例えば25cm程度まではこの値ですが、50cmほど離れた場所から画像を見るような場合は数値を倍に設定します。
しきい値	エッジ効果は隣り合っているピクセルの濃度差によって発生するか、しないかが決まります。しきい値には、どの程度の濃淡差から処理を開始するのかを指定します（256段階）。例えば「30」と入力すると、ピクセル境界でおおむね30の濃度差があるときにエッジ効果が発生しはじめます。 ノイズが少ない画像ほど小さな値（デジタルカメラなら10以下）にし、被写体が人物のような柔らかくて細かいものなら20〜50程度を指定します。

画像がシャープになりました。細部の拡大図を見ると、[アンシャープマスク]フィルターの効果によって部分的に輪郭が強調されていることがわかります。

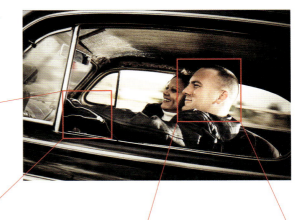

元画像

フィルター適用後

元画像

フィルター適用後

Tips

[アンシャープマスク]フィルターの効果を確かめる最良の方法は「印刷して観察する」ことです。モニターでも確認できますが、モニターで観察する場合は、画像ウィンドウの表示倍率を100%以上にして、モニターからある程度距離をおいてください。

Variation

シャープ系のフィルターは、すべて同じ原理で画像にエッジ効果を適用して、画像をシャープにします。
ここでは[アンシャープマスク]を例に画像をシャープにするエッジ効果の原理を解説します。
[アンシャープマスク]には[量][半径][しきい値]の3つのパラメータが用意されており、これらでエッジ効果の強弱をコントロールしています(各パラメータについては前ページの表を参照)。右図は[アンシャープマスク]のエッジ効果を表した概念図です。エッジの境界で濃度反転が起きて、実際にはない輪郭線が生成されていることがわかります。
なお、シャープネスについては、モニター上での見え方と、プリント上での見え方に大きな違いがあるので注意してください。また、シャープをかけた後に画像の拡大・縮小を行うとエッジのサイズが変わるので、プリントまたは表示されるサイズが決定してからフィルターをかけてください。

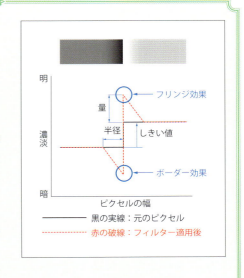

関連 画像にぼかしを加える：p.52　画像にノイズを加える：p.53　フィルターギャラリー：p.58

035 ［フィルターギャラリー］で複数のフィルターを適用する

［フィルターギャラリー］を使用すると、複数のフィルターをレイヤーのように組み合わせたり、プレビューを見ながら設定値を変更したりできます。

step 1

［レイヤー］パネルで、フィルターを適用したいレイヤーをアクティブにしたうえで、メニューから［フィルター］→［フィルターギャラリー］を選択して❶、［フィルターギャラリー］を表示します。
なお、［フィルターギャラリー］で指定できるフィルターは、Photoshopに搭載されているすべてのフィルターではありません。

step 2

中央の6つに分類されているフィルターカテゴリーをクリックして❷、サムネールを表示し、目的のフィルターを探します。フィルターを選択すると、そのフィルターが右下のリストに追加され❸、その上部に選択したフィルターのオプションが表示されます❹。また、ダイアログの左側にはプレビューが表示され❺、フィルターの効果を確認できます。
複数のフィルターを重ねて適用するには、**［新しいエフェクトレイヤー］ボタン**をクリックして❻、追加するフィルターのサムネールをクリックします。

目玉のアイコンをクリックすることで、フィルターの適用を、個別に表示／非表示にすることができます。

フィルターを削除するには、削除するフィルターを選択した状態で［エフェクトレイヤーを削除］ボタンをクリックします。

036 テレビ画面のような走査線を入れる

写真にテレビ画面のような走査線を入れるには、メニューから[フィルター]→[フィルターギャラリー]を選択して、[ハーフトーンパターン]を使用します。

step 1

ここでは、右の画像にテレビ画面のような走査線を入れる方法を解説します。
画像を開いて、メニューから[レイヤー]→[レイヤーを複製]を選択して、[レイヤーを複製]ダイアログを表示します。

step 2

[新規名称]に任意の名前を入力して❶、[OK]ボタンをクリックします。

step 3

ツールパネル下部の**[描画色と背景色の初期化]ボタン**をクリックして❷、描画色と背景色を初期化したうえで、メニューから**[フィルター]→[フィルターギャラリー]**を選択します❸。

step 4

[フィルターギャラリー]のダイアログが表示されたら、[スケッチ]カテゴリーの中から[ハーフトーンパターン]を選択します❹。フィルターオプションで[サイズ:1][コントラスト:5][パターンタイプ:線]を設定します❺。これでテレビ画面のような走査線が画像に入りました。

◉ ［ハーフトーンパターン］ダイアログの設定項目

項目	内容
サイズ	パターンのサイズを指定します。あまり大きなサイズを指定するとぼけてしまうので注意してください。
コントラスト	パターンの濃淡のコントラストを設定します。
パターンタイプ	パターンの傾斜を設定できます。［線］［点］［円］の3種類が用意されています。

● step 5

［レイヤー］パネルで上部のレイヤーをアクティブにして、描画モードを［ビビッドライト］に設定します❻。
また、［不透明度：100％］に設定します❼。
これで、画像にテレビ画面のような走査線を加えることができました。

◆ Variation ◆

ここでは、元画像に［ハーフトーンパターン］フィルターを使用して、描画モードを変更しているため、画像全体の雰囲気もテレビのように硬いイメージになっています。

写真を生かして同様の効果を施したい場合は、複製したレイヤーをいったんグレー（R：128、G：128、B：128）で塗りつぶしてから、［ハーフトーンパターン］フィルターを使用し、レイヤーの描画モードを［ソフトライト］や［オーバーレイ］などに変更します。すると、右図のように元画像の質感を生かすことができます。

関連　フィルターギャラリー：p.58　描画モード：p.148　レイヤーの不透明度：p.153　フィルターを使用する：p.51

037 選択範囲内の画像やレイヤーを変形する

選択範囲内の画像や、レイヤー自体を変形するには、メニューの[編集]→[変形]から変形方法を指定するか、[編集]→[自由変形]を選択します。

step 1

[レイヤー]パネルで変形したい画像を含むレイヤーをアクティブにしたうえで、メニューから[編集]→[変形]以下にある変形方法を選択します❶。
選択できる変形方法は以下の6種類です。
なお、[ワープ]以外は、[編集]→[自由変形]を選択して、ショートカットキーを組み合わせることで、一度に複数の変形方法を実行できます(p.96)。

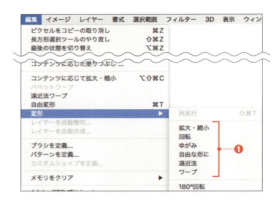

[拡大・縮小]：ハンドルを斜め方向にドラッグしてレイヤーの拡大・縮小を行います。このとき[Shift]を押しながらドラッグすると、縦横比を変更できます。

[ゆがみ]：コーナーハンドルは垂直方向または水平方向のいずれかに、サイドハンドルはコーナーハンドルの方向の垂直または水平にのみ動きます。

[遠近法]：ドラッグしたハンドルの対面が自動的に逆方向に動き、画像に遠近感を付けます。

[回転]：ハンドルをドラッグすると、基準点を軸にして、画像が回転します。基準点は、デフォルトでは画像の中央にありますが、ドラッグすることで別の場所に移動することも可能です。

[自由な形に]：ハンドルを上下左右すべての方向にドラッグできます。

[ワープ]：ドラッグした場所の周辺が、ドラッグした方向に歪みながら移動します。[ワープ]を選択した場合は、ベジェ曲線のように、方向線を使用して変更することも可能です。

038 画像内容に応じた画像の拡大・縮小

画像全体を拡大・縮小するのではなく、画像の内容に応じて必要な部分のみを拡大・縮小したい場合は、[選択範囲をコピーしたレイヤー]を作成して[自由変形]を行います。

step 1

ツールパネルで[長方形選択]ツール を選択して❶、オプションバーで[ぼかし:0 px]に設定し❷、画面上で変形させたい部分を囲みます❸。

step 2

メニューから[レイヤー]→[新規]→[選択範囲をコピーしたレイヤー]を選択して❹、選択範囲を複製したレイヤーを新規作成し、続いて、メニューから[編集]→[自由変形]を選択します❺。

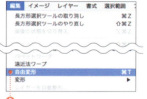

step 3

作成したレイヤーの画像周囲にバウンディングボックスが表示されるので、サイドハンドルをドラッグして画像を引き伸ばします❻。
同じ手順で、左側にも[自由変形]を行うと右図のように画像内容に応じて画像を拡大・縮小することができます❼。

Tips
本来なら、選択範囲の境界部分に1pixelだけ不要なラインが残ったり、にじんで明らかに不自然になったりしますが、[ぼかし]のない選択範囲でレイヤーを複製すると、不自然な部分が元画像で隠れるので、自然な仕上がりになります。
ただし、画面を斜めに走る直線部分がある場合は、直線部分が不自然に曲がることがあるので注意してください。

Sample_Data/039/

039 コンテンツに応じた画像の拡大・縮小

[コンテンツに応じて拡大・縮小]機能を使用すると、画像の縦横比が変わるような拡大・縮小を行っても、見た目が不自然にならないように画像を拡大・縮小することができます。

概要

右の画像を左右に伸ばして拡大する方法を解説します。
なお、拡大する画像が[背景]レイヤーの場合は、事前に通常のレイヤーに変換したうえで(p.133)、右図のように、伸ばす方向に余白を作成しておいてください❶(p.34)。

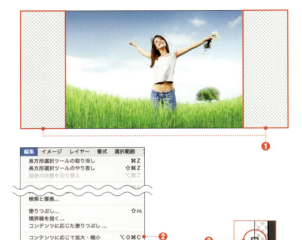

step 1

[レイヤー]パネルで、拡大を行うレイヤーをアクティブにして、メニューから[編集]→[コンテンツに応じて拡大・縮小]を選択します❷。
すると、レイヤーの外側にハンドルの付いたバウンディングボックスが表示されます❸。

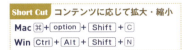

Short Cut コンテンツに応じて拡大・縮小
Mac ⌘ + option + Shift + C
Win Ctrl + Alt + Shift + N

step 2

ハンドルをドラッグして画像を伸ばします❹。
今回のように左右に余白がある場合は、option (Alt)を押しながらドラッグすることで、一度の操作で画像を左右に広げることができます。

step 3

画像を拡大した後、Enterを押すか、オプションバーにある[変形を確定]ボタンをクリックすると❺、バウンディングボックスが消えて、拡大が確定されます。

step 4

拡大後の画像を見ると、画像内の重要な要素は自動的に保護されて❻、他の部分を自然な形で拡大していることがわかります。

❦ Variation ❦

内容が複雑な画像に対して同じように拡大・縮小を行うと、形が変形してしまうことがあります。ここでは、画面内のオブジェクトが意図せずに変形してしまうのを防ぐ方法を解説します。

step 1

［コンテンツに応じて拡大・縮小］を行う前に、拡大・縮小したくない部分にマスクを作成し、アルファチャンネルに保存します❼（p.115）。
ここでは「拡張用マスク」という名称で保存しました。右図では、画像と拡張用マスクの両方を表示しています。

step 2

メニューから［編集］→［コンテンツに応じて拡大・縮小］を選択して、オプションバーの［保護］ポップアップメニューから作成したマスク（ここでは［拡張用マスク］）を選択します❽。

step 3

ハンドルをドラッグして画像を拡大します❾。
これで、変形させたくない部分を保護した状態で、画像を引き伸ばすことができました。
❿の画像が保護前の画像、⓫の画像が保護後の画像です。保護しなかった場合は人物が横に伸びていることがわかります。

関連　画像内容に応じた画像の拡大・縮小：p.63　　カンバスサイズの変更：p.34　　マスクの作成：p.154

040 ブラシでランダムにペイントする

ブラシでランダムにペイントするには[ブラシ]パネルで[ブラシオプション]を設定します。[ブラシ]パネルにはさまざまな形状のブラシが用意されており、描き方を自由に決めることができます。

step 1

ツールパネルで[ブラシ]ツール を選択して❶、[ブラシ]パネルの中から[楓の葉(散乱)]を選択します❷。

> **Tips**
> [ブラシ]パネルが表示されていない場合は、メニューから[ウィンドウ]→[ブラシ]を選択して表示します。また、プリセットの中に[楓の葉(散乱)]がない場合は、[ブラシ]パネル右上のパネルメニューから❸、[初期設定に戻す]を選択します。

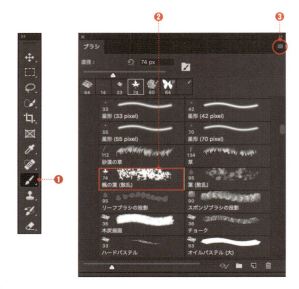

step 2

[ブラシサイズ:100px]に設定し、描画色に[R:255、G:114、B:0]を設定し、画面上をドラッグすると、右図のようにランダムに楓の葉を描くことができます❹。

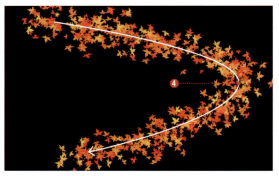

step 3

step2の状態のまま[ブラシ設定]パネルで[ブラシ先端のシェイプ]を選択して❺、ブラシ先端の形状を[星形]などに変更すると❻、ブラシの形状を変更できます❼。

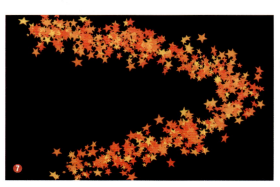

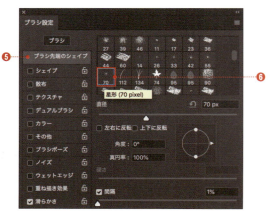

step 4

ブラシオプションの［シェイプ］を選択すると❽、ブラシの［サイズ］［角度］［真円率］をランダムに変化させることができます。また、［散布］を選択すると❾、ブラシの散布方法を指定できます。

［シェイプ］の作例では、サイズのコントロールを［フェード］に設定したため❿、ドラッグするとだんだん小さなサイズでペイントされていきます。また、［角度］と［真円率］のコントロールを［オフ］に設定したので⓫、角度と真円率がランダムに変化しています。角度と真円率のコントロールを［オフ］に設定すると、このように花が散っているような効果となります。［散布］の作例では、各設定値を大きくしたため⓬、先程よりもブラシが分散されてペイントされていることがわかります。

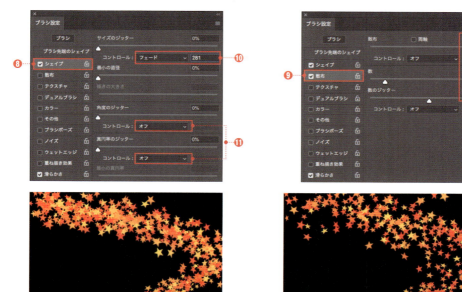

［シェイプ］の作例　　　　　　　　　　　　　　［散布］の作例

◎［ブラシ］パネルの設定項目

カテゴリ	項目	内容
シェイプ	ジッター	変化の度合いをパーセントで設定します。
	コントロール	変化の方法を［オフ］、［フェード］、［筆圧］、［ペンの傾き］、［スタイラスホイール］から選択します。［オフ］を選択すると、変化の度合いがランダムに調整されます。［オフ］と設定しても機能がオフになるわけではありません。［フェード］を選択すると、設定値が小さくなる度合いを数値で指定できます。なお、これは［ブラシ先端のシェイプ］ブラシの［間隔］に影響されるので、同じ設定値でも結果が変わることがあります。
	最小	変化する際の最小値をパーセントで設定します。
	ブラシの投影	チェックを入れると柔軟性の高い自然なタッチで描画されます。
散布	散布	ブラシが散布される度合いをパーセントで設定します。［両軸］にチェックを入れると、ブラシのストロークやパスに対して放射状に散布されます。チェックを外すとストロークやパスに対して直角に分布されます。このオプションを指定するとパスに沿って散布させる際に、パスの両端にもブラシをはみ出させることができます。
	数／数のジッター	シェイプの設定値と同様に、ブラシが散布される数をコントロールします。

関連　オリジナルのブラシの登録と使用：p.68　　ブラシで連続したオブジェクトを描く：p.69

041 オリジナルブラシの登録と使用

オリジナルのブラシを登録するには、登録したいブラシ形状を作成し、メニューから[編集]→[ブラシを定義]を選択します。

step 1

右の画像をオリジナルブラシとして登録します。通常のレイヤーやテキストレイヤーが残っていても構いません。
メニューから[編集]→[ブラシを定義]を選択して❶、[ブラシ名]ダイアログを表示します。

step 2

ブラシの名称を入力して❷、[OK]ボタンをクリックします。これでオリジナルブラシの登録は完了です。
なお、画像が画面の中央にない場合でも、自動的に無駄な余白は切り取られて登録されます。また、画像がグレースケールでない場合は自動的にグレースケールに変換されます。

step 3

登録したブラシを使用するには、ツールパネルから[ブラシ]ツール を選択して❸、オプションバーのブラシアイコンをクリックし❹、[ブラシポップアップパネル]の中から登録したブラシを選択します❺。

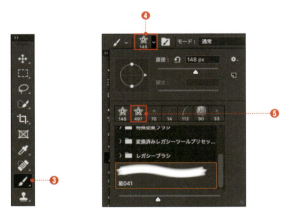

step 4

ドキュメント上をドラッグすると、ドラッグした軌跡に沿って、ブラシが描画されます。またブラシは、[ペン]ツール で作成したパスや、レイヤーマスクなどにも適用できます。
ここではブラシがランダムなサイズや角度になるように設定し、パスに沿ってブラシを描画しました❻。

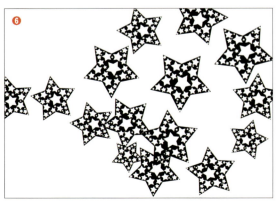

Sample_Data/042/

042 ブラシで連続したオブジェクトを描く

連続したオブジェクトをブラシで描くには[ブラシ]パネルの[ブラシ先端のシェイプ]で任意のプリセットを設定します。ブラシの形状(間隔や散布具合など)は細かく指定できます。

概要

ここでは、右図のダイアモンドの形状のブラシを使用して解説します。
なお、このブラシは本書のオリジナルです。このイラストを使用する場合は、事前に[ブラシを定義]を実行して登録する必要があります(p.68)。

step 1

メニューから[ウィンドウ]→[ブラシ設定]を選択して、[ブラシ設定]パネルを表示します。
ツールパネルで[ブラシ]ツール を選択して❶、[ブラシ設定]パネルから上図のブラシを選択します❷。[ブラシ設定]パネルでブラシを選択すると、ブラシのさまざまな設定も自動的に読み込まれます。

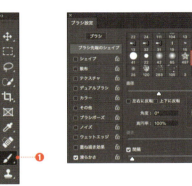

step 2

[ブラシ設定]パネルのオプションから[ブラシ先端のシェイプ]を選択して❸、[直径:60 px]に設定します❹。
また、[間隔]にチェックを入れて、[間隔:95%]に設定します❺。
次に、ブラシの回転を設定します。[シェイプ]をクリックして❻、[角度のジッター:60%]に設定します❼。
なお、ブラシオプションのうち、[シェイプ]以外にチェックが入る場合は、チェックを外してください❽。
これで、画像上をドラッグすると連続したオブジェクトを描くことができます❾。

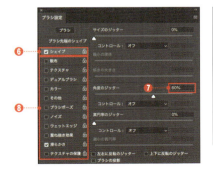

関連 オリジナルブラシを登録する:p.68　ブラシで簡単に肌をきれいにする:p.216　輝く柔らかな線を描く:p.312

● 69

Sample_Data/043/

043 グラデーションで塗りつぶす

[グラデーション]ツール を使用すると、さまざまなパターンのグラデーションを描画することができます。Photoshopには複数のプリセットも用意されています。

step 1

ツールパネルから[グラデーション]ツール を選択して❶、先にグラデーションの形状、描画モードと不透明度を設定します❷。ここでは[形状:線形グラデーション][描画モード:通常][不透明度:100%]に設定します。
設定が終わったら、[グラデーションエディター]を選択します❸。

step 2

[グラデーションエディター]ダイアログで、プリセットの中から[銅]を選択して❹、[OK]ボタンをクリックします❺。

> **Tips**
> ここでは、デフォルトで用意されている[銅]というプリセットを選択しましたが、Photoshopには他にもさまざまなプリセットが用意されています。また、オリジナルのグラデーションを作成し、プリセットとして登録することもできます(p.71)。

step 3

[レイヤー]パネルで、グラデーションで塗りつぶしたいレイヤーをアクティブにします❻。ここでは[バックグラウンド]レイヤーを選択します。

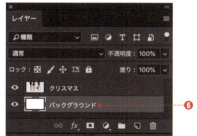

step 4

画面上をドラッグすると❼、ドラッグした方向と長さに応じてグラデーションが作成されます。ここでは、下部から上部に向けてドラッグします。先ほど[銅]のプリセットを選択したので、右図のようなブロンズ風のグラデーションが描画されます。

関連 オリジナルのグラデーションを作成する:p.71　描画モード:p.148　レイヤーの不透明度:p.153

Sample_Data/044/

044 オリジナルのグラデーションを作成する

オリジナルのグラデーションを登録するには、ツールパネルで[グラデーション]ツール を選択します。

step 1

ツールパネルから[**グラデーション**]**ツール** を選択して❶、オプションバーで次の項目を設定します。

- グラデーションの形状❷
- 描画モード❸
- 不透明度❹

各項目を設定したら、グラデーションエディターをクリックして❺、[グラデーションエディター]ダイアログを開きます。

step 2

[グラデーションエディター]ダイアログで各種設定を行います。まず、プリセットからベースとなるグラデーションを選択します❻。

step 3

続いて、グラデーションバーを操作して詳細にグラデーションを設定します❼。

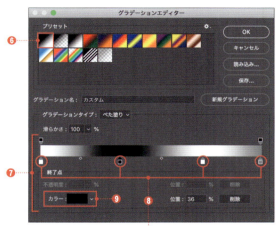

選択されている分岐点は、三角形部分が黒く表示されます。また、その場所が[位置]にパーセントで表示されます。分岐点をドラッグすることで位置を直感的に移動することも可能です。

グラデーションの色を変更する

グラデーションの色を変更するには、[**カラー分岐点**]を操作します❽。各カラー分岐点に別の色を指定すると、分岐点間にグラデーションが作られます。[カラー分岐点]をダブルクリックするか、分岐点を選択して[カラー]をクリックし❾、任意の色を設定します。

[カラー分岐点]を追加・削除する

[カラー分岐点]を追加するには、グラデーションバー下部の、[カラー分岐点]のない任意の箇所をクリックします❿。すると、[カラー分岐点]が追加されます。
また、[カラー分岐点]を削除するには、[カラー分岐点]を選択して、[削除]ボタンをクリックします⓫。

❖ [中間点]を操作する

[カラー分岐点]の間には**[中間点]**があります⓬。中間点をドラッグして移動すると、グラデーションの変化の度合いを調整できます。分岐点と分岐点の間が離れるほどなだらかなグラデーションになり、近づくほどシャープになります。

step 4

今回はオブジェクトの背景に地平線のような効果を表現したいので⓭のように[カラー分岐点]を配置しました。分岐点が1つしかないように見えますが、2つあります。2つの分岐点を重ねることで、2色をはっきりとした境界線のように見せています。グラデーションの編集が完了したら、[保存]ボタンをクリックして⓮、作成したグラデーションをプリセットに登録します。

step 5

[グラデーションエディター]ダイアログの[OK]ボタンをクリックしてダイアログを閉じて、画面上で Shift を押しながら画面の下から上までまっすぐドラッグすると完成です⓯。
グラデーションバーで指定したとおりのグラデーションができていることがわかります⓰。

045 パスの形状に沿って文字を入力する

パスに沿って文字を入力するには、先にパスを作成し、パス上を[横書き文字]ツール T でクリックしてからテキストを入力します。パスの形状を変更することで文字の形状を変更できます。

step 1

[パス]パネルから文字の歪曲に使う[パス]レイヤーを選択して❶、アクティブにし、ツールパネルから[横書き文字]ツール T を選択します❷。

step 2

[横書き文字]ツール T をパスの上に移動するとアイコンの形が変わります❸。アイコンが変わったらクリックして、文字を入力します。

step 3

これで右下の図のように、パスに沿ってテキストを入力できます❹。
なお、この方法でテキストを入力すると、最初に指定したパスとは別のパスが自動的に作成されます❺。このパスを使用すれば、文字の位置などを簡単に調整できます。

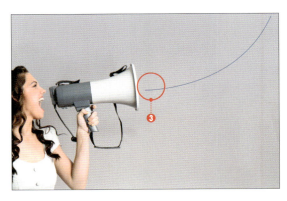

> **Tips**
> テキストを入力した後に、オプションバーにある[ワープテキストを作成]ボタンをクリックして❻、[ワープテキスト]ダイアログで[スタイル]と設定値を調整すれば、テキストの変形を数値で設定することができます❼。この機能を利用すると、より自由にテキストをデザインすることができます。

関連 写真に文字を入れる：p.74　文字をパスに変換する：p.76　画像やレイヤーの変形：p.62

73

Sample_Data/046/

046 写真に文字を入れる

写真に文字を入れるには、ツールパネルから[横書き文字]ツール **T** または[縦書き文字]ツール **IT** を選択します。

step 1

ツールパネルから**[横書き文字]ツール T** を選択して❶、[文字]パネルでフォントやサイズ、色などを設定します❷。

step 2

画面上をクリックすると、[レイヤー]パネルにテキストレイヤーが追加され、クリックした部分がテキスト入力用に点滅するので、文字を入力します❸。

step 3

[レイヤー]パネルで、⌘([Ctrl])を押しながら[画像]レイヤーとテキストレイヤーを続けてクリックして両方をアクティブにして❹、メニューから[レイヤー]→[整列]→[水平方向中央]を選択し、文字を中央に配置します。

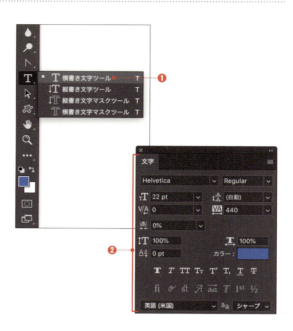

> **Tips**
> ここで選択している[画像]レイヤーは[背景レイヤー]です。[背景レイヤー]がない場合は、移動したいレイヤーだけをアクティブにして選択範囲を作り、そのうえで[水平方向中央]を選択してください。

step 4

続いて、ツールパネルから**[移動]ツール** を選択して❺、テキストレイヤーだけをアクティブにします❻。

step 5

Shift を押しながら文字を下方にドラッグすると❼、文字の水平位置を保持したまま、位置を変えることができます。このように自由に文字をレイアウトすることができます。

❖ Variation ❖

ワープテキストを使用すると曲線に沿うように文字を変形することができます。

step 1

［レイヤー］パネルで変形させたいテキストレイヤーをアクティブにして❽、メニューから［書式］→［ワープテキスト］を選択し❾、［ワープテキスト］ダイアログを表示します。

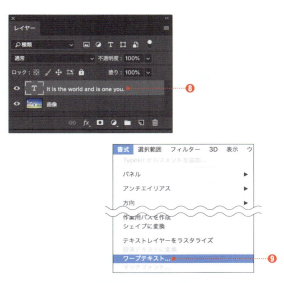

step 2

［スタイル:円弧］を選択して❿、［水平方向］にチェックが入っていることを確認し⓫、［カーブ:24］を設定します⓬。設定したら［OK］ボタンをクリックします。
すると、ワープテキストが適用されて、テキストが背景の曲線に沿ってカーブを描いて配置されます⓭。

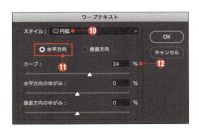

関連　パスの形状に沿って文字を入力する：p.73　文字をパスに変換する：p.76

047 文字をパスに変換する

テキストをパスに変換すれば、パスに対して使用できるさまざまな機能や効果をテキストに加えることができます。文字を使用したアートワークを作成する際などで活用できます。

step 1

[レイヤー]パネルで、パスに変換するテキストレイヤーをアクティブにして❶、メニューから[書式]→[作業用パスを作成]を選択します。これで、テキストを元に作業用パスが作成されます❷。
このとき、元のテキストレイヤーを非表示にしておきます。

step 2

この時点では、作業用パスは[パス]パネルに表示される一時的なパスなので、パスを保存します。
[パス]パネルオプションから[パスを保存]を選択して❸、[パスを保存]ダイアログを表示します。
[パス名]に名称を入力して❹、[OK]ボタンをクリックします。これでテキストの輪郭がパスとして保存されました❺。

Tips
作業用パスとは、一時的なパスのことです。新たなパスを作成したり、パスをペーストしたりすると上書きされてしまいます。そのため、作業用パスに対しての作業はせず、通常のパスに変換してから、作業を行うようにしましょう。

step 3

テキストの輪郭がパスとして変換されたので、パスを使用してさまざまな効果を与えることができます。
右の作例では、[ブラシを定義](p.68)と[パスの境界線を描く]機能(p.312)を使用して、ダイヤモンドの画像を使用したブラシパターンを、パスに沿って並べています❻。

048 画像をパターンで塗りつぶす

画像をパターンで塗りつぶすにはメニューから[編集]→[塗りつぶし]を選択後、[パターン]を選択します。オリジナル画像をパターン定義しておけば、そのパターンを指定することもできます。

step 1

ここでは、定義済みのオリジナルのパターンを使用して、画像を塗りつぶす方法を説明します。
画像ファイルを開いて、メニューから[編集]→[塗りつぶし]を選択し、[塗りつぶし]ダイアログを表示します。
まず、[塗りつぶし]ダイアログで、[内容]エリアで[内容:パターン]を選択します❶。
次に、[カスタムパターン]ピッカーをクリックして❷、登録されているパターンの一覧を表示し、任意のパターンを選択します❸。

step 2

[OK]ボタンをクリックすると、画像が選択したパターンで塗りつぶされます❹。

Tips
[塗りつぶし]ダイアログでは、[パターン]の他に、[描画色]や[背景色]、特定のカラーなどを選択することができます。また、[合成]エリアでは塗りつぶしの描画モード(p.148)や不透明度(p.153)を指定することもできます。

Variation

[内容:パターン]を選択すると、[塗りつぶし]ダイアログの最下部に[スクリプトパターン]が表示されます。ここでチェックボックスを有効にして、[スクリプト]を選択すると、パターンの塗りつぶし方法を指定することができます。Photoshopでは、右の5つの方法を指定できます。

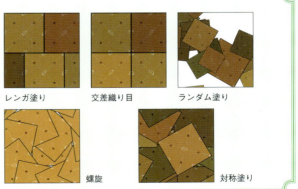

レンガ塗り　交差織り目　ランダム塗り
螺旋　対称塗り

関連 パターンを登録する：p.78　モノグラムの作り方：p.298　描画モード：p.148

049 パターンを登録する

画像をパターンとして定義すれば、好みの画像パターンで塗りつぶしをしたり、テクスチャーとして使用したりすることができます。

step 1

パターン化する画像ファイルを開きます。
ここでは400×400pixelの画像に150×150pixelのシェイプレイヤー(p.50)を配置した模様を使用します❶。
なお、画像にレイヤーが含まれていても問題ありません。表示されている画像がパターン化されます。

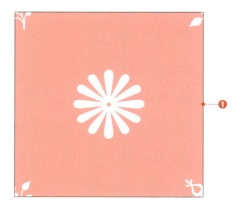

step 2

メニューから［編集］→［パターンを定義］を選択して❷、［パターン名］ダイアログを表示し、パターン名を設定します❸。これでパターン定義は完了です。

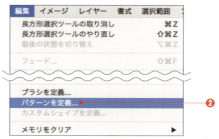

step 3

パターンを定義すると、画像を塗りつぶす際や❹、［レイヤースタイル］を使用する際に❺、そのパターンを利用できるようになります。
また、［レイヤースタイル］や［パターンオーバーレイ］では登録したパターンをテクスチャーとして使用することができます。

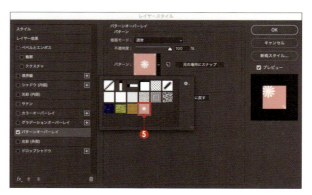

関連 パターンで塗りつぶす：p.77　レイヤースタイル：p.159

Sample_Data/050/

050 頻繁に使う操作を登録する

アクション機能を利用して「操作」を登録しておくと、その操作を簡単に繰り返し実行できます。同じ操作を頻繁に実行する場合に便利です。

step 1
画像を開いてから、[アクション]パネルの**[新規セットを作成]ボタン**をクリックして❶、[新規セット]ダイアログを表示します。

step 2
任意の名前を付けて❷、[OK]ボタンをクリックします。

step 3
[アクション]パネルの**[新規アクションを作成]ボタン**をクリックして❸、[新規アクション]ダイアログを表示し、セット名と同様に[アクション名]を入力してから[記録]ボタンを押します❹。

step 4
自動的に**[記録開始]ボタン**が赤くなり❺、アクションの記録がはじまります。
この状態になったら、任意の作業を行います。ここでは[画像解像度]を[50%]にして、[保存]と[閉じる]の操作を行っています❻。
操作が終わったら[アクション]パネルの**[再生／記録を中止]ボタン**をクリックして❼、記録を中止します。

step 5
登録したアクションを実行するには、任意の画像を開いてから、[アクション]パネルから登録済みのアクションを選択して、[再生／記録を中止]ボタンをクリックします。すると、登録されているアクションが画像に対して実行されます。

Tips
[アクション]パネルが表示されていない場合は、メニューから[ウィンドウ]→[アクション]を選択して表示します。

関連　アクションの設定値を変更する：p.80　複数の画像にアクションを適用する：p.82

051 アクションの途中で設定値を変える

[アクション]パネルの[ダイアログボックスの表示を切り替え]ボタンを表示すると、アクションを停止したり、再開したりできます。

step 1

ここでは、[切り抜き]ツールで複数の画像を同じサイズに切り抜くアクションを作成します。
まず、画像を開いて[アクション]パネルの**[新規アクションを作成]ボタン**をクリックして❶、[新規アクション]ダイアログを表示します。

step 2

[アクション名]を入力してから❷、[記録]ボタンをクリックしてアクションの記録を開始します❸。

step 3

ツールパネルから**[切り抜き]ツール**を選択して❹、オプションバーで[幅][高さ]を設定します❺。このとき、先に[サイズプリセット]に[幅×高さ×解像度]、[解像度]プルダウンに[px/in]を選択してから作業してください。
各項目を設定したら切り抜き範囲を設定して画像を切り抜きます❻。ここで行った切り抜きの[幅][高さ][解像度]と、ドラッグした範囲がアクションとして記録されます。

> **Tips**
> [サイズプリセット]プルダウンでは❼、切り抜き後の画像縦横比を設定したり、自分で設定した切り抜きサイズをプリセットとして保存したりすることもできます。

step 4

アクションを連続して行えるように、メニューから[ファイル]→[保存]❽と[ファイル]→[閉じる]を選択して❾、画像を閉じます。

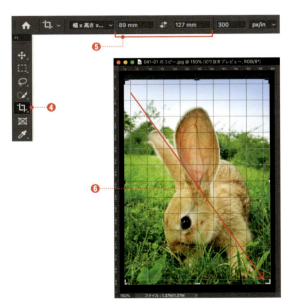

step 5

アクションとして保存する作業を終えたら、[アクション]パネルの[再生／記録を中止]ボタンをクリックしてアクションを停止します❿。

続いて、アクションの途中で停止させたいコマンドを探して、コマンドの左側にある[ダイアログボックスの表示を切り替え]ボタンの部分をクリックして表示させます⓫。

[ダイアログボックスの表示を切り替え]ボタンが表示されている部分のみ、アクションの途中で設定値を変更できます。

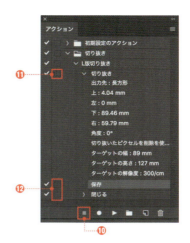

> **Tips**
> この例では3つのコマンド（[切り抜き][保存][閉じる]）がありますが、途中で再設定するコマンドは[切り抜き]だけです⓬。

step 6

ここで登録したアクションを連続して再生します。メニューから[ファイル]→[自動処理]→[バッチ]を選択して⓭、[バッチ]ダイアログを表示します。

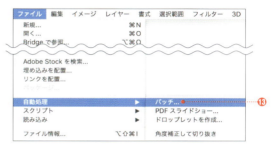

step 7

[バッチ]ダイアログの[実行]エリアで先ほど作成したアクションのセットとアクションを指定して⓮、[ソース]エリアで画像の入ったフォルダを指定します⓯。[実行後]プルダウンには[なし]を選択します⓰（p.82）。

[OK]ボタンをクリックすると[ソース]に指定したフォルダ内の画像が開き、切り抜きの途中で停止します。

step 8

切り抜く範囲を決めて画像内をダブルクリックすると⓱、自動的に画像が保存され、閉じられます。バッチ処理なので指定したフォルダ内の次の画像もすぐに開き、連続して処理が行えます。

関連 アクションを登録する：p.79　複数の画像にアクションを適用する：p.82　サイズを指定してトリミングする：p.36

Sample_Data/052/

052 複数の画像にアクションを適用する

複数の画像にアクションを適用する方法はいくつかありますが、ここでは[バッチ]機能を利用した適用方法を説明します。

step 1

メニューから[ファイル]→[自動処理]→[バッチ]を選択して❶、[バッチ]ダイアログを表示します。

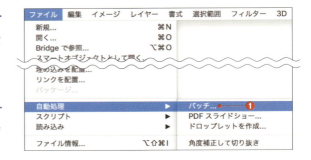

step 2

[実行]エリアの[セット]と[アクション]プルダウンを指定します❷。
また、今回は[ソース：フォルダー]を選択して❸、[選択]ボタンを押して❹、アクションを実行する画像の入ったフォルダーを指定します。なお、ここで指定したアクションには[保存]と[ファイルを閉じる]コマンドが含まれているため、[実行後]プルダウンには[なし]を選択します❺。指定したアクションに[保存]と[ファイルを閉じる]コマンドが含まれていない場合や、上書きしないで別の場所に保存する場合は、下表を参考にして[保存して閉じる]または[フォルダー]を選択してください。

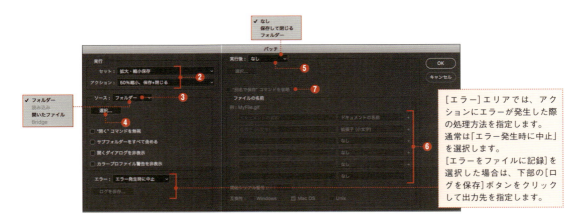

[エラー]エリアでは、アクションにエラーが発生した際の処理方法を指定します。通常は「エラー発生時に中止」を選択します。
[エラーをファイルに記録]を選択した場合は、下部の[ログを保存]ボタンをクリックして出力先を指定します。

◎ [実行後]プルダウンと設定

操作内容	設定方法
アクション実行後、別の場所に保存する場合	アクションに[保存]と[ファイルを閉じる]コマンドは入れずに、[実行後：フォルダー]を選択して、[選択]ボタンで保存先を指定します。ファイル名を変更する場合は[ファイルの名前]エリアでファイル名を指定します❻。["別名で保存"コマンドを省略]にはチェックを入れません❼。
アクション実行後、上書き保存する場合	アクションに[保存]と[ファイルを閉じる]コマンドが含まれている場合は[実行後：なし]を選択します。["別名で保存"コマンドを省略]にはチェックを入れません。 一方、[保存]と[ファイルを閉じる]コマンドが含まれていない場合は[実行後：保存して閉じる]を選択します。["別名で保存"コマンドを省略]にはチェックを入れません。

82

関連 アクションを登録する：p.79　アクションの途中で設定値を変更する：p.80

Sample_Data/053/

053 ワンクリックで画像に さまざまなフレームをつける

ワンクリックで画像にさまざまなフレームをつけるには、[アクション]パネルのオプションメニューで[フレーム]を選択して、再生します。

step 1

[アクション]パネル右上のパネルメニューから[フレーム]を選択します❶。

すると、[アクション]パネルの中にさまざまなフレームのアクションが追加されます❷。

> **Tips**
> [アクション]パネルが表示されていない場合は、メニューから[ウィンドウ]→[アクション]を選択します。

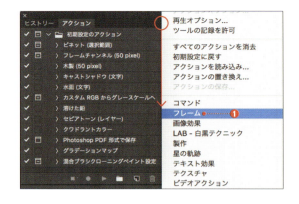

step 2

フレームをつけたい画像を開きます。このとき、画像が[背景]レイヤーになっていることを確認してください。画像を背景レイヤーにするにはメニューから[レイヤー]→[画像を統合]を選択します。

[はね]のフレームをつけたい場合は、[アクション]パネルの[フレーム]フォルダに格納されている[はね]を選択して❸、[アクション]パネル下部の**[選択項目を再生]ボタン**をクリックします❹。

すると、自動的に白いフレームが画像に作成されます❺。他にもいろいろなフレームがあるので試してみてください。

[はね]

[ストローク]

[波]

[木製（50pixel）]

関連 アクションを登録する：p.79　複数の画像にアクションを登録する：p.82　レイヤーの基本操作：p.132

054 さまざまな種類の配色案を作成する

色の組み合わせには多くの色理論があり、それらを使いこなすにはある程度の専門知識が必要ですが、Color CC 機能を利用すると、専門知識がなくてもさまざまな色理論に基づいた配色案を作成できます。

step 1

Color CCを使用するには、メニューから [ウィンドウ] → [エクステンション] → [Adobe Colorテーマ] を選択して❶、右のパネルを表示します。

step 2

[作成] ボタンをクリックします❷。すると、カラーのセットを作成できるパネルになります。
パネル中央の [カラーグループ] と呼ばれる色の配列の中央に配置されているのが「基本カラー」になります❸。

step 3

[カラールール] に任意のハーモニールール（配色方法）を設定します❹。
ルールを設定すると、選択したハーモニールールで [カラーグループ] が作成されます。

step 4

ハーモニールールを保ったまま [カラーグループ] を変更するには、カラーホイール内で基本カラーをドラッグします❺。基本カラーが決まったら、その他のカラーをドラッグして配色を決定します❻。

カラーホール内で選択中のカラーの明度を変更するには、パネル下部にある [明度] スライダーを操作します。

step 5

作成した色の組み合わせを保存するには、パネル下部にカラーテーマの名前を入力してから［保存］ボタンをクリックします❼。

保存されたカラーテーマは［マイテーマ］ボタンから確認できます❽❾。

step 6

［スウォッチに追加］ボタンをクリックすると❿、作成したカラーテーマが［スウォッチ］パネルに保存されます⓫。

> **Tips**
> ［探索］ボタンをクリックすると、ウェブサービス上に登録されている無数のカラーグループからお気に入りの配色を選択できます⓬。人気順や使用回数の多い順など、いくつかの項目で並べ替えることも可能です。

❧ Variation ❧

Color CCはもともとAdobe社が提供しているウェブサービスの1つです。パネルの［探索］ボタンを選択した際に表示されるカラーグループは、ウェブサービスから情報を取得しています。そのため、インターネットにつながる環境さえあれば、Photoshopのバージョンにかかわらず Color CC を利用できます。

また、ウェブサービスでは、任意の画像を取り込んで、その画像から独自のカラーグループを作成することもできます。ぜひ一度、ウェブサイトにアクセスして、機能を利用してみてください。

URL https://color.adobe.com

Column [ペン]ツールとパス

Photoshopでは「パスを選択範囲に変換する場合」(p.92)や「パスに沿って文字を入力する場合」(p.73)などでパスを使用します。他にもさまざまなケースで利用します。ここで**[ペン]ツール**の基本的な操作方法とパスの構造を紹介します。

パスの構造

パスとは、**[ペン]ツール**で描画される線分のオブジェクトです。

パスは「アンカーポイント」「セグメント」「方向線」「方向点」の4つの要素から構成され、パスの形状はアンカーポイントの位置と、方向線の長さ、方向点の位置によって決まります。

このことから、パスの形状を変更したい場合は、目的の形状に応じて、各構成要素を操作する必要があることがわかります。

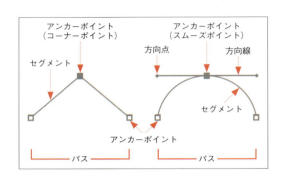

パスの作成方法

パスを作成するには、ツールパネルから**[ペン]ツール**を選択して❶、オプションバーで[パス]を選択します❷。この状態で、直線を描画する場合は、直線の始点と終点となる箇所をクリックします❸。また、曲線を描画する場合は任意の位置をクリックして、そのままドラッグします❹。作成したパスは[パス]パネルで確認できます。

なお、描画したパスは後から編集することが可能なので、最初からあまり厳密に描画する必要はありません。

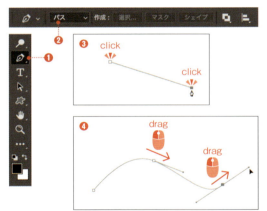

パスの編集方法

描画したパスのアンカーポイントや方向線を移動するには、ツールパネルから**[パス選択]ツール**を選択して❺、対象のアンカーポイントや方向線を選択し、ドラッグして移動します。選択状態になるとアンカーポイントは右図のように塗りつぶされます❻。

また、アンカーポイントを追加したり、削除したりする場合は、ツールパネルから**[アンカーポイント追加]ツール**や**[アンカーポイント削除]ツール**を選択し❼、任意の箇所をクリックします。**[アンカーポイント切り替え]ツール**を使用すると❽、コーナーポイントとスムーズポイントを切り替えることができます。

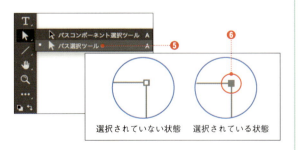

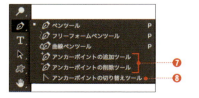

第 2 章

選択範囲・アルファチャンネル

055 選択範囲の基礎知識

Sample_Data/055/

Photoshopによる画像編集において「選択範囲」は最も重要な機能の1つです。ここでしっかりと基本的な仕組みをマスターし、使いこなせるようになりましょう。

「選択範囲」とは

「選択範囲」とは、一言でいうと「**画像の中で現在選択されているピクセルの範囲**」です。画像全体に対して一律に同じ処理を行う場合は選択範囲を作成する必要はありませんが、画像の中の一部分に対して何らかの処理を行いたい場合は、事前にその範囲を指定する必要があります。

例えば、右の画像❶の中から動物の部分だけを切り出したい場合は、動物に対して選択範囲を作成し、周りの不要な部分を削除します❷。

切り抜きと同様に、画像内の一部分のみ色を補正したい場合や、フィルター効果を適用したい場合なども、その部分に選択範囲を作成することが必要です。このことから、Photoshopにおいて選択範囲がいかに重要かわかると思います。

選択範囲は2値ではない

選択範囲を理解するうえで最も重要なことは、画像を構成するピクセルは「選択されている」または「選択されていない」の2値に分類されるわけではないということです。

Photoshopの選択範囲は、ピクセルを256段階で選択することができます。例えば、あるピクセルを40%選択している状態で削除すると、そのピクセルが40%削除され、60%の状態になります。

例えば、右図は下部に向かうにしたがって徐々に選択の度合いが高くなるような選択範囲を作成し、その範囲を削除した図です。下部のほうは100%に近い状態でピクセルが削除されているため透明に近づいていますが❸、一方で、上部のほうは選択の度合いが低いため、元の色や濃度が残っていることがわかります❹。図❺は選択範囲の度合いを指定する際に利用したグラデーションです。ブラックが[選択度合い:0%]、ホワイトが[選択度合い:100%]になります。

関連 画像の色と濃度をもとに選択範囲を作成する:p.106 特定の色を選択する:p.109 アルファチャンネル:p.113

056 シンプルな選択範囲を作成する

選択範囲を作成する方法はいろいろとありますが、最も基本的な作成方法は、［長方形選択］ツール や［楕円形選択］ツール などを使用する方法です。

step 1

ツールパネルから［長方形選択］ツール を選択して❶、オプションバーの［新規選択］ボタンを選択します❷。

step 2

作成する選択範囲の対角線の両角を結ぶようにドラッグすると❸、ドラッグした距離に応じて選択範囲が作成されます。
このとき option （ Alt ）を押しながらドラッグすると、中心から広がるように選択範囲が作成されます。また、 Shift を押しながらドラッグすると、正方形の選択範囲が作成されます。

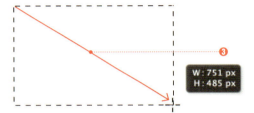

step 3

楕円形の選択範囲を作成したい場合はツールパネルから［楕円形選択］ツール を選択して❹、［長方形選択］ツール と同じ要領で、画面上をドラッグします❺。
また、中心から選択範囲を広げたい場合や、真円の選択範囲を作成したい場合も同様の手順を踏みます。

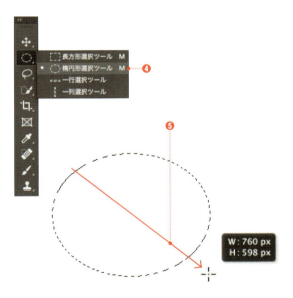

> **Tips**
> 選択範囲作成時に［変形値］と呼ばれる数値が表示されます❻。これは作成している選択範囲のサイズが表示されるものですが、選択範囲の作成に限らず、シェイプの作成時やレイヤーの変形時にも表示されます。

関連 選択範囲の基礎知識：p.88　選択範囲の追加・削除：p.93　選択範囲の拡大・縮小：p.98

Sample_Data/057/

曲線の選択範囲を作成する

[なげなわ]ツール を使用すると、自由な形状の選択範囲を作成できます。ただし、マウスで思い通りの選択範囲を作成するのは難しいので、正確な選択範囲を作成する作業には向いていません。

step 1

ツールパネルから[なげなわ]ツール を選択して❶、画像の上をなぞるようにドラッグします❷。すると、ドラッグした部分がそのまま境界線になります。

step 2

開始位置まで囲むと曲線の選択範囲が作られます❸。なお、ドラッグを途中でやめると、ドラッグ開始位置へ直線で結ばれてしまうので注意してください。

> **Tips**
> ぼかした選択範囲を作成する場合は、選択範囲を作成した後で、メニューから[選択範囲]→[選択範囲を変更]→[境界をぼかす]を実行します(p.103)。
> また、オプションバーの[ぼかし]エリアにぼかしたい値をpixelで入力しておけば❹、最初から境界線のぼけた選択範囲を作成することもできます。

❖ Variation ❖

[なげなわ]ツール は、簡単に自由な形の選択範囲を作成できる便利なツールです。一方で、マウス操作がそのまま選択範囲となるため、細かい調整が難しく、またドラッグをやめた時点で選択範囲が確定してしまうなど、不便な一面もあります。複雑な形状や精緻な選択範囲を作る必要がある場合は、右図のように[ペン]ツール などでパスを描画してから❺、パスを選択範囲に変換する方法が便利です(p.92)。

058 数値を指定して選択範囲を作成する

数値を指定して選択範囲を作成するには、オプションバーで[幅]と[高さ]を指定します。事前にオブジェクトの正確なサイズがわかっている場合に有効な方法です。

step 1

ツールパネルから[長方形選択]ツールなどの選択範囲系のツールを選択して、オプションバーの各項目を設定します。ここでは、[長方形選択]ツールを選択して❶、[新規選択]ボタンをクリックし❷、[ぼかし：0px]❸、[スタイル：固定]❹、[幅：400px]❺、[高さ：900px]❻と入力しました。

[高さと幅を入れ替えます]ボタンをクリックすると、[高さ]と[幅]の値が入れ替わります。

◎ [スタイル]プルダウンの設定項目

項目	内容
標準	マウスをドラッグして選択範囲を指定します。[幅]や[高さ]を指定することはできません。
縦横比を固定	選択範囲が[幅]と[高さ]に指定されている数値の比率に固定されます。ドラッグすることでサイズを変更できます。
固定	[幅]と[高さ]に指定されている数値の選択範囲が作成されます。

step 2

画像上の任意の箇所をクリックすると、指定したサイズの選択範囲が作成されます。画像に合わせて選択範囲を移動すると（p.94）、右図のように対象の画像にぴったりと合う選択範囲を作成することができます。

Tips
数字の後に単位を入力すれば、任意の単位を指定できます。指定できる単位は以下のとおりです。ただし、px以外の単位は近似値にまとめられるので注意してください。

・ピクセル(px)　・センチ(cm)
・インチ(in)　・ポイント(pt)
・パイカ(pica)　・パーセント(%)

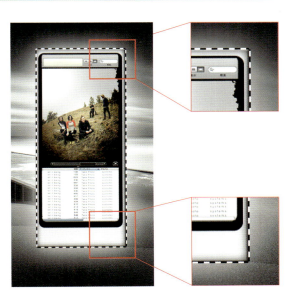

関連　選択範囲の基礎知識：p.88　選択範囲の保存：p.116　選択範囲の移動：p.94

059 パスから選択範囲を作成する

精緻な選択範囲を作成する場合は、パスから選択範囲を作成する方法が便利です。パスから選択範囲を作成する方法はいくつかありますが、いずれも［パス］パネルから行います。

概要

パスから選択範囲を作成する方法は以下の3通りあります。

1. ［パス］パネルのパネルメニューから［選択範囲を作成］を選択する方法
2. ［パス］パネル下部の［パスを選択範囲として読み込む］ボタンをクリックする方法
3. ⌘（Ctrl）を押しながら［パス］パネルに表示されているパスをクリックする方法

ここでは人物の境界線にそって保存されているパス❶を使用して、選択範囲を作成します。

step 1

［パス］パネルからパスをクリックしてアクティブにし❷、［パス］パネル右上のパネルメニューから［選択範囲を作成］を選択します❸。

step 2

［選択範囲を作成］ダイアログが表示されます。［選択範囲］エリアで［新しい選択範囲］を選択して❹、［OK］ボタンをクリックします。これでパスから選択範囲が作成されました❺。
なお、パスから選択範囲を作成する場合は、［アンチエイリアス］にチェックを入れておいたほうが自然な選択範囲になります❻。
また、パスを選択範囲に変換した後で修正を加えたい場合、簡単な修正の場合は選択範囲を追加・削除することで修正し（p.93）、大きな修正の場合はパス自体を修正するようにしましょう。

> **Tips**
> パスから選択範囲を作成する場合、パスは閉じておく必要があります。パスが閉じられていないとパスの開始点と終了点を直線で結んだ選択範囲が作成されます。

060 選択範囲を追加・削除する

選択範囲を追加・削除するには、オプションバーの[選択範囲に追加]ボタンや[現在の選択範囲から一部削除]ボタンをクリックします。また、コンビネーションキーも利用できます。

step 1

すでに作成してある選択範囲に、さらに選択範囲を追加したい場合は、ツールパネルから**[長方形選択]ツール**などの選択範囲系のツールを選択して❶、オプションバーから**[選択範囲に追加]ボタン**をクリックし❷、画面上をドラッグします❸。すると、新たに選択範囲が追加がされます❹。

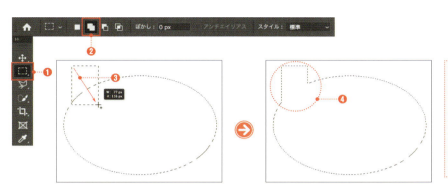

選択範囲系ツールの選択時に Shift を押すと、一時的に[選択範囲に追加]ボタンを選択した状態になります。
そのため、通常はオプションバーから選択せずにこの方法で選択範囲を追加します。

step 2

すでに作成してある選択範囲から、一部分を削除したい場合は、オプションバーから**[現在の選択範囲から一部削除]ボタン**をクリックして❺、削除したい部分にかぶせるようにドラッグします❻。
すると、ドラッグした箇所の選択範囲が削除されます❼。

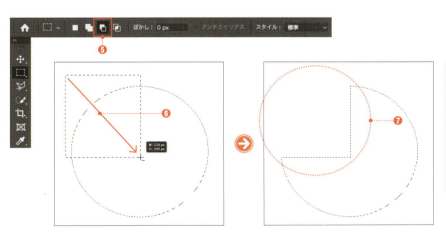

選択範囲系ツールを選択時に option (Alt) を押すと、一時的に[現在の選択範囲から一部削除]ボタンを選択した状態になります。
そのため、通常はオプションバーから選択せずにこの方法で選択範囲を追加します。

関連 選択範囲の基礎知識：p.88　選択範囲の移動：p.94　選択範囲の保存：p.116

061 選択範囲を移動する

選択範囲を移動するには、[長方形選択]ツール ▢ や[楕円形選択]ツール ○ などの選択範囲系ツールを選択して、すでにある選択範囲の内側をドラッグします。

step 1

選択範囲が作成されている状態で、ツールパネルから[**長方形選択**]**ツール** ▢ などの選択範囲系ツールを選択します❶。
選択範囲の内側にカーソルを移動すると、カーソルが❷のように変化します。

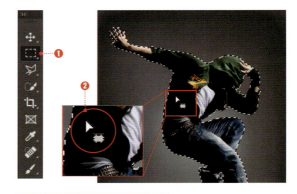

step 2

そのまま移動したい方向へドラッグすると、選択範囲を移動できます❸。

> **Tips**
> 選択範囲を移動する際に、⌘（Ctrl）を押しながらドラッグすると、選択範囲内の画像を切り抜いて、画像ごと移動することができます。

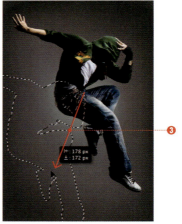

❈ Variation ❈

選択範囲系ツールの使用時に右クリックすると表示されるコンテキストメニューで、[選択範囲を変形]を選択することでも❹、選択範囲を移動することができます。
この方法では、上記の方法と異なり、マウスカーソルを選択範囲の内側に移動する必要がないため、小さい選択範囲を移動する場合などに便利です。
また、表示されるハンドルを操作することで、選択範囲の拡大・縮小も行えます。

Sample_Data/062/

062 選択範囲を正確に移動する

選択範囲がある状態で選択範囲系のツールを選んでから十字キーを操作すると、選択範囲をピクセル単位で正確に移動できます。

step 1

選択範囲があることを確認して❶、[長方形選択] ツール を選択します❷。選択範囲系ツールなら他のツールでもかまいません。

step 2

十字キーを使用して選択範囲を移動します。
ここでは ↑ を押して、選択範囲を上に1pixelずつ移動させています❸。
また、Shift を押しながら、十字キーを操作すると10pixelずつ移動します。

> **Tips**
> 選択範囲は、選択範囲系のツールで選択範囲の内側をドラッグすることでも移動できます(p.94)。

❖ Variation ❖

選択範囲を正確に移動させる方法として[選択範囲を変形]を使用する方法があります。選択範囲がある状態でメニューから[選択範囲]→[選択範囲を変形]を選択し、オプションバーに表示される[X]ボックスと[Y]ボックス❹に数値を入力することで、選択範囲の位置を指定できます。

また、[基準点の相対位置を使用]ボタン❺をクリックすると、相対値で移動量を指定することができます。

ここでは移動量の単位として[px](ピクセル)を指定していますが、ここに直接[mm]や[cm]と入力することも可能です。

なお、この方法では移動量を[情報]パネルの[X]、[Y]で確認できます❻。

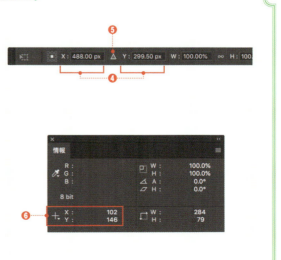

関連 選択範囲を移動する：p.94　数値を指定して選択範囲を作成する：p.91　選択範囲の変形：p.96

063 選択範囲を移動する

選択範囲を自由な形に変形するにはメニューから[選択範囲]→[選択範囲を変形]を選択します。このテクニックはとても汎用性が高く、さまざまな場面で活用できます。

概要

選択範囲がある状態で、メニューから[選択範囲]→[選択範囲を変形]を選択して❶、バウンディングボックスを表示します❷。バウンディングボックスをドラッグすると、選択範囲が変形します。また、このとき、⌘([Ctrl])や option([Alt])、[Shift] などを押しながらドラッグすると、それぞれ異なる動きで、選択範囲を変形できます。

> **Tips**
> [Shift] を押しながら操作した場合の動作内容が、Photoshop CC 2019で変更されました。CC 2018以前は [Shift] を押すと縦横比が固定されていましたが、CC 2019以降では何も押していない状態で縦横比が固定され、[Shift] を押すと縦横比を変更できます。旧バージョンをご利用の人は注意してください。

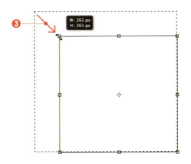

ドラッグ

各頂点のハンドルをドラッグすると❸、選択範囲の縦横比を固定した状態で、拡大・縮小を行えます。また、[Shift] を押しながら各頂点のハンドルをドラッグすると、縦横比を自由に変更できます。

⌘([Ctrl])＋ドラッグ

⌘([Ctrl])を押しながらハンドルをドラッグすると❹、ドラッグしたハンドルのみ移動し、他のハンドルは固定された状態になるので、結果として選択範囲が変形します。
また、辺の中間にあるポイント❺をドラッグすると、平行四辺形に変形します。

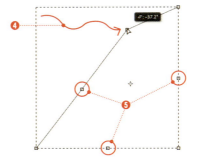

✧ ⌘＋option＋Shift（Ctrl＋Alt＋Shift）
　＋ドラッグ

⌘＋option＋Shift（Ctrl＋Alt＋Shift）を押しながらハンドルをドラッグすると❻、対角に位置するハンドルが動かした方向の逆に動きます。上下のサイドハンドルの場合は、右図のように境界線が横に移動してひし形に変形します。

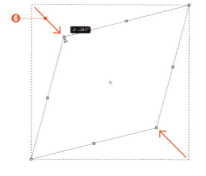

✧ ⌘＋option（Ctrl＋Alt）＋ドラッグ

⌘＋option（Ctrl＋Alt）の2つのキーを押しながらドラッグすると❼、右図のように、台形に変形します。

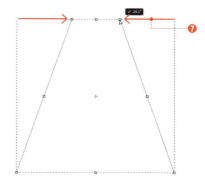

> **Tips**
> 上記の4つの使い方からわかるように、option（Alt）を押しながらドラッグすると中心を軸に変形するようになります。また、⌘（Ctrl）を押しながらドラッグすると、任意の1点（辺の中央のポイントの場合は、左右の頂点を含む3点）を動かすことができます。このように、それぞれのキー入力の特徴を把握しておくと、それらの組み合わせも自由自在に扱えるようになります。

❈ **Variation** ❈

バウンディングボックスが表示されている状態で右クリックすると、コンテキストメニューからさまざまな変形方法を選択できます❽。これらの多くは、上記のキー入力の組み合わせと同等の変形を行います。例えば、［ゆがみ］は、⌘＋option（Ctrl＋Alt）＋ドラッグと同じ変形になります。
一度、シンプルな選択範囲を作成して、各メニューやキー入力でどのように選択範囲が変形されるのか確認してみてください。

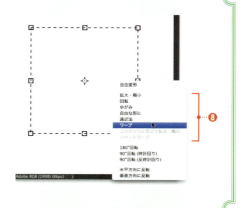

関連 選択範囲の移動：p.94　選択範囲の拡大・縮小：p.98　選択範囲の拡張：p.99

Sample_Data/064/

064 選択範囲を拡大・縮小する

選択範囲の拡大・縮小は、メニューから[選択範囲]→[選択範囲を変形]を選択して、バウンディングボックスを表示して行います。選択範囲は元の形状を維持して変形します。

step 1

選択範囲がある状態で、メニューから[選択範囲]→[選択範囲を変形]を選択して、バウンディングボックスを表示します❶。バウンディングボックスの周囲には、8個のハンドルがついていて、それぞれを動かせるようになっています。

> **Tips**
> [選択範囲を変形]は、上記のようにメニューから選択することもできますが、多くの場合、選択範囲系のツールを選択後に右クリックしてコンテキストメニューを表示し、[選択範囲を変形]を選択して実行します。

step 2

選択範囲を拡大するには、四隅のハンドルを外側にドラッグし、縮小したいときは内側にドラッグします❷。各バウンディングボックスの少し外側にカーソルを移動すると、カーソルの形状が曲線の矢印になります。この形状のときは、選択範囲を回転させることができます。

step 3

選択範囲の縦横比を変更したい場合は、Shiftを押しながらドラッグします❸(p.96)。
また、中央部分を中心に選択範囲を変形したい場合は、option(Alt)を押しながらドラッグします。
なお、この方法で拡大・縮小すると元の選択範囲の形状を変更できないため、今回のような複雑なオブジェクトの周りを囲むような選択範囲は作成できません。
複雑なオブジェクトの周りを囲むような選択範囲を作成するには「選択範囲の拡張」(p.99)を行います。

065 選択範囲を拡張する

選択範囲を拡張するには、メニューから[選択範囲]→[選択範囲を変更]→[拡張]を選択します。選択範囲の拡張を行うと、選択範囲が複雑な形状であっても、大きく取り囲むような選択範囲を作成できます。

step 1

ここでは、蝶のモチーフの輪郭に沿って作成された選択範囲を拡張します。
選択範囲がある状態で、メニューから[選択範囲]→[選択範囲を変更]→[拡張]を選択して❶、[選択範囲を拡張]ダイアログを表示します。

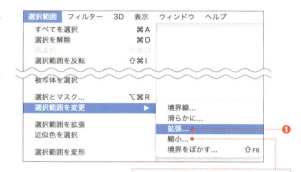

選択範囲を縮小する場合は、[縮小]を選択します。その他の手順は拡張時と同じです。

step 2

[拡張量:35]を入力して❷、[OK]ボタンをクリックします。すると、選択範囲が拡張されます❸。

> **Tips**
>
> 選択範囲とアルファチャンネル(p.113)は、それぞれを行き来できます。そのため、アルファチャンネルに加工を施すことで、選択範囲を加工するのとほぼ似た結果を得ることができます。例えば、選択範囲のぼかしや拡大・縮小、変形をアルファチャンネルで行いたい場合は[ぼかし(ガウス)]フィルター(p.128)や[自由変形]機能(p.62)を使用します。
> また、[保持]プルダウンから[直角度]または[真円率]を選択できます。[直角度]を選択すると角ばった仕上がりになり、[真円率]を選択すると角が丸く仕上がります❹。

関連　選択範囲の拡大・縮小：p.98　選択範囲の変形：p.96　アルファチャンネル：p.113

066 選択範囲を反転する

選択範囲を反転させるには、選択範囲が作成されている状態でメニューから[選択範囲]→[選択範囲を反転]を選択します。

step 1

各種ツールを使用して画像に選択範囲を作成し❶、選択範囲がある状態でメニューから[選択範囲]→[選択範囲を反転]を選択します❷。すると、選択範囲が反転します。この画像では楕円の外側が選択範囲となります❸。

Short Cut	選択範囲の反転
Mac	⌘ + Shift + I
Win	Ctrl + Shift + I

Tips

Photoshopのバージョンやビデオボードの種類によっては選択範囲を反転した場合に表示されるべき外側にある選択範囲の境界線が表示されないことがあります❹。このような場合は、ウィンドウ右下のリサイズボックス（Windowsでは[サイズ変更グリップ]）を右下にドラッグして❺、ウィンドウを広げます。これで選択範囲の境界線を表示できます。

Variation

画像を拡大してから選択範囲を反転させた場合など、選択範囲とそうでない部分が区別しにくくなることがあります。

そのような場合は、クイックマスクモード（p.128）に切り替えると、選択範囲でない部分が赤くマスク表示されるので、見分けやすくなります。表示をクイックマスクモードに切り替えるには、キーボードのQを押します。また、クイックマスクモードを解除するには再度Qを押します。

通常の表示モード　　　クイックマスクモード

067 被写体を自動的に選択する

［被写体を選択］機能を使用すると、Photoshopが画像を自動的に識別して、画像内の被写体に自動的に選択範囲を作成します。作成された選択範囲は後で修正することもできます。

概要

［被写体を選択］機能とは、その名の通り、画像の中から自動的に被写体を検出して選択範囲を作成する機能です。背景と被写体(写真の主題となるもの)が明確に分かれている画像に対して実行すると、比較的精度高い選択範囲を瞬時に作成できます。

step 1

［被写体を選択］機能を実行するには、［レイヤー］パネルで処理対象のレイヤーをアクティブにして、メニューから［選択範囲］→［被写体を選択］を選択します❶。これだけの操作で、被写体に選択範囲が作成されます❷。

step 2

選択範囲が作成されたら不自然な部分がないか、細部をよく確認します。今回の画像は背景と被写体の区別がつきやすいため、比較的きれいな選択範囲が作成されています。しかし、細部を確認すると被写体ではない箇所にも選択範囲が作られていることが確認できます❸。このような場合は**［なげなわ］ツール**などで選択範囲を削除、追加して選択範囲を修正します。

step 3

被写体に髪の毛や半透明の部分が含まれるの場合は、［被写体を選択］を実行後、選択範囲系ツールの［オプション］パネルにある**［選択とマスク］ボタン**をクリックして❹、選択範囲を調整します❺。

関連　選択範囲を追加・削除する：p.93　　半自動的に選択範囲を作成する：p.108　　ふわふわしたオブジェクトを正確に選択する：p.110

Sample_Data/068/

068 ギザギザの選択範囲を自然な曲線にする

メニューから[選択範囲]→[選択範囲を変更]→[滑らかに]を選択すると、ギザギザの選択範囲を滑らかにすることができます。

概要

滑らかで自由な形の選択範囲は、**[なげなわ]**ツール を使用すると作成できます。しかし、**[なげなわ]ツール** を思いどおりに扱うのは難しく、うまく操作できないことがあります。

ここでは、右図のように**[多角形選択範囲]ツール** で大まかに選択範囲を作成してから[滑らかに]を使用することで滑らかで自然な形の選択範囲を作成する方法を説明します。

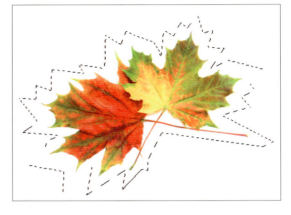

step 1

選択範囲がある状態で、メニューから[選択範囲]→[選択範囲を変更]→[滑らかに]を選択して❶、[選択範囲を滑らかに]ダイアログを表示します。

step 2

[半径:35]を入力して❷、[OK]ボタンをクリックします。これで選択範囲の角が丸くなりました❸。

Tips

角丸長方形はWebのパーツなどに多用される形状なので、角丸長方形の選択範囲を作る必要がある場合は少なくありません。

しかし、Photoshopには、角丸長方形の選択範囲を直接作る方法がありません。また、ここで紹介した[滑らかに]を使用しても、角丸のRがつながらないため、きれいな角丸長方形を作成できません。

きれいな角丸長方形を作成するには、まず**[角丸長方形]ツール** などで、角丸長方形のパスを作ってから選択範囲を作成する必要があります。

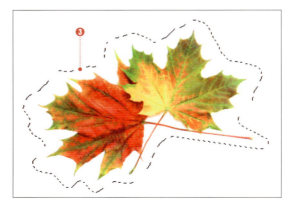

102

関連 [なげなわ]ツール:p.90　選択範囲の拡大・縮小:p.98　選択範囲の境界線をぼかす:p.103

Sample_Data/069/

069 選択範囲の境界線をぼかす

選択範囲の境界線をぼかすには、選択範囲を作成した後で[境界をぼかす]コマンドを選択するか、選択範囲を作る前にオプションバーの[ぼかし]にぼかしのピクセル数を入力します。

step 1

選択範囲を作成します❶。選択範囲を変形する場合は先に変形しておきます。ここでは[**長方形選択**]**ツール** で選択範囲を作った後で、選択範囲を傾けています。
選択範囲を作成後、メニューから[選択範囲]→[選択範囲を変更]→[境界をぼかす]を選択して❷、[境界をぼかす]ダイアログを表示します。

step 2

[ぼかしの半径：80]を設定します❸。[OK]ボタンをクリックすると境界線がぼけます❹。

step 3

選択範囲がどの程度ぼけているかを確認したい場合は、ツールパネル下部の[**クイックマスクモードで編集**]**ボタン**をクリックします❺。クイックマスクモード(p.128)では、選択されていない部分が赤くマスクされて表示されるので、選択範囲のぼけ具合を確認できます❻。選択された部分をコピーして白いドキュメントにペーストすると❼のようになります。

> **Tips**
> 表示モードを元に戻す場合はもう一度[クイックマスクモードで編集]ボタンをクリックします。このとき、ボタンの場所は同じですが、ボタンは[画像描画モードで編集]ボタンになっています(トグルボタン)。

関連　選択範囲の基礎知識：p.88　選択範囲の境界線をふちどる：p.101　クイックマスクモード：p.128

Sample_Data/070/

070 画像の輪郭を使用して選択範囲を作成する

[マグネット選択]ツール を使用すると、輪郭がハッキリした画像の輪郭を、半自動的に選択することができます。背景が単純な場合などに有効な機能です。

step 1

[マグネット選択]ツール は、画像の色やコントラストをもとに磁石のように輪郭に吸着して選択範囲を作成するツールです。画像のコントラストがある部分をドラッグすることで半自動的に選択範囲を作成できます。

ツールパネルから[マグネット選択]ツール を選択し❶、画像の輪郭のどこかをクリックしてからマウスをドラッグします❷。すると、自動的に境界線が判断され、固定ポイントが磁石のように輪郭に配置されていきます。この際、ドラッグを続ける必要はありませんが、任意の場所でクリックすることで「固定ポイント」を配置することもできます。

step 2

部分的には輪郭の判断が甘く、精度が低いことがあるのですが❸、[マグネット選択]ツール の使用中は選択範囲を修正できないので、このまま作業を進めます。選択範囲の精度を高める方法は後述します。

> **Tips**
> [マグネット選択]ツール では、自分の思いどおりに選択範囲が作られる訳ではないので、多くの場合、修正する必要があります。

step 3

始点にマウスポインタを合わせ、ダブルクリックするか任意の場所で Enter を押すと、境界線が閉じて選択範囲が作成されます❹。

104

step 4

[マグネット選択]ツールの"ポイントを作成する基準"を変更するには、オプションバーの[コントラスト]と[頻度]を設定します❺

◎[コントラスト]と[頻度]

項目	内容
コントラスト	画像にどれくらいの濃淡差がある場合にエッジとして検出するかを、1〜100の範囲で設定します。高い値に設定すると、濃淡差が弱い部分をエッジとして検出しなくなります。
頻度	固定ポイントが配置される頻度を0〜100の範囲で設定します。高い値に設定すると、より頻繁に固定ポイントが配置されるようになります。

✣ 柔らかく曖昧な選択範囲

柔らかく曖昧な選択範囲を作成する場合はコントラストを低めにして、頻度を少なく設定します。右図は[コントラスト：10%][頻度：30]の場合です。[コントラスト]を低めに設定してあるのでエッジとの吸着が甘く、[頻度]が低めに設定してあるために境界線のラインが甘くなっています。

✣ 厳密で細かな選択範囲

厳密で細かな選択範囲を作成する場合はコントラストを高めにして、頻度を多く設定します。右図は[コントラスト：60%][頻度：100]の場合です。[コントラスト]を高めに設定してあるのでエッジとの吸着が強く、[頻度]を高く設定してあるので境界線のポイントが多くなっています。

Tips

ここで作成した選択範囲を修正するには[なげなわ]ツールなどで選択範囲の追加と削除を行います。

[マグネット選択]ツールで選択範囲を作成すると、多くの場合で上記step2のように画像の濃淡を上手くとらえきれず、思ったように選択範囲が作成されないことがあります。その場合、不十分でも[マグネット選択]ツールで選択範囲を作成しておき、後で選択範囲に修正を加えるようにしましょう。

選択範囲が欠けている場合は[なげなわ]ツールを選択して、Shiftを押しながら欠けた部分をドラッグします。すると、欠けた部分に選択範囲が追加されます。一方、選択範囲がはみ出ているような場合は[なげなわ]ツールを選択して、option（Alt）を押しながらはみ出た部分をドラッグします。すると、はみ出た選択範囲が削除されます。

ここで、紹介した選択範囲を削除・追加する方法は他の選択範囲系のツールでも同じように操作できるので、覚えておきましょう。

関連 選択範囲の基礎知識：p.88　選択範囲の追加・削除：p.93　[なげなわ]ツール：p.90

071 画像の色と濃度をもとに選択範囲を作成する

[自動選択]ツール を使用すると、画像に含まれる近似の色と濃度をもとに選択範囲を作成することができます。階調が単純な図版やシンプルな写真に対して使用すると効果的です。

step 1

ツールパネルから[**自動選択**]ツール を選択して❶、オプションバーの[許容値]を設定します❷。ここでは初期値の[32]のままにしておきます。

step 2

画像が配置されているレイヤーをアクティブにしてから❸、任意の場所をクリックします❹。
クリックした場所と色や濃度が近似した部分が選択範囲になります。
アルファチャンネル(p.113)を確認してみると、きれいに選択範囲が作成されていることがわかります❺。

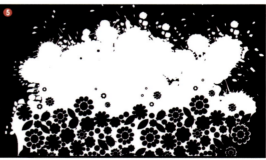

step 3

クリックした場所とひとつながりの選択範囲を作成する場合は、オプションバーの[隣接]にチェックを入れます❻。
これで、クリックした部分❼と離れた部分は、たとえ同じ色であっても選択されなくなります❽。

step 4

下の写真のように多くのグラデーションから構成される画像に選択範囲を作成する際は、オプションバーの[アンチエイリアス]にチェックを入れて❾、[許容値]も多めに設定します❿。
この例では[アンチエイリアス]にチェックを入れ、[許容値：120]に設定しています。

Tips

[自動選択]ツールはグラデーションのないイラストの画像などに向いているツールです。色がハッキリ分かれている単純な画像は[自動選択]ツールで簡単に選択範囲を作成できます。
一方、[自動選択]ツールは画像の色と濃度から選択範囲を作るため、写真のように多くのグラデーションで構成される画像に対しては使い勝手が良いとはいえません。
これに対して、[色域指定]では細かな調整が可能であるため、画像に対しても高精度な範囲指定ができます。必要に応じて「選択範囲のぼかし」を組み合わせると、より良い結果が得られます。
step4では[自動選択]ツールを使用して、きれいな選択範囲を作成できましたが、[自動選択]ツールの設定や操作が難しい場合は、[アルファチャンネル]を使用する方法（p.120）や[色域指定]を使用する方法（p.109）などを試してみてください。

[アルファチャンネル]を使用して作成した選択範囲

[色域指定]を使用して作成した選択範囲

関連　選択範囲の基礎知識：p.88　［クイック選択］ツール：p.108　選択範囲の保存：p.116

Sample_Data/072/

072　半自動的に選択範囲を作成する

[クイック選択]ツール　で画像をドラッグまたはクリックすると、大まかな選択範囲を作成できます。そのため、複雑な形状を含む画像に対して手早く簡単に選択範囲を作成する場合は便利です。

step 1

ツールパネルで[**クイック選択**]**ツール**　を選択して❶、オプションバーの[選択範囲に追加]ボタンを選択し❷、右隣のプルダウンでブラシサイズを設定します❸。

step 2

画像の上でドラッグすると❹、自動的に画面内の境界線が判断され、選択範囲が作成されます。
選択範囲は後から自由に追加・削除できるので、ドラッグを続ける必要はありません。

step 3

細かい箇所はブラシサイズを小さくしたり、クリックしたりして、選択範囲に追加していきます。
また、選択範囲が輪郭からはみ出て余計な部分が選択されてしまった場合は❺、ブラシモードを[**現在の選択範囲から一部削除**]に変更して❻、同じ要領で削除していきます。
目的の箇所に選択範囲を作成できれば完成です❼。

> **Tips**
> [**クイック選択**]**ツール**　では境界線の判断をPhotoshopが自動的に行うため、細密な選択範囲を作成したい場合は不向きです。人物の顔のように色の差がわかりやすく、曖昧な選択範囲で良い場合（選択範囲の境界線をぼかして使用する場合など）に利用しましょう。[**クイック選択**]**ツール**　で作成された曖昧な選択範囲でも、人物のように境界線が曖昧な画像に対して使用する分には、品質にほとんど影響しません。

関連　選択範囲の基礎知識：p.88　選択範囲の追加・削除：p.93　選択範囲の保存：p.116

073 特定の色域を選択する

特定の色域に対して選択範囲を作成する場合は、［色域指定］を使用します。［色域指定］は［自動選択］ツールと似た機能を持ちますが、［許容量］をリアルタイムに変更することができます。

step 1

メニューから［選択範囲］→［色域指定］を選択して、［色域指定］ダイアログを表示します。
［選択:指定色域］を選択して❶、選択したい色をクリックします❷。すると、指定した色域だけが選択対象となり、ダイアログ内のプレビュー画面に表示されます❸。
また、［許容量］を調整することで❹、選択する色域の幅をリアルタイムに変更できます。

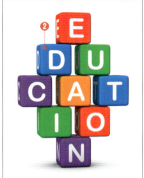

step 2

多くの場合、［許容量］を設定しただけでは狙い通りに選択範囲を指定できないため、指定する色域を少しずつ追加しながら選択範囲を拡張して、目的の選択範囲を作成します。
［選択範囲のプレビュー:グレースケール］を選択して❺、選択される範囲を画像ウィンドウで確認します❻。
そのうえで、［許容量:1］に設定して❼、［サンプルに追加］ボタンを選択し❽、画面内をクリックします。
画面内を複数回クリックすることで選択範囲を増やすことができます。
この作業を繰り返すことで、最終的に高い精度で選択範囲を作成できます❾。

> **Tips**
> 選択範囲が広がりすぎたときは、［サンプルから削除］ボタン❿を選択してからクリックすることで、余分に選択されている選択範囲を減らします。

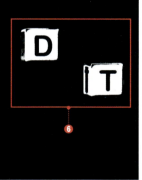

選択範囲の追加・削除前　　選択範囲の追加・削除後

074 ふわふわしたオブジェクトを正確に選択する

境界線が半透明のオブジェクトや、境界線が曖昧なオブジェクトに対して選択範囲を作る場合は[選択とマスク]機能を使用します。

step 1

[選択とマスク]機能を使用する際は、先に**[クイック選択]ツール** (p.108)などを使用して大まかな選択範囲を作成しておきます。

ここでは、**[クイック選択]ツール**を使用して動物の輪郭にあわせて大まかな選択範囲を作成します❶。この時点では、細かい毛などは無視します。

step 2

メニューから[選択範囲]→[選択とマスク]を選択して❷、[選択とマスク]画面を表示します。

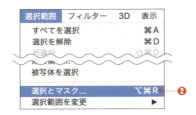

step 3

[選択とマスク]画面が表示されると自動的に選択範囲が変更された状態でプレビューされます。

プレビューを見ながら、また状況に合わせて[表示]を変更しながら❸、設定を調整します。ここでは設定結果を確認しやすくするために[表示:黒地(A)][不透明度:100%]に変更しています。

今回のように、ふわふわとした曖昧な輪郭を持つ画像の場合は、必ず最初に[エッジの検出]エリアの[スマート半径]にチェックを入れて❹、[半径]を調整します❺。ここでは、[半径:60]に設定しました。

step 4

より正確に境界部分を調整するために、[エッジをシフト]と[不要なカラーの除去]を使用します。
ここでは、わずかに選択範囲を小さくして不要な背景を隠すために、[エッジをシフト：－20]に設定します❻。
また、白い毛の周辺に透けている緑色の背景❼を除去するために、[不要なカラーの除去]にチェックを入れます❽。
[出力先]は状況に応じて変更しますが、よくわからない場合は[新規レイヤー（レイヤーマスクあり）]を選択します❾。すべての設定が終わったら[OK]ボタンをクリックして設定を確定します❿。

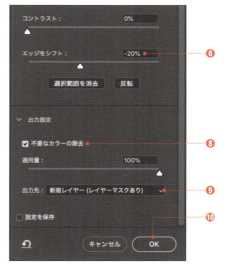

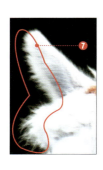

Tips
[選択とマスク]機能の大きな魅力の1つに、[不要なカラーの除去]がありますが、[不要なカラーの除去]は画像のピクセル自体を操作するため、選択範囲のみを作成することができなくなります。そのため、この機能を使用した場合は、[出力先]に[選択範囲]と[レイヤーマスク]を選択することはできません。よくわからない場合は[出力先]を変更して比べてみてください。

Tips
不要なカラー（カラーフリンジ）を除去する方法には、ここで紹介した方法以外にも、メニューから[レイヤー]→[マッティング]→[不要なカラーの除去]を選択する方法もあります（p.206）。ただし、この機能はレイヤーマスクのある画像のみに使用できます。
また、[黒マット削除]や[白マット削除]、[フリンジ削除]などを選択することもできます。

◎ ［選択とマスク］画面の設定項目

項目	内容
表示	画像の表示方式を7種類から選択します。各表示方式にはショートカットキーが割り当てられています。また、Xで編集前の表示に切り替えられます。Fを押すと表示が順に切り替わります。
各種ツール	［スマート半径］を有効にしても選択できなかった領域や、必要以上に選択された領域を修正するツール群です。ドラッグした部分のみ再度境界線を判別して、選択範囲を修正します。
スマート半径	チェックを入れると、［半径］スライダーで境界線を修正する際に、自動検出した画像のエッジの滑らかさやエッジの半径をより詳細に修正します。ハードなエッジとソフトなエッジが混ざっている場合などに有効です。
半径	選択範囲の境界線が修正される領域を設定します。大きな値を指定すると不要な部分まで修正されるので、通常は少ない値から設定します。
滑らかに	境界線が粗い場合に境界線を滑らかにします。
ぼかし	選択範囲の境界線とその周辺をぼかします。
コントラスト	選択範囲の境界線がソフトすぎた場合や、ぼけている場合に使用します。ただし、［スマート半径］を使用する場合、こちらは使用しません。
エッジをシフト	編集前に作成した選択範囲を拡大または縮小します。
不要なカラーの除去	チェックを入れると、画像を切り抜いて出力する際に画像のエッジに残っている、背景の色に影響された不要なカラーを除去します。

step 5

今回は、［出力先：新規レイヤー（レイヤーマスクあり）］に設定したため、作業が終わるとレイヤーマスク付きの新しいレイヤーが作成されます⓫。
毛の部分も含め、きれいに選択範囲を作成できていることがわかります。
なお、ここで紹介した方法できれいに選択できない場合は次のテクニックを併用してみてください。

- アルファチャンネルを使用する方法(p.120)
- 半透明の選択範囲を作成する方法(p.124)

Variation

今回のようにふわふわした画像の切り抜き画像を別の画像上に配置すると、合成後の背景の色によってはエッジの切り抜きが不十分である場合があります⓬。そのような場合は、出力されたレイヤーマスクから選択範囲を読み込み、修正前の画像から再度［選択とマスク］で選択範囲を修正します⓭。
切り抜き後のエッジ部分が暗い場合、または明るい場合は、［エッジを調整］エリアの［エッジをシフト］にマイナスの値を指定することで修正できます。

075 アルファチャンネルとは

アルファチャンネルとは、画像に対する「色情報以外のデータ」を保存・管理するための補助的な領域です。Photoshopでは、選択範囲の作成や加工、保存などを行う際に使用します。

概要

アルファチャンネルを使用すれば、選択範囲系のツールだけでは作成できないような、複雑な選択範囲を作成することができます。**Photoshopは選択範囲を「選択されている状態」と「選択されていない状態」の2段階ではなく、256段階で扱うのですが**(p.88)**、アルファチャンネルではその256段階をグレースケール画像として扱うことができます。**ホワイトの部分は選択範囲となり、ブラックの部分は非選択範囲となります。また、50%グレーの部分は50%選択された状態になります。このことから、アルファチャンネルを確認すれば、より正確に選択範囲の状態を確認することができ、また、Photoshopの各機能(例えば、[ブラシ]ツール や[フィルター]など)を利用して選択範囲を作成したり、加工したりできます。

そのため、アルファチャンネルを使用すると濃淡を持つ複雑な選択範囲を容易に作成できます。

step 1

元画像❶を部分的に加工するために、選択範囲A❷を作成します。そして、選択範囲Aを複雑に加工するために、選択範囲AをもとにしてアルファチャンネルA❸を作成します。

これで、選択範囲Aは画像になったので、通常の画像のようにブラシで塗ったり、濃度を変更したりすることができます。

❶元画像

step 2

グレースケール画像であるアルファチャンネルAを[ブラシ]ツール などで加工してアルファチャンネルBを作成します❹。

アルファチャンネルのブラックの部分はマスクされて選択範囲にならず、ホワイトの部分は選択範囲となります。

❷選択範囲A

❸アルファチャンネルA

step 3

アルファチャンネルBを選択範囲Bに変換します❺。一連の作業で選択範囲Bは0〜100%の透明度を持つ選択範囲になっているので、同じ色調補正をしても部分的に適用される効果の程度は異なります。

❹アルファチャンネルB

❺選択範囲B

関連 アルファチャンネルの基本操作:p.114　選択範囲の保存:p.116　選択範囲の読み込み:p.117

Sample_Data/076/

アルファチャンネルの基本操作

Photoshopを使いこなすうえで、アルファチャンネルの知識は必須です。ここでは、アルファチャンネルの最も基本的な操作方法を説明します。

概要

アルファチャンネルに関する各操作は、[チャンネル]パネルで行います。

通常の画像では、カラーモードがRGBの場合、[レッド][グリーン][ブルー]の3つのチャンネルで色情報を管理しています❶（CMYKの場合は4つのチャンネル）。選択範囲をアルファチャンネルとして追加すると、ここにさらに1つのチャンネルが画像に設定されます。

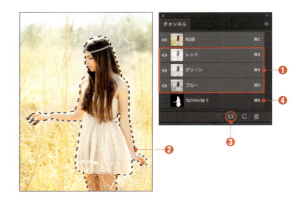

 選択範囲をアルファチャンネルに読み込む

選択範囲をアルファチャンネルに読み込むには、選択範囲を作成して❷、[チャンネル]パネル下部の[選択範囲をチャンネルとして保存]ボタンをクリックします❸。すると、選択範囲がグレースケール画像としてアルファチャンネルに保存されます❹。

アルファチャンネルによる選択範囲の編集

アルファチャンネルとして保存された選択範囲はグレースケール画像になるため、[ブラシ]ツールや[フィルター]といった、ツールで編集することができます。ここでは、[ブラシ]ツールを使用して編集する方法を解説します。

まず[チャンネル]パネルで、編集対象のアルファチャンネルをアクティブにします❺。すると、画面表示がグレースケール画像に切り替わります❻。このとき、選択範囲がある場合は選択範囲を解除します。

続いて、ツールパネルから[ブラシ]ツールを選択して❼、描画色をホワイトに設定し❽、「選択範囲に追加したい場所」をドラッグします❾。ホワイトで塗られた箇所が選択範囲に追加されます。このとき、ブラックで塗りつぶすと、塗りつぶされた箇所が選択範囲から外れます。また、グレーで塗りつぶすと濃度に応じた選択範囲になります。

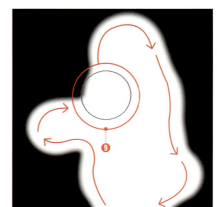

アルファチャンネルを選択範囲として読み込む

編集したアルファチャンネルを選択範囲として読み込むには、[チャンネル]パネルで対象のアルファチャンネルをアクティブにして❿、パネル下部の[**チャンネルを選択範囲として読み込む**]**ボタン**をクリックします⓫。すると、アルファチャンネルのグレースケール画像が、選択範囲として読み込まれます⓬。

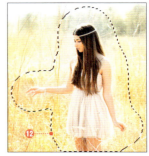

選択範囲を保存する

上記のとおり、選択範囲はアルファチャンネルに保存することができます。この機能を使用すれば、1つの画像に複数の選択範囲を作成することができます。右図では、形状の異なる4つの選択範囲を保存しています⓭。画像編集の内容によってはさまざまな形状の選択範囲を使用しますが、このように保存しておけば、作業ごとに選択範囲を作成する手間が省けて便利です。

Photoshopでは、1つの画像につき、最大で56チャンネルを保存できます(各カラーチャンネルも含む)。

[チャンネルの表示／非表示]ボタンをクリックすることで、チャンネルの表示／非表示を切り替えることができます。

アルファチャンネルを追加・削除する

選択範囲をアルファチャンネルに読み込むのではなく、新規にアルファチャンネルを追加するには、パネル下部の[**新規チャンネルを作成**]**ボタン**をクリックします⓮。

また、不要なアルファチャンネルを削除するには、対象のアルファチャンネルをアクティブにして、[**現在のチャンネルを削除**]**ボタン**をクリックします⓯。

アルファチャンネルの表示色を変更する

すべてのチャンネルを表示すると、初期設定では、アルファチャンネルは半透明の赤色で表示されます。このアルファチャンネルの表示色を変更するには、[チャンネル]パネルのパネルメニューから[**チャンネルオプション**]を選択して⓰、[チャンネルオプション]ダイアログを表示し、[**表示色**]に別の色を指定します⓱。

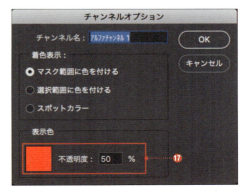

関連 選択範囲の基礎知識:p.88 アルファチャンネルとは:p.113 選択範囲の保存:p.116

077 選択範囲をアルファチャンネルに保存する

選択範囲は、グレースケール画像としてアルファチャンネルに保存できます。画像として保存することで、選択範囲を画像と同様に加工したり、1つの画像に複数選択範囲を保存したりすることができます。

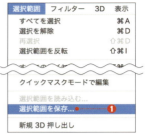

step 1

選択範囲を保存するには、画面上に選択範囲のある状態で、メニューから[選択範囲]→[選択範囲を保存]を選択して❶、[選択範囲を保存]ダイアログを表示します。

step 2

[ドキュメント]プルダウンで現在のファイル名(ここでは[077-01.psd])を選択し、[チャンネル]プルダウンで[新規]を選択します❷。ここでは[名前:選択範囲01]としましたが、必要に応じて名前を付けてもかまいません。
また、[選択範囲]エリアで[新規チャンネル]を選択します❸。設定を確認したら、[OK]ボタンをクリックします。
これで、選択範囲をアルファチャンネルに[選択範囲01]として保存できました。

step 3

[チャンネル]パネルを確認すると、選択範囲がアルファチャンネルに[選択範囲01]として保存されていることが確認できます❹。
なお、選択範囲をアルファチャンネルとして新規に保存するだけなら、[チャンネル]パネルの**[選択範囲をチャンネルとして保存]ボタン**からも実行できます❺。ボタンをクリックすると、選択範囲が[アルファチャンネル1]として保存されます。

step 4

option(Alt)を押しながら、**[選択範囲をチャンネルとして保存]ボタン**をクリックすると、[新規チャンネル]ダイアログが表示されます。
この方法を使用すると、アルファチャンネルの名前や着色表示、表示色などを設定できます❻。

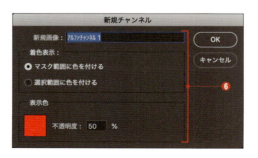

078 保存した選択範囲を読み込む

アルファチャンネルとして保存した選択範囲を読み込むには、[選択範囲を読み込む]コマンドを使用します。キー入力を組み合わせることで簡単に読み込む方法もあります。

step 1

[チャンネル]パネルで、アルファチャンネルに保存されている選択範囲があることを確認します。今回は[選択範囲01]を選択範囲として読み込みます❶。
メニューから[選択範囲]→[選択範囲を読み込む]を選択して❷、[選択範囲を読み込む]ダイアログを表示します。

step 2

[ドキュメント]プルダウンで現在のファイル名(ここでは[062-01.psd])を選択し、[チャンネル]プルダウンで読み込むアルファチャンネル(ここでは[選択範囲01])を選択します❸。
なお、ファイル名やチャンネルの名称はその都度変わるので注意してください。
内容を確認したら[OK]ボタンをクリックします。

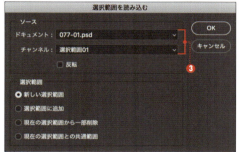

step 3

アルファチャンネルが選択範囲として読み込まれました❹。

Tips

アルファチャンネルに保存されている選択範囲を読み込む方法は他にもいくつかあります。
最も効率的に読み込む方法は、[チャンネル]パネルのアルファチャンネルのサムネール❺を ⌘([Ctrl]) を押しながらクリックする方法です。
また、[チャンネル]パネルで対象のアルファチャンネルをアクティブにして、パネル下部の[チャンネルを選択範囲として読み込む]ボタンをクリックすることでも❻、選択範囲を読み込むことができます。

関連 アルファチャンネルとは:p.113　アルファチャンネルの基本操作:p.114　選択範囲の保存:p.116

読み込み方法を指定して選択範囲を読み込む

読み込み方法を指定して選択範囲を読み込むには、⌘（Ctrl）、option（Alt）、Shift を押しながら選択範囲が保存されたアルファチャンネルをクリックします。

###

選択範囲の読み込み方法には、以下の4種類があります。

- ［新しい選択範囲］
- ［選択範囲に追加］
- ［現在の選択範囲から一部削除］
- ［現在の選択範囲との共通範囲］

ここでは、人物の輪郭に沿って作成された選択範囲が保存されている右の画像を使って各読み込み方法の違いを説明します。

❖ ［新しい選択範囲］

アルファチャンネルから選択範囲を読み込む場合は、［チャンネル］パネル内の選択範囲が保存されているアルファチャンネルのサムネールを、⌘（Ctrl）を押しながらクリックします❶。
すると、保存されている選択範囲が読み込まれます❷。

❖ ［選択範囲に追加］

画面上の選択範囲に、アルファチャンネルに保存している選択範囲を追加する場合は、⌘（Ctrl）＋ Shift を押しながら［チャンネル］パネル内のサムネールをクリックします❸。
ここでは、判りやすいようにグレースケール画像で表示しています❹。元々画像上にあった正方形の選択範囲に、人物の形状をした選択範囲が追加されています。

[現在の選択範囲から一部削除]

右の選択範囲は、メニューから[選択範囲]→[境界線を調整]を選択して、ぼかしと拡張を行ったものです❺。

この選択範囲から人物の部分を一部削除するには、⌘+option（Ctrl+Alt）を押しながら[チャンネル]パネル内のサムネールをクリックします❻。

この方法で一部が削除された選択範囲にべた塗りを施すと❼のような効果を加えることができます。

[現在の選択範囲との共通範囲]

人物の一部分だけを色補正したい場合などに、[現在の選択範囲との共通範囲]を使用すると簡単に目的の部分だけを選択することができます。

例えば、**[多角形選択]ツール**などで大まかな選択範囲を作成して❽、⌘+option+Shift（Ctrl+Alt+Shift）を押しながら[チャンネル]パネル内のサムネールをクリックします❾。すると、アルファチャンネルで保存された選択範囲と新しく作成した選択範囲の重なる部分だけが選択範囲となります。

この状態で、選択部分の色調を調整すれば、右図のように、簡単に画像の一部分のみの色を変更することができます❿。

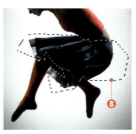

Sample_Data/080/

080 アルファチャンネルを使用して選択範囲を作成する

アルファチャンネルを使用すると、選択範囲系のツールでは作成が困難な、色差のある複雑な画像に対して、簡単に選択範囲を作成することができます。

step 1

アルファチャンネルを使用して選択範囲を作成する場合は、各チャンネルで濃度差のある画像を複製したうえで、複製した画像の濃淡差を強調して、選択範囲を作成します。

[チャンネル]パネルの[レッド][グリーン][ブルー]のアイコンを順番にクリックして❶、背景と人物の濃度差が大きい画像を探します(p.126)。今回は濃度差の最も大きい[ブルー]チャンネルを使用します❷。

[RGB]

[レッド]

[グリーン]

[ブルー]

step 2

[ブルー]チャンネルを[新規チャンネルを作成]ボタンにドラッグ&ドロップして❸、チャンネルを複製します。
複製が終わると[ブルーのコピー]というアルファチャンネルが作成され、アクティブになります。

step 3

このままでは、アルファチャンネルを選択範囲に変更しても、曖昧な選択範囲になり意味がないため[ブルーのコピー]のコントラストを変更します。
メニューから[イメージ]→[色調補正]→[トーンカーブ]を選択して❹、[トーンカーブ]ダイアログを表示します。

step 4

ここでは最初に画像の濃淡差を強調することで、髪の毛と背景の輪郭がはっきりするように、画像を変更します❺。
なお、明るい部分が選択範囲になるので、場合に応じて後から選択範囲の反転（p.100）などを行ってください。
また、画像全体の選択範囲を一度に作ることができない場合は、部分ごとに分割して作業を進めてください。

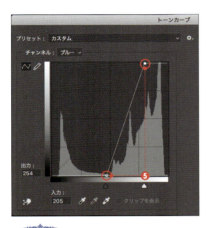

修正前　　　　　　　　　修正後

step 5

このままでは部分的に選択範囲にならない箇所が残っているので❻、選択範囲系のツールや[ブラシ]ツール  などで修正します。

> **Tips**
> アルファチャンネルを選択範囲に変換する場合、初期設定では明るい部分が選択範囲になりますが、本項では最終的に読み込む対象を反転するため、現時点では暗い部分（ブラックの部分）が選択範囲となります。つまり、右図のなかで、明るい部分が選択範囲に含まれないため、以降の手順で選択範囲に含めたい部分をブラックで塗りつぶしていきます。

step 6

まず[チャンネル]パネルの[ブルーのコピー]チャンネルをアクティブにしたまま[RGB]の目玉アイコンをクリックして❼、画像とアルファチャンネルの両方を表示します。
このようにすることで、アルファチャンネルとRGB画像の両方を見ながら、アルファチャンネルを加工することができます。

- step 7

選択範囲に含めたい部分（右図では腕の部分）に選択範囲を作成して❽、メニューから［編集］→［塗りつぶし］を選択して、［塗りつぶし］ダイアログを表示します。

- step 8

［使用:ブラック］を選択して❾、［OK］ボタンをクリックします。これで、腕の部分がブラックで塗りつぶされ、最終的に選択範囲に含まれるようになります。同様に、明るくしたい部分（選択範囲から除外したい部分）がある場合は、ホワイトで塗りつぶします。

> **Tips**
> アルファチャンネルでは、ホワイトで塗りつぶすと透明になり、ブラックで塗りつぶすと半透明の赤になります（初期設定の場合:p.334）。

- step 9

また、画像を部分的に塗りつぶす場合は、［塗りつぶし］ではなく、**［ブラシ］ツール**などを使用して画像を加工します。そうすることで、選択範囲の作成と画像の塗りつぶしを複数回に分けて行うことが可能です。

［ブラシ］ツールで白く塗りつぶす場合は、ツールパネルから**［ブラシ］ツール**を選択して❿、描画色に［ホワイト］を設定します⓫。また、必要に応じて不透明度を設定します⓬。

各項目を設定したら、画像上をドラッグして、白く塗っていきます⓭。なお、ブラシサイズは画像の大きさなどにあわせて適宜調整してください。

このステップの作業を繰り返すことで、人物を切り抜くためのアルファチャンネルができあがります。

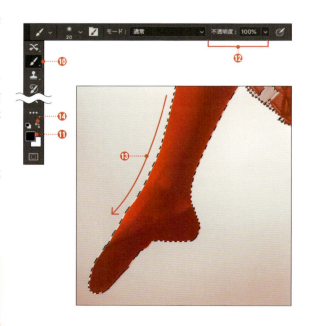

> **Tips**
> ここでは、アルファチャンネルを白く塗るので初期の状態で構いませんが、反対に黒く塗る場合は［描画色と背景色を入れ替え］ボタンをクリックして⓮、カラーを反転してください。

step 10

右図のように、選択範囲に含めたい部分をブラックで塗りつぶし、除外したい部分をホワイトで塗りつぶせば完成です⓯。

step 11

アルファチャンネルを選択範囲に読み込みます。
メニューから[選択範囲]→[選択範囲を読み込む]を選択して、[選択範囲を読み込む]ダイアログを表示します。
[ドキュメント]プルダウンに現在のファイルを、[チャンネル]プルダウンに加工したアルファチャンネルを指定します⓰。
また、ここでは背景がホワイトになっているため、このままでは人物ではなく背景の部分が選択範囲となってしまいます。そのため、[反転]にチェックを入れて⓱、人物が選択されるようにします。
[OK]ボタンをクリックすると、アルファチャンネルが選択範囲として読み込まれます。

step 12

現在のままではアルファチャンネルが表示されているので、[チャンネル]パネルの[RGB]をクリックして⓲、通常の表示に戻します。

> **Tips**
> 本項では、簡単ではありませんが、時間があればある程度きれいな選択範囲が作成できる画像を用いて手順を解説しています。しかし実際には、一見すると簡単そうに見えても、さまざまな濃度が混じっているために、アルファチャンネルだけで選択範囲を作れないような画像もたくさんあります。
> そのような場合は、アルファチャンネルを複数作成して部分的に加工し、最終的に合成する方法が便利です。
>
> 例えば、画像の上側と下側の濃淡差が大きいために、1つのアルファチャンネルで全体を加工することが難しい場合は、元のアルファチャンネルを2つ複製したうえで、画像の上側と下側を別々に加工し、加工後に、[**長方形選択**]**ツール**などで領域ごとにアルファチャンネルをコピー&ペーストして1つのアルファチャンネルに合成し、選択範囲を作成します。この方法を用いれば、さまざまな濃度を持つ複雑な画像に対しても、正確な選択範囲を作成することができます。

Sample_Data/081/

081 半透明の選択範囲を作成する

半透明の選択範囲を作成すると、動物の毛やタンポポのような、ふわふわした被写体をきれいに切り抜いたり、加工したりできます。Photoshopを習得するうえで必須のテクニックの1つです。

step 1

半透明の選択範囲は、[レッド]チャンネル、[グリーン]チャンネル、[ブルー]チャンネルの中で最も濃度差のある画像を複製して、トーンカーブでアルファチャンネルを加工することで作成します。
[チャンネル]パネルの[レッド]や[グリーン][ブルー]のアイコンをクリックして❶、画像の表示を[レッド]チャンネルや[グリーン]チャンネル、[ブルー]チャンネルに切り替えて、背景と花の輪郭の濃度差が大きい画像を探します(p.126)。
右図では[レッド]チャンネルが最も濃度差が大きいので、これを使用します❷。

[レッド]チャンネル

[グリーン]チャンネル

[ブルー]チャンネル

step 2

[レッド]チャンネルを**[新規チャンネルを作成]ボタン**にドラッグ＆ドロップして❸、チャンネルを複製します。[レッドのコピー]という名前のアルファチャンネルが追加され、アクティブな状態になります❹。

step 3

このままでは、アルファチャンネルを選択範囲に変更した際に境界が不正確になるため、先にアルファチャンネルをトーンカーブで加工します。
メニューから[イメージ]→[色調補正]→[トーンカーブ]を選択して❺、[トーンカーブ]ダイアログを表示します。

step 4

ここでは、[入力：180/出力：255]と[入力：66/出力：0]の2点にポイントを入れました❻。
これで選択範囲の元となるアルファチャンネルは完成です。

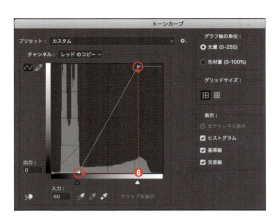

step 5

画像をよく確認してみると、選択範囲にしたい部分でホワイトになっていない部分（選択範囲になっていない部分）があります。
そこで、ツールパネルから[ブラシ]ツール を選択して❼、[描画色：ホワイト]に設定し❽、選択範囲にしたい部分を塗りつぶします❾。**アルファチャンネルでは、ホワイトで塗りつぶした箇所が選択範囲になります。**

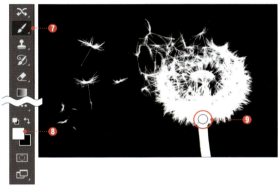

step 6

アルファチャンネルを選択範囲に読み込みます。
⌘（Ctrl）を押しながら、[レッドのコピー]チャンネルをクリックします❿。これで選択範囲が読み込まれました。
[RGB]チャンネルをクリックして⓫、通常の表示に戻り、タンポポが配置されているレイヤーをアクティブにします。

step 7

作成した選択範囲を使用して、レイヤーマスク（p.154）で不要な部分を隠すと、右図のようにタンポポのみを表示することができます。

> **Tips**
> ここで完成した作例をよく観察すると、元々の背景である青空の色が映り込んで、タンポポのふわふわした部分が青くなっていることがわかります。これを修正するにはレイヤーマスクがある状態で、メニューから[レイヤー]→[マッティング]→[不要なカラーの除去]を選択して、不要なカラーを除去します（p.206）。

Sample_Data/082/

082 各チャンネルの色情報やアルファチャンネルの情報を確認する

各チャンネルの色情報は、[チャンネル]パネルで各チャンネルの表示/非表示を切り替えることで確認できます。色情報はそれぞれの色の濃淡に応じたグレースケール画像で表示されます。

step 1

メニューから[ウィンドウ]→[チャンネル]を選択して❶、[チャンネル]パネルを表示します。
[チャンネル]パネルに表示されているサムネールの一番上は各色チャンネルが合成された「**合成チャンネル**」です❷。その下にカラーモードに対応した各チャンネルが表示されています❸。
チャンネル数は、開いている画像のカラーモードによって異なります。画像のカラーモードがRGBの場合は[チャンネル]パネルには[レッド][グリーン][ブルー]の3つのチャンネルが表示されます(CMYKの場合は4つのチャンネル)。

[合成チャンネル]

[レッド]

step 2

[チャンネル]パネルで各チャンネルのサムネールをクリックすると、各チャンネルがグレースケールで表示されます。
例えば、[レッド]チャンネルのみを表示すると、各ピクセルに設定されているR値の濃淡に応じたグレースケールで画像が表示されます。つまり、**[R:255]が設定されているピクセルは白色**で表示され、**[R:0]が設定されているピクセルは黒色**で表示されます。このとき、他のチャンネルの濃度は関係ありません。右図では左上が[合成チャンネル]、右上が[レッド]、左下が[グリーン]、右下が[ブルー]の色情報を示しています。

[グリーン]

[ブルー]

Tips

アルファチャンネル(p.113)が保存されている場合は、[チャンネル]パネルの最下部に表示されます❹。
アルファチャンネルを1つだけ表示すると、保存されている選択範囲の状態がグレースケールで表示されます。また、すべてのチャンネルを表示設定にすると、アルファチャンネルは半透明の赤色で表示されます❺(初期設定の場合)。

step 3

各カラーチャンネルを、それぞれの色で表示したい場合は、メニューから[Photoshop CC]（Windowsは[編集]）→[環境設定]→[インターフェイス]を選択して、[環境設定]ダイアログを表示し、[オプション]エリアの[チャンネルをカラーで表示]にチェックを入れます。すると、各チャンネルがそれぞれのカラーで表示されます❻。

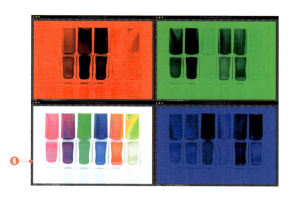

❻

✦ Variation ✦

各カラーチャンネルの濃度は、個別に編集・補正することができます。Photoshopには、カラーチャンネルごとに濃度を補正する方法がいくつか用意されていますが、主なものに、[トーンカーブ]や[レベル補正]があります。

❋ [トーンカーブ]

[トーンカーブ]を使用するには、メニューから[イメージ]→[色調補正]→[トーンカーブ]を選択します。表示される[トーンカーブ]ダイアログの[チャンネル]プルダウンで、任意のチャンネルを選択すると❼、チャンネル別に補正をかけることができます。
なお、[トーンカーブ]の詳細については、p.178を参照してください。

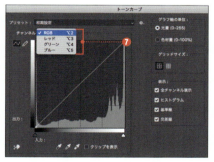

❋ [レベル補正]

[レベル補正]を使用するには、メニューから[イメージ]→[色調補正]→[レベル補正]を選択します。表示される[色調補正]ダイアログの[チャンネル]プルダウンで、任意のチャンネルを選択すると❽、チャンネル別に補正をかけることができます。
なお、[レベル補正]の詳細については、p.244を参照してください。

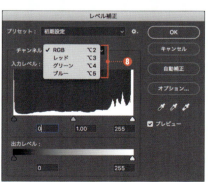

関連　アルファチャンネルとは：p.113　アルファチャンネルの基本操作：p.114　選択範囲の保存：p.116

Sample_Data/083/

083 選択範囲の境界を確認しながら加工する

選択範囲がある状態で[クイックマスクモード]に変更すると、選択されていない部分が半透明の赤いマスク画像で覆われます。このマスク画像を操作すれば選択範囲を確認しながら加工できます。

step 1

画像に選択範囲を作成して、ツールパネル下部の**[クイックマスクモードで編集]ボタン**を押すと❶、画面表示がクイックマスクモードになります。
クイックマスクモードでは、選択範囲を画像として扱うことができます。選択範囲に含まれていない部分は赤いマスクで表示されます❷。

> **Tips**
> クイックマスクとよく似た機能に「アルファチャンネル」があります。どちらの機能も選択範囲を画像に変換するという意味では同じといえますが、利用シーンが異なります（p.130の下部Tips参照）。

step 2

選択範囲をぼかす場合、クイックマスクモードでは、境界線をぼかす（p.103）のではなく、マスク画像をぼかす必要があります。
そのため、メニューから[フィルター]→[ぼかし]→[ぼかし（ガウス）]を選択して、[ぼかし（ガウス）]ダイアログを表示します。[半径]に任意の数値を入力して❸、[OK]ボタンをクリックします。

step 3

通常のモードに戻るには、**[画像描画モードで編集]ボタン**をクリックします❹。
通常のモードに戻るとマスク表示がなくなり、再度選択範囲が表示されます❺。この状態では、選択範囲の境界線がぼけていることを確認できませんが、クイックマスクモードに戻すことで境界線のぼけ具合を確認することが可能となります。

Sample_Data/084/

　クイックマスクを加工して選択範囲を編集する

クイックマスクを使用すると、選択範囲をグレースケール画像として作成・編集することができます。選択範囲系のツールだけでは実現しにくい、複雑な選択範囲を作成できます。

###

右の画像を色調補正して暗くすると、車の後部が必要以上に暗くなり❶、車近辺の空の暗さが不足してしまいます❷。
このような場合、[クイックマスクモード]に切り替えると、容易に選択範囲を編集することができます。

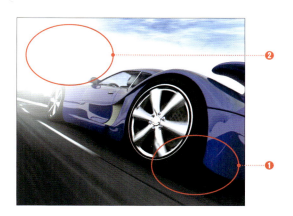

step 1

画像の周辺をぼかした選択範囲を作成してから（p.103）、ツールパネル最下部にある[**クイックマスクモードで編集**]**ボタン**をクリックします❸。すると、右図のように選択されていない部分が半透明の赤色で表示されます。

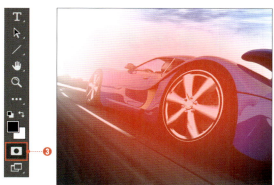

step 2

ツールパネルから[**ブラシ**]**ツール**を選択して❹、[描画色：ブラック]に設定します❺。
オプションバーでブラシピッカーを開き❻、[ブラシの形状：ソフト円ブラシ][直径：260px][不透明度：50%]に設定します。
選択範囲から除外したい部分をドラッグすると、なぞった部分が赤くなり選択範囲から除外されます❼。

> **Tips**
> 今回のように、ぼけたクイックマスクをブラシで編集するときは、ブラシはブラシピッカーから[ソフト円ブラシ]を選択します。

● 129

step 3

空の部分を選択範囲に追加します。

[描画色:ホワイト]に設定して❽、オプションバーで[不透明度:50%]に設定します❾。

先ほどと同様に、大きめのブラシを使用して選択範囲に追加したい部分をドラッグします❿。すると、なぞった部分の赤色が消えて、選択範囲に追加されます。

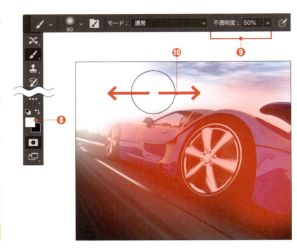

Tips
クイックマスクモードでは、通常の画像編集と同様に[ブラシ]ツールに不透明度を設定できます。

step 4

最後に、[画像描画モードで編集]ボタンをクリックして⓫、クイックマスクを選択範囲に戻します。
この画像に対して色調補正を実行すると、その効果が編集された選択範囲に適用されて⓬のようになります。
選択範囲の編集前の画像⓭と比べると、車上部の空がはっきり写っていることがわかります。

加工後　　　　　　　　　　　　　　　加工前

Tips
Photoshopには、クイックマスクと似た機能を持つ「アルファチャンネル」と呼ばれる機能も用意されています（p.113）。どちらの機能も、選択範囲をグレースケール画像として扱うことができるので、[ブラシ]ツールや[ペン]ツール、[フィルター]機能などを用いて選択範囲を作成・編集することができます。
クイックマスクとアルファチャンネルは類似機能ですが、違いもあります。これらの機能の最も大きな違いは、「クイックマスクは選択範囲を保存しなくても利用できる」という点です。アルファチャンネルでは先に選択範囲を保存する必要がありますが、クイックマスクでは、ボタンを押すだけで選択範囲を一時的にグレースケール画像として扱うことができます。また、すぐ元に戻すことができます。
これらのことから、選択範囲を保存する必要がない場合や、作成した選択範囲の状態を確認したいだけの場合は「クイックマスク」を使用し、選択範囲を保存する必要がある場合は「アルファチャンネル」を使用すると効果的です。
また、クイックマスク、アルファチャンネルと似た機能に「レイヤーマスク」（p.154）と呼ばれる機能もあります。Photoshopを習得するうえでは、それぞれの機能の特徴や差異を把握したうえで、使い分けることが必要です。

第 3 章

レイヤー

Sample_Data/085/

085 新規レイヤーを作成する

レイヤーを作成して作業をすると、元の画像を非破壊で作業を進めることができます。新規レイヤーを作成するにはメニューから[レイヤー]→[新規]→[レイヤー]を選択します。

step 1

右の画像には[背景]レイヤーしかありません❶。この画像に新規レイヤーを作成するには、メニューから[レイヤー]→[新規]→[レイヤー]を選択して❷、[新規レイヤー]ダイアログを表示します。

> **Tips**
> [レイヤー]→[新規]→[レイヤー]を選択して、新規レイヤーを作成すると、透明のレイヤーが作成されます。透明のレイヤーなので、他のレイヤーの上に重なっていても見た目は変わりません。

step 2

[新規レイヤー]ダイアログでは、レイヤー名やカラー、描画モード、不透明度などを設定できます❸。いずれの設定項目も後から変更できます。各項目を設定したら、[OK]ボタンをクリックします。

◎ [新規レイヤー]ダイアログの設定項目

項目	内容
レイヤー名	作成するレイヤーの名称を指定します。
下のレイヤーを使用してクリッピングマスクを作成	クリッピングマスクは下に配置されるレイヤーをマスクにする機能です。この機能は多くの場合、新規に調整レイヤー(p.175)を作成する際に、その効果を直下の画像にだけ適用したい場合に有効にします。
カラー	レイヤーパネルのレイヤーの表示状態を表す目玉アイコンの周りにカラーラベルを追加します。
描画モード／不透明度	レイヤーの描画モード(p.148)や、不透明度(p.153)を設定します。
中性色で塗りつぶす	描画モードによっては中性色(表示されない色)が存在します。ここにチェックを入れると、レイヤーが各描画モードに対応した中性色で塗りつぶされます(p.148)。

step 3

[OK]ボタンをクリックすると、新規レイヤーが作成されます。[レイヤー]パネルを見ると、増えたレイヤーのサムネールに白い枠が表示されていることがわかります❹。これはレイヤーが"アクティブ"な状態になっていることを示しています。レイヤーを操作する場合は必ず対象のレイヤーをアクティブにする必要があります。
なお、レイヤーは[レイヤー]パネルの**[新規レイヤーを作成]ボタン**をクリックすることでも作成できます❺。

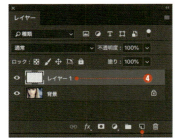

関連 レイヤーの順番を変更する：p.133　レイヤーを削除する：p.135　複数のレイヤーをアクティブにする：p.137

Sample_Data/086/

レイヤーの順番を変更する

[レイヤー]パネル内のサムネールをドラッグして他のレイヤーの間にドロップすれば、レイヤーの階層の順番を変更することができます。

step 1

レイヤーの順番を変更するには、[レイヤー]パネルで任意のレイヤーのサムネールをクリックして、そのまま移動先へドラッグします❶。
レイヤーとレイヤーの間に黒い線が表示されるので❷、その位置でドロップします。すると、レイヤーの順序が入れ替わります。
また、option（Alt）を押しながらドラッグ＆ドロップすると、レイヤーがコピーされます。

step 2

レイヤーの順番は、メニューの[レイヤー]→[重ね順]の中から[最前面へ][前面へ][背面へ][最背面へ][逆順]を選択することでも変更できます❸。
複数のレイヤーをアクティブにして[逆順]を選択するとアクティブになっているレイヤーの順序がすべて入れ替わります。

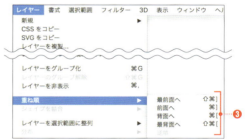

Tips

[背景]レイヤーは特殊なレイヤーです。通常は鍵のマークが表示されていて❹、階層の順序を変更することはできません。
背景レイヤーを移動したい場合は、レイヤーサムネールをダブルクリックして[新規レイヤー]ダイアログを表示し、何も変更せずに[OK]ボタンをクリックします❺。
すると背景レイヤーが通常のレイヤーに変換されます。
一方、通常のレイヤーを[背景]レイヤーにするには、メニューから[レイヤー]→[新規]→[レイヤーから背景へ]を選択します。

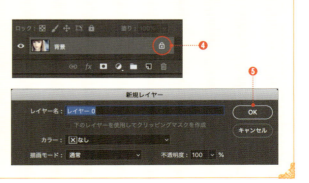

関連 レイヤーの新規作成：p.132　レイヤーの複製：p.134　レイヤーの削除：p.135

133

087 レイヤーを複製する

レイヤーは簡単に複製することができます。画像に不可逆な加工を行う際は、加工前にレイヤーを複製し、バックアップしておくことをお勧めします。

step 1

レイヤーを複製するには、[レイヤー]パネルで複製するレイヤーをアクティブにして❶、メニューから[レイヤー]→[レイヤーを複製]を選択し❷、[レイヤーを複製]ダイアログを表示します。

> **Tips**
> レイヤーを複製するショートカットはありませんが、選択範囲のない状態では、⌘(Ctrl) + J を、レイヤーの複製の代わりに使用できます。

step 2

[新規名称]を入力して❸、[ドキュメント]に開いている画像ファイルが指定されていることを確認して❹、[OK]ボタンをクリックします。
これでレイヤーが複製されます❺。

> **Tips**
> レイヤーの複製は、レイヤーを[レイヤー]パネル右下の[レイヤーを新規作成]ボタンにドラッグ&ドロップすることでも行えます❻。
> また、このとき option (Alt) を押しながらドラッグ&ドロップをすると名称設定も行えます。

✤ Variation ✤

[レイヤーを複製]ダイアログの[ドキュメント]に、既存のファイル名ではなく、[新規]を選択して[名前]を指定すると❼、レイヤーを新規画像として書き出すことができます。
また、通常のレイヤーを複製するのと同様に、複数のレイヤーを新規画像に書き出すことも可能です。

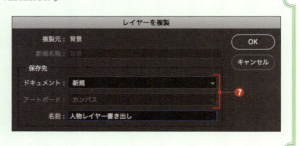

088 不要なレイヤーを削除する

不要なレイヤーを放置するとレイヤー構造がわかりにくくなり、作業効率が下がります。また、ファイルサイズも大きくなるので、不要になったら適宜削除しましょう。

step 1

レイヤーを削除するには、[レイヤー]パネルで削除したいレイヤーをアクティブにして❶、[レイヤー]パネル右上のパネルメニューから[レイヤーを削除]を選択します❷。

step 2

削除するかどうかを確認するダイアログが表示されるので[はい]をクリックします❸。これで選択したレイヤーは削除されます❹。
なお、削除確認ダイアログの左下にある[再表示しない]にチェックを入れると❺、次回からダイアログは表示されなくなります。

Tips
レイヤーを削除する際に表示されるダイアログは、option（Alt）を押しながらコマンドを実行することで非表示にできます。

Tips
レイヤーを削除する方法は上記の他にもいくつか用意されています。

1．[レイヤー]パネルで、削除するレイヤーを右クリックして、表示されるコンテキストメニューで[レイヤーを削除]を選択する
2．削除対象のレイヤーをアクティブにしてから[レイヤー]パネル右下の[レイヤーを削除]ボタン❻をクリックする
3．レイヤーを[レイヤーを削除]ボタン上にドラッグ＆ドロップする
4．選択範囲がない状態で削除対象のレイヤーをアクティブにしてからDeleteを押す

一般的には、[レイヤーを削除]ボタンをクリックする方法が最も簡単で、よく使用されます。
なお、複数のレイヤーをアクティブにすることで、複数のレイヤーを同時に削除することもできます。

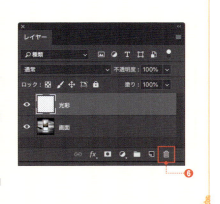

089 画像を直接クリックしてレイヤーを選択する

1つの画面上に複数のレイヤーが存在している場合でも、[移動]ツールを選択して⌘（Ctrl）を押しながらクリックするだけで、目的のレイヤーを複数選択できます。

step 1

ツールパネルから**[移動]ツール**を選択して❶、⌘（Ctrl）を押しながら画面上をクリックします❷。複数のレイヤーを選択する場合は、⌘（Ctrl）＋Shiftを押しながらクリックを続けます。

step 2

クリックした箇所にあるオブジェクトが配置されているレイヤーが自動的に選択されて、アクティブになります❸。選択されているレイヤーの選択を解除するには、先ほどと同様に⌘（Ctrl）＋Shiftを押しながら、画像上をクリックします。

step 3

[移動]ツールのオプションバーにある[自動選択]にチェックを入れると❹、クリックするだけでレイヤーを選択できるようになります。⌘（Ctrl）を押す必要はありません。

この設定は一見すると操作が楽になるように思えますが、設定を有効にすると、意図しない場合にレイヤーがアクティブになる場合があります。そのため、操作に慣れている人は[自動選択]のチェックは外しておきましょう。

> **Tips**
> [自動選択]には、[グループ]と[レイヤー]の2つのオプションがあります❺。この設定で、**[移動]ツール**でレイヤーを選択してアクティブにするときに、レイヤー単体をアクティブにするのか、選択したレイヤーのレイヤーグループをアクティブにするのかを選択できます。

> **Tips**
> 本項で紹介した方法では、先に**[移動]ツール**に切り替える必要があるため、[レイヤー]パネルからレイヤーをアクティブにする方法（p.137）のほうが楽に思えるかもしれません。
> しかし、ここで紹介した方法なら目的のレイヤーを[レイヤー]パネルから探す必要がなく、画像を見ながら直接レイヤーを選択することができるため、Photoshopの操作に慣れてきたら、この方法のほうが効率的に作業を進められます。なので、なるべく本項で紹介した方法を使用しましょう。
> なお、**[移動]ツール**への切り替えは、ショートカットを使用すれば、Vキーを押すだけです（入力を[英数モード]にしておく必要があります）。ツールの切り替えも、できるだけショートカットを使用すれば、より効率よく作業を進められます。

Sample_Data/090/

090 複数のレイヤーをまとめてアクティブにする

複数のレイヤーをまとめて選択するには⌘(Ctrl)または Shift を押しながらレイヤーを選択します。複数のレイヤーをアクティブにすると、一括で複製したり削除したりできます。

step 1

[レイヤー]パネルの非アクティブなレイヤーを、⌘(Ctrl)を押しながらクリックすると、複数のレイヤーをまとめて選択できます❶。

また、Shift を押しながらレイヤーをクリックすると、元々アクティブだったレイヤーとクリックしたレイヤーの間にある、すべてのレイヤーを一度に選択できます❷。

> **Tips**
> Photoshopで画像を編集するには、事前に編集対象の画像が配置されているレイヤーをアクティブにする必要があります。複数のレイヤーをアクティブにした場合は、複数のレイヤーを同時に移動したり、変形したりすることができます。
> ただし、フィルターや色調補正機能などは1つのレイヤーにしか適用できません。

step 2

[レイヤー]パネル下部の何も表示されていない場所をクリックすると❸、アクティブ状態のレイヤーをすべて解除することができます。

> [レイヤー]パネルの下部に余白部分がない場合は、パネル下部をドラッグすることで、[レイヤー]パネルを広げることができます。

❦ Variation ❧

ここで紹介した、[レイヤー]パネルを使用してレイヤーをアクティブにする方法では、目的のレイヤーを[レイヤー]パネル内で探す必要があります。レイヤー数が多く、目的のレイヤーを探すのが煩雑な場合や、素早くレイヤーをアクティブにしたい場合は、[移動]ツール⊕を使用する方法が便利です。ツールパネルから[移動]ツール⊕を選択して、画像内のアクティブにしたい箇所を⌘(Ctrl)を押しながらクリックします❹。すると、クリックしたオブジェクトを含むレイヤーがアクティブになります❺(p.136)。

関連 画像を直接クリックしてレイヤーを選択する：p.136　レイヤーの新規作成：p.132　レイヤーの削除：p.135

091 レイヤーを移動する

レイヤーを移動するには[移動]ツールを使用します。別々に開いている画像の間で移動させるときも同じ要領で操作します。

step 1

[レイヤー]パネルの中から、動かしたいレイヤーのサムネールをアクティブにします❶。
ここでは、前面に配置している木のシルエットのレイヤーをアクティブにしてから移動します。

> **Tips**
> レイヤーをアクティブにするには、[レイヤー]パネルで対象のレイヤーのサムネールをクリックするか、**[移動]ツール**に切り替えて画像内で目的のオブジェクトが含まれる部分を、⌘([Ctrl])を押しながらクリックします(p.136)。

step 2

ツールパネルから[移動]ツールを選択して❷、オプションバーで[自動選択]と[バウンディングボックスを表示]のチェックを外します❸。

◎ [移動]ツールのオプション

項目	内容
自動選択	チェックを入れると、画面上のクリックした位置にあるレイヤーを自動的に選択できます。ただし、Photoshopの操作に慣れてくると、かえって使い勝手が悪く感じることがあります。
バウンディングボックスを表示	チェックを入れると、メニューから[編集]→[自由変形](p.62)を選択したときのように、移動対象にバウンディングボックスが表示されます。アクティブなレイヤーを判別しやすくなります。また、四隅と四辺のハンドルをドラッグすると、オブジェクトを変形することもできます。

step 3

画像上をドラッグすると❹、アクティブになっているレイヤーを移動することができます。
なお、移動する際に[Shift]を押しながらドラッグすると、水平・垂直を維持したままオブジェクトを移動できます。また、[option]([Alt])を押しながらドラッグすると、オブジェクトが複製されます。
ここでは[自動選択]オプションを無効にしているため、画像内のどこをドラッグしてもstep1で指定したレイヤーを移動させることができます。

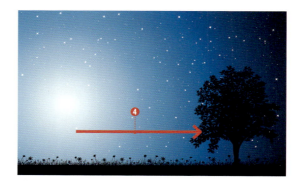

関連 レイヤーの変形:p.62　レイヤーの複製:p.134　複数のレイヤーをアクティブにする:p.137

Sample_Data/092/

092 レイヤーを上下左右に反転させる

特定のレイヤーのみを左右反転させるには、[水平方向に反転]コマンドを使用します。また上下反転させるには[垂直方向に反転]コマンドを使用します。

右の画像は人物や背景、飾りのグラフィックなどが別々のレイヤーになっています。ここでは人物に関するレイヤーのみ左右反転させます。

step 1

反転するレイヤーをアクティブにします❶。今回のように複数のレイヤーを一度に操作をする場合は、⌘([Ctrl])を押しながらレイヤーを順番にクリックしてアクティブにします。

step 2

メニューから[編集]→[変形]→[水平方向に反転]を選択します❷。すると、選択したレイヤーが左右反転します❸。
同様に、メニューから[編集]→[変形]→[垂直方向に反転]を選択すると、選択したレイヤーが上下反転します。

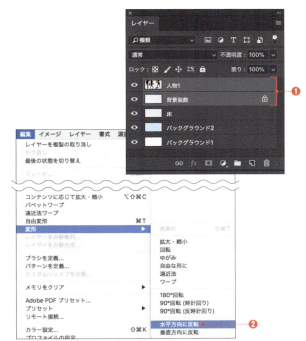

Tips
レイヤーマスク(p.154)が設定されているレイヤーを、今回のように左右反転させたり、変形したりすると、通常はマスクごと変形します。
画像のみ変形させたい場合は、レイヤーとレイヤーマスクのリンクを示す鎖アイコンをクリックして、リンクを解除してから変形してください(p.158)。

関連 レイヤーの変形：p.62　レイヤーマスク：p.154　複数のレイヤーをアクティブにする：p.137

093 異なるレイヤー上の画像を整列させる

異なるレイヤー上の画像を整列させるには[レイヤー]→[整列]から整列方法を選択します。また、分布させるには[レイヤー]→[分布]から分布方法を選択します。

step 1

下図の金魚はすべて別々のレイヤーに配置されています。これらの金魚を整列させるには、[レイヤー]パネルで整列させたいレイヤーをすべてアクティブにして❶、[レイヤー]→[整列]から整列方法を選択します❷。

［上端］：階層の順序に関係なく、画面上で最上部に配置されているレイヤーを基準に、他のすべてのレイヤーが整列します。

［垂直方向中央］：各レイヤーの中心を基準に、すべてのレイヤーが整列します。

［下端］：階層の順序に関係なく、画面上で最下部に配置されているレイヤーを基準に、他のすべてのレイヤーが整列します。

［左端］：画面上で最も左に位置するレイヤーを基準に、他のすべてのレイヤーが整列します。

［水平方向中央］：各レイヤーの中心を基準に、すべてのレイヤーが整列します。

［右端］：画面上で最も右に位置するレイヤーを基準に、他のすべてのレイヤーが整列します。

step 2

別々のレイヤー上に配置されている金魚のレイヤーを分布させるには、整列時と同様に[レイヤー]パネルで整列させたいレイヤーをすべてアクティブにしたうえで、[レイヤー]→[分布]から分布方法を選択します❸。

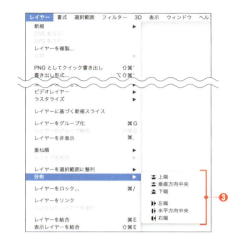

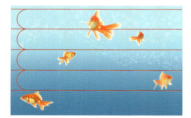

[上端]：各レイヤーの上端が均等な距離になるようにレイヤーを上下方向に移動させます。

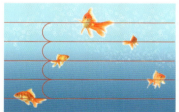

[垂直方向中央]：各レイヤーの中心部が均等な距離になるようにレイヤーを上下方向に移動させます。

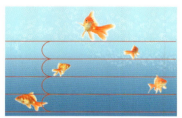

[下端]：各レイヤーの下端が均等な距離になるようにレイヤーを上下方向に移動させます。

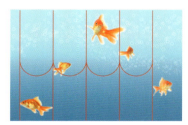

[左端]：各レイヤーの左端が均等な距離になるようにレイヤーを左右方向に移動させます。

[水平方向中央]：各レイヤーの中央が均等な距離になるようにレイヤーを左右方向に移動させます。

[右端]：各レイヤーの右端が均等な距離になるようにレイヤーを左右方向に移動させます。

Tips

[移動]ツールを選択すると、オプションバーに整列方法や分布方法のボタンが表示されます❹。複数のレイヤーをアクティブにしたうえで、これらをクリックすることでも、整列や分布を行うことができます。

また、[レイヤーを自動整列]ボタンをクリックすると❺、[レイヤーを自動整列]ダイアログが表示され、そこで[遠近法]や[コラージュ]など、さまざまな方法でレイヤーを自動整列させることもできます。

関連　複数のレイヤーをアクティブにする：p.137　レイヤーを移動する：p.138　レイヤーをグループ化する：p.142

Sample_Data/094/

094 レイヤーをグループ化する

複数のレイヤーを1つにまとめるには[レイヤーをグループ化]を使用します。レイヤーは便利な機能ですが、数が多くなりすぎると管理しにくくなります。レイヤーをグループ化して効率よく管理しましょう。

概要

右の画像は全部で11個のレイヤーから構成されていますが、種別ごとに「人物」❶、「花」❷、「バックグラウンド」❸の3つのグループに分けることができます。
ここでは、この11個のレイヤーを3つのグループにまとめる方法を説明します。

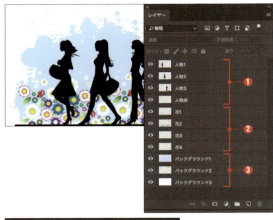

Tips
レイヤーをまとめる方法には、本項の「グループ化」以外に、「レイヤーの結合」もあります(p.143)。

step 1

グループにまとめるレイヤーを、⌘([Ctrl])を押しながら順番にクリックしてアクティブにし❹、メニューから[レイヤー]→[レイヤーをグループ化]を選択します❺。
これで、アクティブにした複数のレイヤーが1つにまとまります。

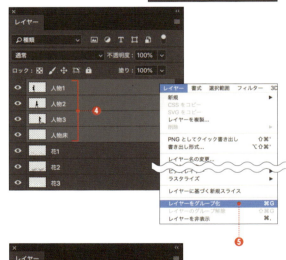

Short Cut レイヤーのグループ化
Mac ⌘+G　Win Ctrl+G

step 2

レイヤーをグループ化すると、対象のレイヤーが「グループフォルダ」に格納されます。
グループフォルダのレイヤーサムネールにある▼のアイコンをクリックすると❻、フォルダの中にグループ化したレイヤーが入っていることが確認できます❼。

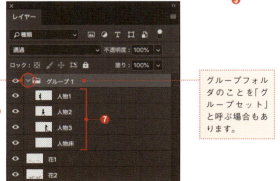

グループフォルダのことを「グループセット」と呼ぶ場合もあります。

142

関連　レイヤーの結合：p.143　グループ化したレイヤーの解除・結合：p.145　レイヤーを個別ファイルに書き出す：p.146

Sample_Data/095/

095 複数のレイヤーをまとめる

さまざまな種類のレイヤーを多数使用している場合、その煩雑な構造のまま他人に渡したり、印刷したりするのは適切ではありません。事前にレイヤーをまとめて整理しましょう。

step 1

複数のレイヤーをまとめるには、[レイヤー]パネルのオプションメニューの中から[グループを結合]、[表示レイヤーを結合]、または[画像を統合]のいずれかを選択します❶。

グループを結合

レイヤーグループ、または複数のレイヤーをアクティブにして、[グループを結合]を選択すると、画像の見た目はそのままで、「選択されているレイヤー」が結合され、1つのレイヤーになります。
選択したレイヤーにレイヤースタイル(p.159)が含まれている場合は、レイヤースタイルは画像としてレイヤーに変換され、結合されます。

表示レイヤーを結合

[表示レイヤーを結合]を選択すると❷、レイヤーの状態に関わらず「**表示されているレイヤー**」がすべて結合され、1つのレイヤーになります。
なお、表示レイヤーに[背景]レイヤーが含まれている場合は、表示されていたレイヤーのすべての内容が最下層の[背景]レイヤーと結合するため、非表示レイヤーとの重なり順が変化します。
また、レイヤーの構造によっては画像の見た目が変わることもあるので注意が必要です。

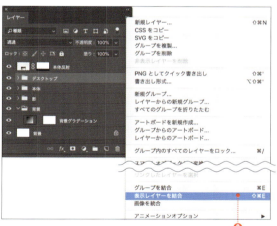

画像を統合

[画像を統合]を選択すると、「**すべてのレイヤー**」が[背景]レイヤーとして1つに統合されます❸。
このとき、表示されていないレイヤーが画像に含まれる場合は、レイヤーを破棄するかどうかを尋ねるダイアログが表示されます。[OK]ボタンをクリックすると表示レイヤーはすべて統合され、非表示レイヤーはすべて破棄されるため、統合後に画像の見た目が変化することはありません。

関連 選択されているレイヤーをまとめる：p.144　レイヤーのグループ化：p.142　レイヤースタイル：p.159

096 アクティブな複数のレイヤーを1つにまとめる

選択されている複数のレイヤーを1つにまとめるには、メニューから[レイヤー]→[レイヤーを結合]を選択します。編集作業が終わったら適宜レイヤーをまとめて整理しましょう。

step 1

ここでは11個のレイヤーから構成されている右のレイヤー群を「人物」「花」「バックグラウンド」の3つのレイヤーにまとめます。
まず、1つのレイヤーにまとめたいレイヤーを⌘（Ctrl）を押しながらクリックしてアクティブにします❶。ここでは人物の4つのレイヤーを1つにします。

step 2

メニューから[レイヤー]→[レイヤーを結合]を選択します❷。すると、アクティブにした複数のレイヤーが1つのレイヤーに結合されます❸。
同じ方法で[花][バックグラウンド]についてもレイヤーを結合します。

step 3

レイヤーを結合すると、そのレイヤー名は最上部のレイヤーの名前になります❹。そのままではわかりにくいので、最後にメニューから[レイヤー]→[レイヤー名の変更]を選択して、レイヤー名を変更します❺。

> **Tips**
> ここで解説する[レイヤーを結合]は、[グループを結合]（p.143）や[レイヤーをグループ化]（p.142）と似ています。最も大きな違いは、[レイヤーをグループ化]ではレイヤーの表示状態を簡単に変更できますが、[レイヤーを結合]や[グループを結合]では元の状態に戻すことができない、という点です。そのため、先に[レイヤーをグループ化]を試してみましょう。

097 グループ化したレイヤーを解除・結合する

Sample_Data/097/

レイヤーのグループを解除する場合は[レイヤーのグループ解除]を選択します。また、グループを結合する場合は[グループを結合]を選択します。

step 1

レイヤーのグループ化を解除するには、[レイヤー]パネルのレイヤーグループをクリックして、グループフォルダをアクティブにして❶、メニューから[レイヤー]→[レイヤーのグループ解除]を選択します❷。
すると、グループ化が解除されて、それぞれのレイヤーが[レイヤー]パネルに表示されます❸。

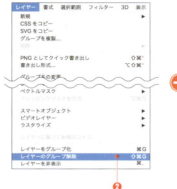

step 2

レイヤーグループに含まれるレイヤーを結合して、独立した1つのレイヤーにするには、レイヤーグループをアクティブにしたうえで、[レイヤー]パネルのオプションメニューから[グループを結合]を選択します❹。
すると、グループフォルダが、グループフォルダと同じ名前の通常のレイヤーに変わります❺。

グループを結合すると、複数のレイヤーが下層のレイヤーに影響を与えている場合など、レイヤー構造によっては画像の見た目が変わることがあるので注意してください。

Short Cut レイヤーのグループ解除
Mac ⌘ + Shift + G　Win Ctrl + Shift + G

Short Cut グループを結合
Mac ⌘ + E　Win Ctrl + E

関連 [画像を結合]：p.143　[表示レイヤーを結合]：p.143　レイヤーのグループ化：p.142

● 145

Sample_Data/098/

098 各レイヤーを個別ファイルとして保存する

[レイヤーをファイルへ書き出し]機能を使用すると、各レイヤーを自動的に個別のファイルとして書き出すことができます。

step 1

ファイルに書き出すレイヤーを表示設定にします❶（アクティブにする必要はありません）。
なお、すべてのレイヤーを書き出す場合は、レイヤーの表示状態を気にする必要はありません。

step 2

メニューから[ファイル]→[書き出し]→[レイヤーからファイル]を選択します❷。

step 3

[参照]ボタンをクリックして保存先を指定し❸、書き出すファイル名の先頭文字列を指定します❹。ここで指定した文字列が自動的にファイル名の先頭に付加されます。

一部のレイヤーを書き出す場合は[表示されているレイヤーのみ]にチェックを入れます❺。
[ファイル形式]エリアでは書き出すファイル形式を指定します❻。PSD形式を選択するとPhotoshopの設定がすべて引き継がれるので、特に理由がない場合はPSD形式を選択します。
また、[ICCプロファイルを含める]と[互換性を優先]も同様に特に理由がない場合はチェックします❼。
[ICCプロファイルを含める]のチェックを外すと、元のファイルと異なる色になってしまう可能性が生じます(p.336)。[実行]ボタンをクリックするとファイルとして書き出されます。

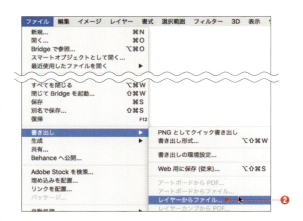

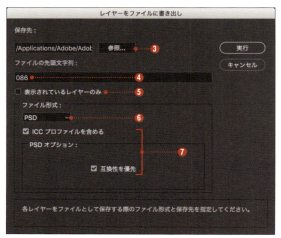

> **Tips**
> [ファイル形式]にJPEGのような透過に対応していない形式を選択すると、透明部分がホワイトに置き換えられて書き出されます。正しい状態でファイルに書き出すためにも、特に理由がない限りPSD形式かTIFF形式で書き出すことをお勧めします。

146

関連 レイヤーの新規作成：p.132　レイヤーの複製：p.134　ファイル形式：p.25　カラープロファイル：p.336

099 レイヤーを部分的に複製する

レイヤー全体ではなく、一部分だけを複製するには、[選択範囲をコピーしたレイヤー]コマンド、または[選択範囲をカットしたレイヤー]コマンドを実行します。

[選択範囲をコピーしたレイヤー]

[選択範囲をコピーしたレイヤー]コマンドを使用すると、**元画像の中から選択範囲内の内容だけをコピーしたレイヤー**を作成できます。元のレイヤーを生かして加工する際などに使用します。
背景である壁と床（絨毯部分を除く）に選択範囲を作成して、メニューから[レイヤー]→[新規]→[選択範囲をコピーしたレイヤー]を選択します。
レイヤーを単体で表示すると選択範囲がコピーされていることがわかります❶。また、元のレイヤーはそのままの状態で残ります❷。

❶選択範囲をコピーしたレイヤー　❷元のレイヤー

Short Cut 選択範囲をコピーしたレイヤー
Mac ⌘ + J　　Win Ctrl + J

[選択範囲をカットしたレイヤー]

[選択範囲をカットしたレイヤー]を使用すると、**選択範囲を元にレイヤーが作られ、元画像から選択範囲が切り取られます。**
背景である壁と床（絨毯部分を除く）に選択範囲を作成して、メニューから[レイヤー]→[新規]→[選択範囲をカットしたレイヤー]を選択します。
レイヤーを単体で表示すると元のレイヤーから選択範囲がコピーされていることがわかります❸。また、元のレイヤーから選択範囲で指定した部分が切り抜かれていることがわかります❹。
なお、[背景]レイヤーに対してこのコマンドを実行すると、元のレイヤーの切り抜かれた部分は、自動的にツールパネル最下部にある[背景色]で塗りつぶされます。

❸選択範囲をカットしたレイヤー　❹元のレイヤー

[選択範囲をカットしたレイヤー]コマンドを実行すると、選択範囲で指定していた箇所が元画像から削除（カット）されます。

Short Cut 選択範囲をカットしたレイヤー
Mac ⌘ + Shift + J　　Win Ctrl + Shift + J

Sample_Data/099/

第3章 レイヤー

関連　レイヤーの複製：p.134　レイヤーの新規作成：p.132　レイヤーの削除：p.135　レイヤーの移動：p.138

147

100 描画モードを変更する

Sample_Data/100/

レイヤーの描画モードを使い分けることで、画像にさまざまな合成や効果を加えることができます。描画モードを変更するには[レイヤーの描画モードを設定]プルダウンをクリックします。

step 1

描画モードとは、複数のレイヤーが重なっている場合に、上のレイヤーと下のレイヤーをどのように合成して表示するかを指定するものです。Photoshopには多数の描画モードが用意されています。

描画モードを変更するには、変更するレイヤーをアクティブにして❶、[レイヤー]パネル上部のプルダウンから任意の描画モードを選択します❷。レイヤーの描画モードは一部を除き、描画モードの「中性色」の違いによって6つのカテゴリに分類されています❸。

描画モードの中性色とは、「結果色」では透明で表示される「合成色」のことです。例えば、[乗算]モードではホワイトが中性色として扱われ、それよりも暗い色はすべて表示されます。

ここでは、代表的な5種類の描画モードの使用例を紹介します。

> **Tips**
> 描画モードを変更する上のレイヤーのカラーを「合成色」、下のレイヤーのカラーを「基本色」、合成した結果表示されるカラーを「結果色」と呼びます。

✦ [乗算]モード

[乗算]モードは、基本色に合成色を掛け合わせて、暗くなる演算を行います。[乗算]モードにすると、セル画を重ね合わせたような感じで暗い色になります。ホワイトが中性色に設定されているので、ホワイトで乗算をしても変化しません。

この特性を生かして、通常の画像(上段左)に、色調補正を加えた画像(上段右)を重ねて、色調補正を加えた画像の描画モードを[乗算]に設定することで、シャドウ部にソフトフォーカス効果を加えることができます(下段)。

通常の画像

色調補正を加えた画像

合成後の画像[乗算]

148

❖ [スクリーン]モード

[スクリーン]モードは、合成色と基本色を掛け合わせて、明るくなる演算を行います。乗算モードの反対の効果があります。

[スクリーン]モードにすると、ネガフィルムを重ねてプリントしたようになります。中性色はブラックなので、暗いレイヤーほど影響が少なくなります。この特性を生かして、通常の画像(上段左)に、色調補正を加えた画像(上段右)を重ねて、色調補正を加えた画像の描画モードを[スクリーン]に設定することで、画像全体にソフトフォーカス効果を加えることができます(下段)。

通常の画像

色調補正を加えた画像

> **Tips**
> [乗算]と[スクリーン]の違いは、合成色と基本色を掛け合わせて、画像を明るくするか、暗くするかです。正反対の効果があります。

合成後の画像[スクリーン]

❖ [ハードライト]モード

[ハードライト]モードでは、まったく同じ画像を重ねるだけでも、右図のように高彩度・ハイコントラストの効果を出すことができます。

同じ画像を組み合わせるだけなら[トーンカーブ]を使用することでも、同様の効果を得られますが、描画モードを変更するほうがより簡易に効果を適用できます。また、[ハードライト]モードは中間色がグレーなので、グレーを基準としたテクスチャーなどを貼り付ける際にも利用できます。

合成後の画像[ハードライト]

❖ [差の絶対値]モード

[差の絶対値]モードは、各チャンネルのカラー情報に基づいて、合成色を基本色から取り除くか、基本色を合成色から取り除きます。明るさの値の大きいほうのカラーから小さいほうのカラーを取り除きます。

そのため、右図のような2つの画像を重ねた場合に[差の絶対値]モードを選択すると、差のある部分だけが表示されるため、右図の場合、画像の一部分だけを抜き出すことができます。

ここでは、前面に配置した炎の画像の描画モードを[差の絶対値]に設定して合成しています。

合成後の画像[差の絶対値]

❖ [カラー]モード

[カラー]モードは、基本色の輝度に、合成色の色相と彩度を合わせます。

そのため、右図のように白黒画像（左上段）にベタ塗りした画像（左下段）を重ねて、描画モードを［カラー］に設定することで、簡単にモノクロ画像をカラー画像に加工することができます（p.234）。

> **Tips**
> ［カラー］モードでは色情報のみが結果に反映されるので、レタッチを行う際に部分的に色を簡単に修正することが可能です。

合成後の画像［カラー］

step 2

ここでは下の2つの画像（「上のレイヤー」と「下のレイヤー」）を使用して、描画モードの違いによる表示結果の差を説明します。先述した5種類の描画モードだけでなく、すべての描画モードを紹介します。

上のレイヤー

下のレイヤー

［通常］：初期設定値。上のレイヤーは透けないでそのまま重なります。

［ディザ合成］：画像のピクセルの不透明度に応じてアンチエイリアス部分などにディザがかかります。

［比較（暗）］：基本色または合成色のどちらか暗いほうを結果色として表示します。

［乗算］：基本色に合成色を乗算します。フィルムを重ね合わせたような感じで暗い色になります。白色で乗算をしても変化しません。

150

［焼き込みカラー］：各カラーの情報に基づき、基本色を暗くして基本色と合成色のコントラストを強くし、合成色を反映します。

［焼き込み(リニア)］：各カラーの情報に基づき、基本色を暗くして明るさを落として合成色を反映します。

［カラー比較(暗)］：合成色と基本色のすべてのチャンネル値の合計を比較して、値が低いほうの色を表示します。

［比較(明)］：基本色または合成色のどちらか明るいほうを結果色として表示します。

［スクリーン］：合成色と、基本色を反転したカラーを乗算します。スライド写真を重ねて投影したような感じの明るい色になります。合成色がブラックの場合は変化しません。

［覆い焼きカラー］：基本色が明るくなるようにコントラストを落として表示します。合成色が明るい無彩色の場合、基本色の暗い部分がより明るくなります。

［覆い焼き(リニア)－加算］：覆い焼きカラーと似た結果になりますが、覆い焼きカラーと違い合成色が明るい無彩色で基本色の彩度が高い部分も明るくなります。

［カラー比較(明)］：合成色と基本色のすべてのチャンネル値の合計を比較して、値が高いほうの色を表示します。

［オーバーレイ］：基本色に応じて、カラーを乗算またはスクリーンします。基本色は合成色と混合されて基本色の明るさまたは暗さを反映します。

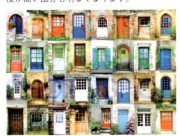

［ソフトライト］：合成色が50％グレーよりも暗い場合は、焼き込みされたように暗くなります。合成色が50％グレーよりも明るい場合は、覆い焼きされたように明るくなります。

［ハードライト］：合成色が50％グレーよりも暗い場合は、乗算されたように暗くなります。合成色が50％グレーよりも明るい場合は、スクリーンされたように明るくなります。

［ビビッドライト］：合成色が50％グレーよりも暗い場合は、コントラストを上げて暗くなります。合成色が50％グレーよりも明るい場合は、コントラストを落として明るくなります。

[リニアライト]：合成色が50％グレーよりも暗い場合は、明るさを落として暗くなります。合成色が50％グレーよりも明るい場合は、明るさを増して明るくなります。

[ピンライト]：合成色が50％グレーよりも暗い場合は、合成色より明るいピクセルが置換されます。合成色が50％グレーよりも明るい場合は、合成色より暗いピクセルが置換されます。

[ハードミックス]：RGBの合計が255以上のチャンネルは値255、合計が255未満のチャンネルは値0となります。結果としてすべてのピクセルのRGBどれかが0または255のいずれかになります。

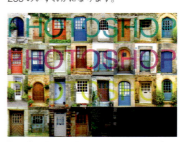

[差の絶対値]：合成色を基本色から取り除くか、基本色を合成色から取り除きます。明るさの値の大きいほうのカラーから小さい方のカラーを取り除きます。

[除外]：差の絶対値と似ていますが、効果のコントラストはより低くなります。

[減算]：基本色の各カラーから合成色の各カラーの値を減算します。減算の結果0以下の値になったものは0に設定されます。

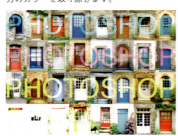

[除算]：ほとんどの場合で合成色の諧調が反転し、ホワイトを中性色として扱います。その結果ほとんどの場合で画像が明るくなります。

[色相]：基本色の輝度と彩度に、合成色の色相を合わせます。

[彩度]：基本色の輝度と色相に、合成色の彩度を合わせます。

[カラー]：基本色の輝度に、合成色の色相と彩度を合わせます（輝度の反対の効果）。

[輝度]：基本色の色相と彩度に、合成色の輝度を合わせます（カラーの反対の効果）。

Sample_Data/101/

101 レイヤーの不透明度を変更する

レイヤーの[不透明度]や[塗り]、レイヤーグループの[不透明度]を調整してレイヤーの不透明度を変更します。

概要

右の画像は、背景画像とハートを含む複数のレイヤーから成るレイヤーグループで構成されています。ここでは、ハートの不透明度を下げることで、背景画像を透過する方法を説明します。

step 1

不透明度を変更するレイヤーをアクティブにして❶、[不透明度]スライダーで数値を変更します❷。すると、レイヤーの不透明度が下がり、背景の写真が透けて見えるようになります❸。
不透明度はレイヤーごとに調整できます。任意のレイヤーを選択して、個別に不透明度を調整し、目的のイメージを制作しましょう。

step 2

レイヤーグループの不透明度を変更すると❹、各レイヤーの不透明度はレイヤーの不透明度とレイヤーグループの不透明度を掛け合わせたものになります。例えば、レイヤーの不透明度が50%、レイヤーグループの不透明度が50%の場合、画像そのものの不透明度は25%になります。
レイヤーグループの不透明度を調整するメリットは次の2点です。

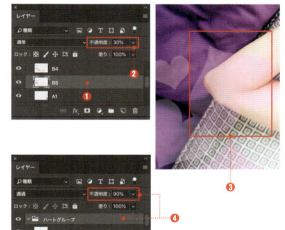

- 一度に複数のレイヤーを調整できる
- 各レイヤーの不透明度のバランスを保ったまま全体の不透明度を調整できる

> **Tips**
> レイヤースタイルを使用していない場合は、[不透明度]スライダーの下にある[塗り]スライダーを使用しても同様の効果を得ることができます❺(p.163)。

関連 レイヤースタイル：p.159　レイヤーグループ：p.142　レイヤーの[塗り]を変更する：p.163

Sample_Data/102/

102 レイヤーマスクで画像の一部を元に戻す

レイヤーマスクを作成して、[ブラシ]ツール でブラックを描き込むと、フィルターの効果を非破壊のまま、部分的に元の状態に戻すことができます。

概要

ここでは以下の2枚のレイヤー画像を使用します。右のレイヤー画像にはフィルター効果が適用されています。

未加工のレイヤー

加工済みのレイヤー

step 1

加工済みのレイヤーをアクティブにして❶、[レイヤー]パネル下部の[**レイヤーマスクを追加**]ボタンをクリックし❷、レイヤーマスクを追加します❸。
レイヤーマスクを追加したら、自動的にレイヤーマスクがアクティブになります(レイヤーマスクのサムネールの周りに枠が表示されます)。
[チャンネル]パネルを見ると、[加工済みマスク]がアクティブになっていることがわかります❹。

step 2

ツールパネルから[**ブラシ**]ツール を選択して❺、[描画色:ブラック]に設定します❻。
ぼけたブラシを使用して、元の状態に戻したい部分をブラックで塗ると、下層にある未加工のレイヤーが部分的に見えるようになります❼。また、[描画色:ホワイト]で塗ると、その部分が不透明になります。つまり、ブラックで塗りつぶすと透明になり、50%グレーで塗りつぶすと不透明度50%になり、ホワイトで塗りつぶすと不透明になります。このように、何度でも調整することができます。

関連 レイヤーマスクの適用・削除:p.155 やり直し可能なレイヤーマスクを設定する:p.157

Sample_Data/103/

103 レイヤーマスクの適用・削除・無効化

レイヤーマスクの適用や削除の操作は[レイヤー]パネルで行います。また、[レイヤーマスクを使用しない]コマンドを実行することで、レイヤーマスクを一時的に無効にすることもできます。

❖ レイヤーマスクを適用する

[レイヤーマスク]をレイヤーに適用するには、[レイヤーマスク]が含まれたレイヤーをアクティブにして❶、メニューから[レイヤー]→[レイヤーマスク]→[適用]を選択します❷。

[レイヤーマスク]を適用しても画像に変化はありませんが、[レイヤーマスク]は消えて通常のレイヤーに戻ります。

> **Tips**
> レイヤーマスクを適用する方法には、上記の他に、[レイヤー]パネル上の[レイヤーマスクサムネール]を右クリックして、表示されるコンテキストメニューで[レイヤーマスクを適用]を選択する方法もあります❸。

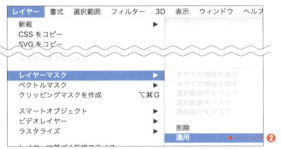

❖ レイヤーマスクを削除する

[レイヤーマスク]を削除するには、[レイヤーマスク]が含まれたレイヤーをアクティブにして❹、メニューから[レイヤー]→[レイヤーマスク]→[削除]を選択します❺。すると、[レイヤーマスク]が消えて、通常のレイヤーになり、[レイヤーマスク]を使用する前の状態に戻ります。

> **Tips**
> レイヤーマスクを削除する方法には、上記の他に、[レイヤー]パネル上の[レイヤーマスクサムネール]を右クリックして、表示されるコンテキストメニューで[レイヤーマスクを削除]を選択する方法もあります。

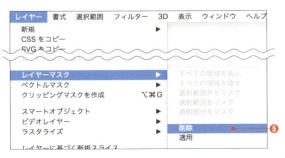

❖ レイヤーマスクを一時的に無効にする

レイヤーマスクを一時的に無効にするには、［レイヤー］パネルで［レイヤーマスクサムネール］を右クリックして、表示されるコンテキストメニューで［レイヤーマスクを使用しない］を選択します❻。すると、レイヤーマスクが無効化されます。
［レイヤー］パネルを確認すると、［レイヤーマスクサムネール］に赤い×印が表示され、一時的に無効になっていることがわかります❼。
無効化を解除するには、［レイヤーマスクサムネール］をクリックして有効にするか、［レイヤーマスクサムネール］を右クリックして、表示されるコンテキストメニューで［レイヤーマスクを使用］を選択します。

❖ レイヤーを編集する

レイヤーマスクを作成した後で、レイヤーマスクではなく、レイヤーを直接加工する場合は、［レイヤー］パネルに表示されている［レイヤーサムネール］をクリックします❽。レイヤーが選択されると［レイヤーサムネール］が枠で囲まれます。
これで、レイヤーマスクではなくレイヤーだけがアクティブ状態になり、レイヤーの画像を加工できるようになります。

❖ Variation ❖

［レイヤーマスクサムネール］を右クリックして、表示されるコンテキストメニューで［選択とマスク］を選択すると、［選択とマスク］画面が表示されます。ここで、マスクに関するさまざまな項目を細かく設定できます。精緻なマスクを作成する必要がある場合は、この画面を使用してください。
なお、各項目の詳細については『境界線を調整する』(p.110)を参照してください。

Sample_Data/104/

104 やり直し可能なレイヤーマスクを設定する

［属性］パネルを使用すると、何度でもやり直しが可能なレイヤーマスクを設定することができます。また、［濃度］や［ぼかし］を設定することでレイヤーマスクを簡単に調整できます。

step 1

［属性］パネルを使用すると、より柔軟にやり直しを行うことができるレイヤーマスクを設定できます。また、［濃度］や［ぼかし］オプションを使用すると簡単にレイヤーマスクの濃度を調整したり、ぼかしを加えたりすることもできます。
右図の人物の少し外側にはレイヤーマスクが作成されており、周辺には［背景］レイヤーの水色が表示されています❶。
レイヤーマスクがアクティブになっていない場合は、レイヤーマスクのサムネールをクリックしてアクティブにします❷。

step 2

メニューから［ウィンドウ］→［属性］を選択して、［属性］パネルを表示します。
［濃度：80％］［ぼかし：10px］に設定して❸、［反転］ボタンをクリックします❹。
すると、レイヤーマスクが薄くなって、反転されるため、結果的に右図のように［背景］レイヤーの水色が薄く、人物にかかるようになります❺。また、ぼかしを設定したので、マスクの境界がぼけていることもわかります。

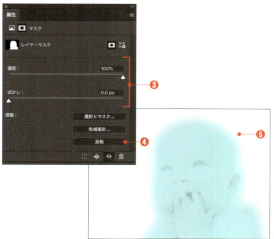

◎ ［属性］パネルの設定項目

項目	内容
濃度	マスクされた部分の濃度を調整します。初期値はブラック100％で、パーセンテージが少なくなるほどホワイトに近づき、レイヤーマスクが薄くなります。なお、［濃度］はマスク作成時よりも濃くすることはできません（ただしマスクを反転させることで濃くできます）。
ぼかし	設定値を入力すると、レイヤーマスクがぼけます。マスクが作成された時点を0 pixelの基準として数値を設定します。
［選択とマスク］ボタン	マスクの境界線を細かく調整できます（p.110）。
［色域指定］ボタン	選択範囲の［色域指定］と同じ方法で現在のマスクを調整できます（p.109）。
［反転］ボタン	マスクを反転します。

関連 レイヤーマスクの作成：p.154　レイヤーマスクの適用・削除：p.155

Sample_Data/105/

105 レイヤーとレイヤーマスクのリンクを切る

レイヤーとレイヤーマスクは初期状態ではリンクされていますが、リンクを切ると、それぞれを別々に移動したり、変形したりできるようになります。

step 1

選択範囲がある状態で[**レイヤーマスクを追加**]ボタンをクリックして❶、レイヤーマスクを追加します。レイヤーマスクを追加すると自動的にレイヤーとレイヤーマスクにリンクが張られます❷。

step 2

レイヤーとレイヤーマスクの間にある鎖アイコンをクリックしてアイコンを消します❸。
これでレイヤーとレイヤーマスクのリンクが切れました。それぞれを別々に移動したり、変形したりできます。

step 3

現在の状態では、レイヤーとレイヤーマスクのどちらかを選択する必要があります。ここではレイヤーサムネールをクリックして❹、レイヤーをアクティブにします。
レイヤーがアクティブになるとサムネールの四隅に枠が表示されます。これで、レイヤーマスクではなくレイヤーを加工できるようになりました。

step 4

メニューから[**編集**]→[**自由変形**]を選択してバウンディングボックスを表示し、任意のサイズに変形します。ここではレイヤーとレイヤーマスクのリンクを切ってあるので、レイヤーのみ変形します❺。
リンクを切らないで同様の操作を行うと、レイヤーとレイヤーマスクが同じように変形します。

関連　レイヤーマスクの作成：p.154　レイヤーマスクの適用・削除：p.155

106 レイヤーを美しく発光させる

レイヤースタイルの[光彩(外側)]を適用すると、不透明部分の輪郭に光り輝いているような効果を追加することができます。ただし、この方法は透明な部分があるレイヤーにのみ適用可能です。

step 1

ここでは金魚が配置されたレイヤーに、レイヤースタイルの[光彩(外側)]を適用します。
[レイヤー]パネルで光彩の効果を適用するレイヤーをアクティブにして❶、**[レイヤースタイルを追加]ボタン**から[光彩(外側)]を選択し❷、[レイヤースタイル]ダイアログを表示します。
[光彩(外側)]を選択して❸、[**不透明度:100%**]、カラーは[R:255][G:180][B:15]、[**サイズ:120**]に設定します❹。設定したら、[OK]ボタンをクリックします。

step 2

すると画像にレイヤースタイルが適用されます。
なお、形状の情報が存在しないレイヤーに[レイヤースタイル]を使用する場合は、必ず、効果を適用する図柄だけが描画されているレイヤーを用意してください。

◎ [光彩(外側)]の設定項目

項目	内容
ノイズ	光彩の粒状度を調整します。多くの場合0%を使用します。
テクニック	[さらにソフトに]では大まかにレイヤーの透明部分を縁取るような光彩を作りますが、[精細]ではレイヤーの形状を反映した光彩となります。多くの場合[さらにソフトに]を使用します。
スプレッド	光彩の最も不透明度の低い範囲を調整できます。数値が大きくなるほどぼけの少ない影になります。
輪郭	光彩の光がどのように減衰するかをサンプルから選択できます。
範囲	スプレッドと似た効果で、輪郭の対象になる光彩の範囲を設定します。
適用度	光彩のカラーでグラデーションを使用している場合、グラデーションの開始位置をランダムに変化させます。

関連 レイヤーに影を加える：p.160　レイヤースタイルの登録：p.162　レイヤースタイルの拡大・縮小：p.164

Sample_Data/107/

107 ［ドロップシャドウ］で影を加える

切り抜き画像に影を加えるには、［レイヤー］パネルの［レイヤースタイルを追加］ボタンから［ドロップシャドウ］を選択します。

step 1

不透明な部分と透明な部分の境界に影を作成するので、オブジェクト以外の部分がすべて透明になっている画像を用意します❶。
［レイヤー］パネルで、影の効果を加えるレイヤー（ここでは［ロケット01］レイヤー）をアクティブにしたうえで❷、**［レイヤースタイルを追加］**ボタンをクリックして**［ドロップシャドウ］**を選択し❸、［レイヤースタイル］ダイアログを表示します。

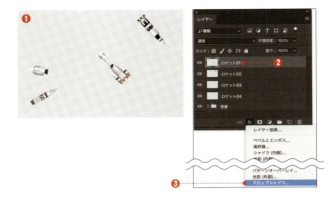

step 2

左の［スタイル］で［ドロップシャドウ］が選択されていることを確認したうえで❹、ここでは以下のように設定します。

- ［描画モード：乗算］
- ［不透明度：90］
- ［角度：90］ ❺
- ［距離：28］
- ［レイヤーがドロップシャドウをノックアウト：オン］❻

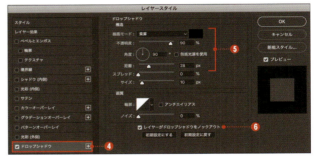

step 3

今回は［ロケット01］レイヤーと［ロケット03］レイヤーに同じ値を設定し❼、［ロケット02］レイヤーと［ロケット04］レイヤーに同じ値を設定しました❽。このように、2種類の異なった設定値を使用することで、右図のように異なった高さがあるような表現を簡単に実現できます。

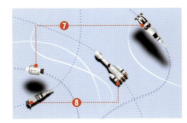
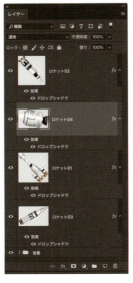

> **Tips**
> ［ロケット02］レイヤーと［ロケット04］レイヤーの［ドロップシャドウ］の設定値については、ダウンロードデータを参照してください。

関連　レイヤーを発光させる：p.159　レイヤースタイルを他のレイヤーに適用する：p.161

Sample_Data/108/

108 レイヤースタイルを他のレイヤーに適用する

レイヤースタイルは設定値が多いため、同じ効果や似た効果を再現したい場合は、設定値をコピーしておくと便利です。ペーストするだけで、他のレイヤーに同じスタイルを適用できます。

概要

右の画像は左右のオブジェクトが別々のレイヤーに分かれています。また、左側のオブジェクトにはすでにレイヤースタイルが適用されています❶。
ここでは、左側のオブジェクトのレイヤースタイルをコピーして、右側のオブジェクトに適用する方法を解説します。

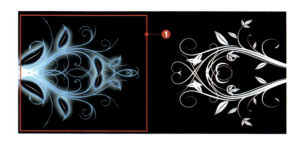

step 1

［レイヤー］パネルで、レイヤースタイルが適用されているレイヤーを右クリックして、［レイヤースタイルのコピー］を選択します❷。

step 2

続いて、レイヤースタイルをペーストしたいレイヤーで右クリックして、［レイヤースタイルをペースト］を選択します❸。
レイヤースタイルがそのレイヤーにペーストされ、適用されます❹。
なお、複数のレイヤーを同時に選択して、レイヤースタイルをペーストすることもできます。

Tips

レイヤースタイルの設定値は、［レイヤースタイル］ダイアログの［新規スタイル］ボタンをクリックすることで、［スタイル］パネルに保存して再利用することもできます（p.162）。

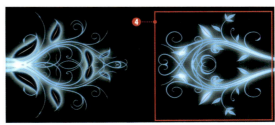

関連　レイヤースタイルの適用：p.159　レイヤースタイルの拡大・縮小：p.164　レイヤースタイルの登録：p.162

Sample_Data/109/

 **109 レイヤースタイルを
[スタイル]パネルに登録する**

レイヤースタイルのように多くの設定項目がある機能は、あらかじめ[スタイル]パネルに登録しておけば、簡単に再利用できるので便利です。

step 1

画像を開き、レイヤースタイルを使用しているレイヤーをアクティブにします❶。

step 2

[スタイル]パネルの余白部分にマウスを移動すると、カーソルがバケツのアイコンに変わるので、クリックします❷。

Tips
[スタイル]パネルが表示されていない場合は、[ウィンドウ]→[スタイル]を選択して表示させます。また、[スタイル]パネルが表示されているはずなのに見えなくなっている場合は、[ウィンドウ]→[スタイル]を2度選択すると画面上に表示されます。

step 3

[新規スタイル]ダイアログが表示されるので、スタイル名を入力して❸、[OK]ボタンをクリックします。これで、スタイルの登録は完了です。
登録したスタイルを使用する場合は、スタイルを適用したいレイヤーを選択して、[スタイル]パネルからスタイルを選択します❹。

◎[新規スタイル]ダイアログの設定項目

項目	内容
レイヤー効果を含める	チェックを入れると、レイヤー効果の設定を登録できます。レイヤー効果とは、レイヤースタイルの中の[ベベルとエンボス]や[光彩(外側)]などのことです。
描画オプションを含める	チェックを入れると、レイヤーの描画モードや不透明度、塗りなどを登録できます。

関連 レイヤーを発光させる：p.159　影をつける：p.160　レイヤースタイルの不透明度を変更する：p.163

110 レイヤースタイルを残したまま不透明度を変更する

レイヤーの不透明度を下げると、レイヤースタイルの不透明度も下がります。レイヤースタイルを残したままレイヤーの不透明度を変更したい場合は、[塗り]の不透明度を変更します。

step 1

右の画像は、背景画像とハートを含むレイヤーグループで構成されています。レイヤースタイルの不透明度は変更せず、レイヤーの不透明度のみ変更したい場合は、不透明度を変更するレイヤーをアクティブにして❶、[塗り]を変更します❷。

step 2

これで、対応したレイヤーの不透明度だけが下がります❸。レイヤーの不透明度を変更したものと比べると❹、レイヤースタイルがそのまま残っていることがわかります。

> **Tips**
> [不透明度]や[塗り]の設定には、ショートカットキーも用意されています。[長方形選択]ツールなどの不透明度の設定のないツールを選択して、キーボードで直接数字を入力すると、現在アクティブなレイヤーまたはレイヤーグループの不透明度を設定できます。例えば、1を入力すると[不透明度]が[10%]に設定され、1→5を入力すると[15%]に設定されます。また、Shift+1を入力すると[塗り]が[10%]に設定されます。ただし、[塗り]を変更するショートカットはレイヤーグループに対しては使用できません。

関連 レイヤーの不透明度：p.153　レイヤースタイルの拡大・縮小：p.164

111 レイヤースタイルを拡大・縮小する

レイヤースタイルが適用されているレイヤーを［自由変形］などで拡大・縮小するには、レイヤーとは別に、レイヤースタイルを拡大・縮小する必要があります。

概要

レイヤーを［自由変形］(p.62)などで拡大・縮小すると、レイヤーに含まれるテキストや画像は一緒に拡大・縮小されますが、レイヤースタイルは変更されません。

そのため、レイヤースタイルが適用されているレイヤーを拡大・縮小すると、右図のように画像の見た目が損なわれてしまうことがあります❶。右図ではレイヤースタイルが適用されているレイヤーを縮小していますが、レイヤースタイルは縮小されないため、文字の枠線が元の太さのままとなり、バランスが崩れています。

step 1

上記のように、メニューから［編集］→［自由変形］を選択してレイヤーの拡大・縮小を行う場合は、変形時(変形確定前)に［情報］パネルで何パーセントのリサイズを行ったかを確認してから❷、変形を確定させます。

step 2

レイヤースタイルの拡大・縮小を行うレイヤーの右側に表示されているレイヤースタイルのアイコンを右クリックして❸、［効果を拡大・縮小］を選択します❹。

step 3

表示される［レイヤー効果を拡大・縮小］ダイアログで、［比率］に先程確認した倍率を入力します❺。ここでは［比率：36］と入力します。

［OK］ボタンをクリックすると、レイヤーと同じ倍率でレイヤースタイルが縮小されます❻。

レイヤーの数が多くて手間がかかる場合は、1つのレイヤースタイルを先に縮小させ、そのレイヤースタイルを他のレイヤーに適用します(p.161)。

112 レイヤースタイルをレイヤーとして書き出す

レイヤースタイルをレイヤーとして書き出すには[レイヤーを作成]を選択します。レイヤーとして書き出すことで、新しいグラフィックを制作できます。

step 1

右の画像には1つのレイヤーに5つのレイヤースタイルが使用されています❶。ここでは、これらのレイヤースタイルをレイヤーとして書き出します。
[レイヤー]パネルでスタイルが含まれているレイヤーをアクティブにして❷、メニューから[レイヤー]→[レイヤースタイル]→[レイヤーを作成]を選択します❸。

Tips
レイヤースタイルの内容によっては警告が表示されることもありますが、そのまま[OK]ボタンをクリックしてください。

step 2

レイヤーの順序や描画モード、クリッピングの状態が自動的に設定されて、元の状態とほぼ変わらない見た目でそれぞれのレイヤースタイルがレイヤーとして書き出されます。
[レイヤー]パネルを見ると、元のレイヤーより上にくる必要があるレイヤーは上の階層に配置され❹、下にくる必要のあるレイヤーは下に配置されていることがわかります❺。元のレイヤーはレイヤースタイルを適用する前の状態に戻ります❻。

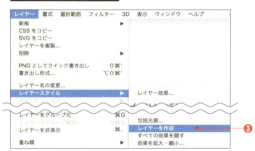

✦ Variation ✦

レイヤースタイルをレイヤーに変更すれば、部分的にレイヤーを非表示にするだけで、レイヤースタイルだけでは表現できなかった効果を表現できます。

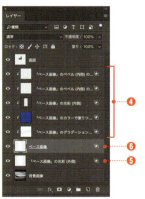

関連 レイヤースタイルを他のレイヤーに適用する：p.161　レイヤースタイルの拡大・縮小：p.164

113 シェイプや文字を通常のレイヤーに変換する

シェイプや文字は通常のレイヤーとは異なり、そのままでは[ブラシ]ツール やフィルターを使用して加工することができません。加工するには事前にラスタライズして通常のレイヤーに変換しておく必要があります。

step 1

テキストレイヤーをラスタライズするには、[レイヤー]パネルでテキストレイヤーをアクティブにして❶、メニューから[レイヤー]→[ラスタライズ]→[テキスト]を選択します。

これでテキストレイヤーがラスタライズされました。一見すると見た目に変化はありませんが、[レイヤー]パネルでサムネールをみると、ラスタライズ前とは表示が変化していることがわかります❷。ラスタライズを行ったレイヤーは、通常のレイヤーと同じ扱いとなるため、各ツールやフィルターを使用できます。

変換前　　　　　　　変換後

step 2

シェイプレイヤーをラスタライズするには[レイヤー]パネルでシェイプレイヤーを選択して❸、メニューから[レイヤー]→[ラスタライズ]→[シェイプ]を選択します。すると、選択したレイヤーがラスタライズされ、通常のレイヤーになります。
ラスタライズすると、パスの輪郭線の表示が消えて、[レイヤー]パネルのサムネールの表示も変化します。これで通常のレイヤーになったので、フィルターなどを使って画像を加工することが可能になります❹。

Tips
レイヤーのラスタライズは、対象のシェイプレイヤーやテキストレイヤーを右クリックして、表示されるコンテキストメニューで[レイヤーをラスタライズ]を選択することでも実行できます。

Sample_Data/114/

114 レイヤーをスマートオブジェクトに変換する

通常のレイヤーにフィルターを適用したり、拡大・縮小を行ったりすると画質が劣化しますが、スマートオブジェクトに対してこれらの加工を加えても画質は劣化しません。

step 1

[レイヤー]パネルで目的のレイヤーをアクティブにして、メニューから[レイヤー]→[スマートオブジェクト]→[スマートオブジェクトに変換]を選択します❶。

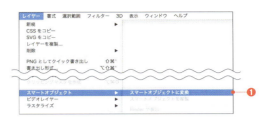

step 2

スマートオブジェクトに変換されると、[レイヤー]パネルに表示されているサムネールの右下に、スマートオブジェクトであることを示すアイコンが表示されます❷。

step 3

レイヤーをスマートオブジェクトに変換すると、変形などを行う際に画像上に×印が表示されるようになります❸。この状態では、何度変形しても元のデータは損なわれません。

また、スマートオブジェクトに対してフィルターを使用すると、やり直しが可能な「**スマートフィルター**」になります❹。

スマートフィルターはレイヤーのように表示／非表示を切り替えることができます。また、フィルターの設定値を後から変更したり、スマートフィルター化したレイヤーにマスクを使用して部分的にフィルターの効果を隠したりすることもできます。

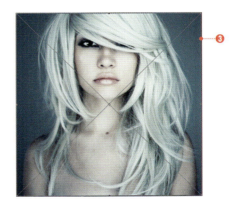

> **Tips**
> スマートオブジェクトには、何度変形させても画質が劣化しないなどのメリットがあります。その一方で、一部の機能が制限される(使用できないフィルターがある)などのデメリットもあります。また、変形とフィルターを組み合わせた場合の結果も通常時と異なるので注意が必要です。

関連 レイヤーマスクの作成：p.154　［カットアウト］フィルター：p.290　フィルターギャラリー：p.58

Sample_Data/115/

 複数のデザイン案を
ワンクリックで切り替える

［レイヤーカンプ］機能を使用すると、1ファイル内に制作した複数のデザイン案を、素早く切り替えることができます。いくつかのアイデアを検討する際などに便利な機能です。

概要

表示するレイヤーを切り替える際に、見せたくないレイヤーの組み合わせが見えてしまうことがあります。
例えば、［A案］レイヤーと［B案］レイヤーを切り替えて表示する際に、途中で両方のレイヤー（下図A/B案）が見えてしまう場合です。
レイヤーの数が少ない場合は比較的簡単に切り替えることができますが、レイヤー数が多く、切り替えが大変な場合は「**レイヤーカンプ機能**」を使用すると便利です。

A案

A/B案

B案

step 1

複数のデザイン案をワンクリックで切り替えるには、まず［レイヤー］パネルの目玉アイコンをクリックして、見せたいレイヤー（［コンペA案］レイヤー）を表示し❶、見せたくないレイヤー（［コンペB案］レイヤー）を非表示にします❷。

step 2

［レイヤーカンプ］パネルの**［新規レイヤーカンプ］ボタン**をクリックして❸、［新規レイヤーカンプ］ダイアログを表示します。

> **Tips**
> ［レイヤーカンプ］パネルが表示されていない場合は［ウィンドウ］→［レイヤーカンプ］を選択します。

- step 3 -

[新規レイヤーカンプ]ダイアログでレイヤーカンプ名を入力して❹、[表示/非表示]にチェックを入れます❺。

各項目を設定したら、[OK]ボタンをクリックします。

- step 4 -

同様の手順で、今度は[コンペB案]レイヤーを表示し、[コンペA案]レイヤーを非表示にして、[レイヤーカンプ]パネルの**[新規レイヤーカンプ]ボタン**をクリックします。

[新規レイヤーカンプ]ダイアログでレイヤーカンプ名を入力し❻、[レイヤーに適用]エリアで[表示/非表示]にチェックを入れます❼。

各項目を設定したら、[OK]ボタンをクリックします。

◎[新規レイヤーカンプ]ダイアログの設定項目

項目	内容
表示/非表示	チェックを入れると、レイヤーの表示・非表示を登録します。通常はチェックを入れます。
位置	チェックを入れると、レイヤーの位置を登録します。レイヤーを移動させてから比較を行いたい場合にチェックを入れます。
外観(レイヤースタイル)	チェックを入れると、レイヤーの不透明度やレイヤーの描画モードなどを登録します。ただし、[ベベルとエンボス]などのレイヤー効果の表示状態は登録されません。

- step 5 -

これで、[レイヤーカンプ]パネルのレイヤーカンプ名の左側にあるボタンを選択するだけで、レイヤーの表示/非表示を切り替えることができます❽❾。

関連 不要なレイヤーを削除する：p.135　レイヤーのグループ化：p.142　複数のレイヤーを選択する：p.137

Photoshopの勉強方法

私がPhotoshopの使い方を学ぶために使用したのはある1冊のPhotoshopの解説書だけでした。最初は紹介されている機能を実際に操作して本の内容通りにできるか実践し、内容を理解できたら今度は自分で撮影した写真を使って同じ機能を試してみました。この作業を繰り返しているうちに操作するスピードが早くなりました。そして、第1章が終わる頃には、そこで習得した機能を組み合わせて、自分なりに写真を加工できるようになりました。

これを2章、3章でも繰り返し行いました。このように少しずつステップアップしていくなかで、最後まで読み終える頃には自由自在にPhotoshopを使えるようになっていました。

Photoshopの習得過程

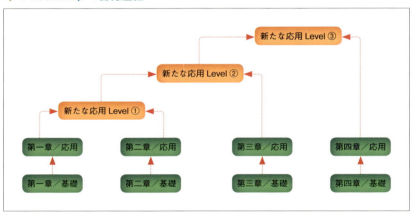

Photoshopを習得するにあたって、一度にすべての機能を覚える必要はありません。覚えた機能でできることを少しずつ身につけていくことが大切です。実際に手を動かして作業を行い、また工夫することで、得た知識を自分のものにできます。

本書では、解説で使用している画像を以下のURLからダウンロードすることができます。その画像を使用すれば、本書と同じ作業を実行できます。ぜひ活用してください。

{ URL } http://isbn.sbcr.jp/98267/

また、私は新たなことを学ぶときは、その分野で長い期間販売されている本を必ず購入します。本で学ぶ場合は、Webでピンポイントの知識を得るよりも、「なぜそうするのか」や「この仕組みは○○にも応用できる」などのちょっとした知識を吸収できます。ある程度の時間が経つと、それらの知識が積み重なって繋がることで、本当に使える知識として身につきます。本書でも幅広く応用できる知識を身につけていただくために[Tips]や[Variation]をたくさん用意しています。ぜひこれらの内容にも目を通してください。

第 4 章

レタッチ・色調補正

116 色調補正の全体像を理解する

色調補正を行うには、補正対象の写真や画像の特徴や問題点を正確に把握したうえで、各作業項目を適切に実行することが必要です。やみくもに作業を進めてもうまくいきません。

色調補正とは、画像の「明るさやコントラスト」、「色合い」、「鮮やかさ」などを調整することで、**画像の状態をより良くする作業**です。

色調補正にはさまざまな作業項目が含まれますが、基本的には、画像をよく観察したうえで、偏りの反対側に修正を加えることで、画像を調整します。

例えば、画像が明るすぎる場合は、暗くすることで画像を通常の明るさに戻します。また、画像が青に偏っている場合は、青を打ち消すことのできるイエローに偏らせることで、青を打ち消し、通常の状態に戻します。

このように、色調補正では、いくつかの手法を用いて、または積み重ねて、画像をより良い状態に修正していきます。

◎ 色調補正の基本手順

1. 画像を観察する
2. どのような仕上がりにするかを決める
3. 「明るさやコントラスト」、「色合い」の修正方針を決める
4. 「明るさやコントラスト」を修正する
5. 「色合い」を修正する
6. 「鮮やかさ」を修正する
7. 画像を観察し、微調整を行う

色調補正をはじめる前に

色調補正を行う際は、事前に「**どのような仕上がりにするか**」を決めておく必要があります。目的もなく、やみくもに作業を進めても、良い結果を得ることはできません。目的の仕上がりをしっかりと定めてから作業に取り掛かるようにしてください。

なお、色調補正においては「正しい色に戻すこと」が必ずしも良い結果になるとは限らないので注意してください。色調補正には「**正しい色に戻すこと**」と「**美しい色にすること**」の2種類があります。目的に応じて、どちらにするのかを決めておきましょう。

色調補正実施時の注意点

色調補正を行うと、画像の階調が変化するため、画像を直接修正すると、元の状態に戻せなくなる場合があります。そのため、色調補正を行う場合は、可能な限り、画像を直接修正しない**調整レイヤー**（p.175）を使用することをお勧めします。

画像を「正しい色」に戻した例

画像を「美しい色」にした例

step 1

ここでは、右の画像を使用して、色調補正の流れを簡単に紹介します。今回の色調補正の目的は「画像を鮮やかに、美しくする」ことです。
なお、各手順の具体的な作業方法については以降の各ページで紹介するので、ここでは画像の問題点と、それぞれの修正手順を把握してください。

step 2

まずは、「**明るさやコントラスト**」を修正します。「明るさやコントラスト」については以下の3つの問題点が挙げられます。

1. コントラストが低い
2. 明るすぎる、または暗すぎる
3. メリハリが不足している

❖ コントラストが低い

コントラスト不足はシャドウ部とハイライト部にピクセルが存在しない場合に起こります❶。この問題は、シャドウ部に大きめの数値を設定することで修正することができます。

関連 コントラストの弱い画像を補正する：p.184

> **Tips**
> 右図の［トーンカーブ］の背面にはヒストグラムが表示されています。ヒストグラムとは画像に存在する全ピクセルの「明るさの情報」の状況をグラフ化したものです。横軸が明るさを示し、縦軸がその明るさのピクセルの分布量を示しています。RGBモードではグラフの右側がハイライト部、左側がシャドウ部を表しています。

❖ 明るすぎる、または暗すぎる

画像が明るすぎる、または暗すぎる場合、その原因は画像のシャドウ部、中間部、ハイライト部のそれぞれにある場合がありますが、どの部分であっても［トーンカーブ］で修正できます❷。

関連 トーンカーブの使い方：p.178
　　 ハイライトとシャドウを修正する：p.193

> **Tips**
> 特定の部分を修正する際は以下のようにトーンカーブを操作します。
> ・明るい部分を修正するには、カーブの中央より右上を上下させる
> ・中間部分を修正するには、カーブの中央を上下させる
> ・暗い部分を修正するには、カーブの中央より左下を上下させる
> ・明るくするにはカーブを上方向に移動させる
> ・暗くする場合はカーブを下方向に移動させる
>
> ただし、暗い部分が完全にブラックになっている場合や、明るい部分が完全にホワイトになっている場合は、階調を完全に復活させることはできないので注意してください。

✣ メリハリが不足している

メリハリが不足している画像（コントラストはあるが眠い画像）は、一見するとコントラスト不足の画像と同じように見えますが異なります。メリハリのない画像は、画像のシャドウ部とハイライト部にピクセルがあるにもかかわらず、ぼけた印象になります。一般的に少しメリハリが強い画像のほうがシャープな印象になりますが、強すぎると階調が不足して固い印象になります。この点に注意して、トーンカーブでメリハリをつけます❸。

関連 画像にメリハリをつけてヌケをよくする：p.186

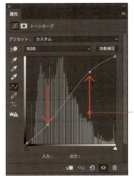

この問題は、[明るさ・コントラスト]（p.185）でも修正できます。ただし、[明るさ・コントラスト]を使用する場合は[従来方式]のチェックを外してから数値を設定してください。

・ **step 3** ・・・・・・・・・・・・・・・・・・・・・・・・・・・・

色調補正の中で最も難しいのが「**色合い**」の調整です。これは、どの色が正しいかを判別するのが簡単ではなく、また人の好みにも左右されるためです。

色の偏りは、RGBのバランスの偏りが原因なので、明るさの調整と比べて修正する要素が増えます。RGBのカラーバランスが偏っている場合は、偏ったカラーか、またはそれ以外の2色を修正することで、全体のカラーバランスを整えることができます❹。

また、例えば赤く偏っている場合は、グリーンとブルーを強めて赤を打ち消しますが、グリーンとブルーの補正量を変えることでマゼンタやイエローに偏った赤を修正することもできます。

関連 偏った色を修正する：p.182

この問題は、[カラーバランス]（p.194）でも修正できます。[トーンカーブ]ほど細かい調整は行えませんが、ハイライト部、中間部、シャドウ部の各部を簡単に修正できます。

・ **step 4** ・・・・・・・・・・・・・・・・・・・・・・・・・・・・

最後に「**鮮やかさ**」の調整です。ここでは[色相・彩度]機能を使用して鮮やかさをコントロールします。RGBの各色の値が離れるほど鮮やかになります❺。なお、画像の「鮮やかさ」は、コントラストやメリハリを補正した際に改善されることがあるので、[鮮やかさ]の調整作業は**必ず仕上げの段階**で行ってください。

関連 被写体の色を鮮やかにする：p.188

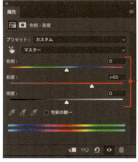

上記の画像で色調補正は完了です。元画像と見比べて、画像が補正されていることを確認してみてください。

174

117 [調整レイヤー]を使用して再編集可能な色調補正を行う

Photoshopには、「非破壊編集」と呼ばれる、元画像に手を加えずに画像を編集する機能がいくつかあります。ここで紹介する[調整レイヤー]はその代表的な機能の1つです。

概要

調整レイヤーは、その名の通りレイヤーの1種であり、**「ある特定の機能を持ったレイヤー」**といえます。Photoshopには16種類の調整レイヤーが用意されています。調整レイヤーは、レイヤーなので、複数の種類を組み合わせたり、不透明度を変更したりできます。

調整レイヤーを使用するには、補正対象のレイヤーをアクティブにして、[レイヤー]→[新規調整レイヤー]から目的の色調補正を選択します❶。いずれかの色調補正を選択すると[新規レイヤー]ダイアログが表示されます。

ここでは[明るさ・コントラスト]を使用して調整レイヤーの基本的な使用方法を解説します。

step 1

[新規レイヤー]ダイアログでは、通常のレイヤーと同様の項目を設定できます(p.132)。ここでは、何も変更せずそのまま[OK]ボタンをクリックします❷(ここでの設定はいつでも再設定できます)。

step 2

step1でアクティブにしたレイヤーの上に、[明るさ・コントラスト1]調整レイヤーが作成されます❸。調整レイヤーのサムネールをダブルクリックして❹、[属性]パネルを開き、[明るさ:150][コントラスト:-50]に設定します❺。すると、step1でアクティブにした画像❻に対して、[明るさ・コントラスト]が適用され、画像が補正されます❼。

> **Tips**
> 調整レイヤーの効果は、作成した調整レイヤーよりも下にあるすべてのレイヤーに適用されます。

- **step 3**

通常の色調補正（メニューの［イメージ］→［色調補正］以下の項目）では、画像が直接編集されるため、色調補正を行うたびに画質が劣化します。一方、調整レイヤーでは、画像は一切編集されないため（非破壊編集）、画質が劣化することはありません。また、何度でも設定値を変更できます。
一度設定した値を変更するには、先ほどと同様に調整レイヤーのサムネールをダブルクリックして、［属性］パネルを開きます。ここでは［明るさ：-150］［コントラスト：100］に再設定します❼。
これで、画像の劣化なしに色調補正をやり直すことができます❽。

- **step 4**

調整レイヤーの効果は、［レイヤー］パネルの調整レイヤーを非表示にする（目玉アイコンをクリックする）ことで、一時的に無効にできます❾。
また、**不透明度を変更することで、色調補正の度合いを調整できます**❿。例えば色調補正が強く効きすぎた場合に、調整レイヤーの不透明度を［50%］にすると、効果を半減できます⓫。

✦ Variation ✦

調整レイヤーは、初期設定では自身よりも下部にある、すべてのレイヤーに効果を適用します。
調整レイヤーの効果を直下のレイヤーだけに適用したい場合は、対象の調整レイヤーをアクティブにしてから、［レイヤー］パネルのパネルオプションで［クリッピングマスクを作成］を選びます⓬。すると、調整レイヤーの左端に下向きの矢印が表示され⓭、直下のレイヤーのみに調整レイヤーの効果が適用されるようになります。
なお、調整レイヤーに対してクリッピングマスクを設定する方法には、上記の他に、調整レイヤーと直下のレイヤーの中間を、option（Alt）を押しながらクリックする、という方法もあります。

118 色調補正の設定内容の保存と読み込み

調整レイヤーを使用した色調補正の設定内容の保存や読み出しは、各色調補正のダイアログから行います。ここでは[トーンカーブ]調整レイヤーを使用して操作方法を説明します。

step 1

[レイヤー]パネルから設定済みの調整レイヤーのサムネールをダブルクリックして❶、[属性]パネルを表示します。

step 2

プリセットを保存するには、パネルオプションで[○○○プリセットを保存]を選択します❷。
保存先を指定するダイアログが表示されるので、プリセット名と保存先を指定して、[保存]ボタンをクリックします。
これでプリセットが保存されたので、いつでも読み込んで使用することができます。

step 3

プリセットを読み込むには、パネルオプションで[プリセットの読み込み]を選択します❸。
表示される[開く]ダイアログで任意のプリセットファイルを指定して❹、[開く]ボタン(Windowsでは[読み込み]ボタン)をクリックします❺。すると、トーンカーブの内容がプリセットファイルの内容で再設定されます。

> **Tips**
> 保存したプリセットは、[属性]パネルの[プリセット]から指定することもできます❻。

関連　色調補正の全体像：p.172　調整レイヤーの使い方：p.175　トーンカーブの使い方：p.178

119 トーンカーブの使い方

トーンカーブは、簡単な操作で画像の濃度や階調、彩度のすべてをコントロールできる非常に優れたツールです。また、応用範囲も広く、Photoshopを使いこなすうえでは必須のツールといえます。

概要

トーンカーブは、フィルムなどの画像そのものの品質を管理する際に使用するグラフを、デジタルに置き換えた機能です。

トーンカーブの機能は「**画像の元の明るさ**」と「**補正後の明るさ**」を調整するだけの単純なものです。しかし、濃度を調整するということは、色調、彩度、コントラスト、階調といった、画像のほぼすべての要素をコントロールすることと同じです。そのため、［レベル補正］や［カラーバランス］などは他の機能でも補えますが、トーンカーブの機能は他の機能で補うことができません。

ここでは、右の画像を使用してトーンカーブの基本的な使い方を説明します。この画像は写真❶と無彩色の黒白のバー❷で構成されています。黒白のバーは色調補正の前後を観察するのに最適です。以降の各図を確認する際には写真だけでなく、白黒のバーも確認してください。その違いがよくわかると思います。

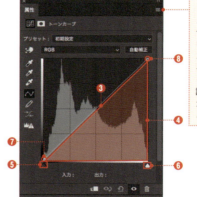

トーンカーブは、メニューから［レイヤー］→［新規調整レイヤー］→［トーンカーブ］を選択するか、メニューから［イメージ］→［色調補正］→［トーンカーブ］を選択すると、表示されます。

✥ トーンカーブの基本

トーンカーブでは、ダイアログ内の左下から右上に向かって表示されるライン❸（以後「カーブ」と呼びます）を操作します。

カーブの下側の面積❹が増えると画像は明るくなり、面積が減ると画像は暗くなります。

また、カーブの左側がシャドウ部に影響を及ぼし、右側がハイライトに影響を及ぼします。

◎［トーンカーブ］の構成要素

番号	項目	内容
❺	シャドウの入力レベル	このスライダーを右に移動すると画像全体が暗くなります。明るい部分よりも暗い部分に大きく影響します。
❻	ハイライトの入力レベル	このスライダーを左に移動すると画像全体が明るくなります。暗い部分よりも明るい部分に大きく影響します。
❼	シャドウの出力レベル	このカーブの下端を持ち上げると画像の暗い部分ほど明るくなり、締まりのない画像になります。暗い部分をグレーに近づけたい場合のみ使用します。
❽	ハイライトの出力レベル	このカーブの上端を押し下げると画像の明るい部分ほど暗くなり、濁った画像になります。明るい部分をグレーに近づけたい場合のみ使用します。

step 1

右図のように中心部分を押し上げると❾、**画像全体が明るく**なります。

この際、カーブの傾斜は中間まできつくなり、中間を過ぎると緩やかになります。そのため、明るい部分は彩度が低くなり、暗い部分は彩度が高くなります。結果的に、全体では明るく柔らかい印象になります。

step 2

右図のように中心部分を押し下げると❿、**画像全体が暗く**なります。この際カーブの傾斜は中間まで緩やかで、中間を過ぎるときつくなります。そのため、明るい部分は彩度が高くなり、暗い部分は彩度が低くなります。

結果的に、全体では暗く硬い印象になります。

step 3

右図のように中間よりも下の部分を押し下げて、中間よりも上の明るい部分を持ち上げると⓫、中間部の傾斜がきつくなるので、**全体の彩度が上がりコントラストが高く**なります。

また、シャドウとハイライトの傾斜が緩やかになるので、多くの場合シャドウとハイライトが柔らかく見え、階調性がよくなります。

このカーブはその見た目から「**S字カーブ**」と呼ばれます。S字カーブは彩度が低く、眠たい画像や、柔らかすぎる画像を補正する際によく使われます。

シャドウとハイライトを犠牲にせず、高コントラストに見せることができます。

> **Tips**
> トーンカーブの最大のメリットは、さまざまな調整を1つの機能ですべて行えることです。上記の説明からもわかるように、濃度を1箇所でも変えると必ず階調が変わります。つまり、1箇所だけ修正しても全体の階調に影響を及ぼすのです。
>
> この現象は、トーンカーブ以外の色調補正でも同様に起きますが、トーンカーブの場合はその変化の度合いを視覚的に確認でき、また簡単に調整できます。

step 4

右図のようにシャドウの入力を真ん中まで押し上げると❶、シャドウ部を中心に明るい方向に近づきます。その結果、**シャドウだけでなく全体的に淡い感じ**になります。

これは「**半調**」と呼ばれる表現で、背景に画像を薄く配置する際に使用するカーブです。

> **Tips**
> 人は無意識のうちに意味付けを行いながら画像を認識します。その中でも人の顔に対しては特別な判別を行うため、わずかなカラーバランスや階調のズレも簡単に見分けることができます。
> そのため、画像を比較する際は、人の顔を中心に行うと違いを簡単に判別することができます。
> ただし、顔の面積が大きすぎると表情に注意が向いてしまうので顔のアップは画像比較には不向きです。

❖ Variation ❖

トーンカーブを使用すると、濃度だけでなく彩度も変化します。この仕組みを右の画像❸を使用して解説します。

トーンカーブでは、基本的にカーブの下の面積が大きくなればなるほど、画像全体が明るくなります。画像❹では、トーンカーブの中央部を垂直に持ち上げているため、カーブの下側の面積が広くなり、画像が明るくなっています。

一方、画像❺では、カーブの下側の面積が変わらないようにしてカーブを操作しています。この画像の場合、画像の明るさは変わりませんが、彩度が上がっていることがわかります。これは、カーブの角度が急になったために、ピクセル内のRGB各色で明るいカラーと暗いカラーの差が激しくなったためです。

このように、**トーンカーブで明るさを変更すると、ほとんどの場合で彩度も変わります。**

トーンカーブのこの特性を理解しておけば、より柔軟に画像をコントロールできるようになります。右図のようなシンプルな画像を用いて、トーンカーブを操作し、基本的な操作を習得しておきましょう。

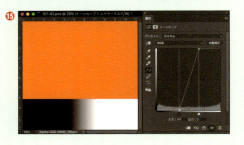

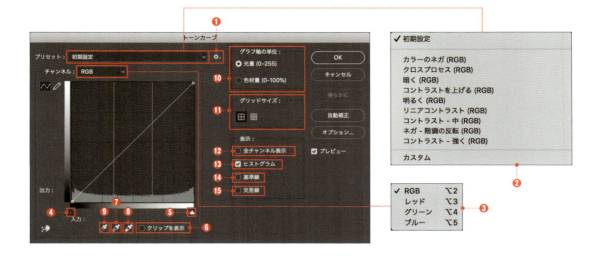

◎ [トーンカーブ]の各部の名称と役割

番号	項目	内容
❶	プリセットオプション	自分で使用したトーンカーブの保存や読み込みを行います。
❷	プリセット	自分で使用したトーンカーブの値をプリセットオプションから保存した場合に、ここから呼び出せます。また既存の値もセットされています。
❸	チャンネル	マスター（RGB）、R、G、Bまたは現在のカラーモードの各色を切り替えて調整できます。
❹	黒点	画像の中の最も暗い部分を調整できます。ここを右に動かすと一般的にコントラストが高く見える画像になります。
❺	白点	画像の中の最も明るい部分を調整できます。ここを左に動かすと一般的にコントラストが低く見える画像になります。
❻	クリップを表示	画像内で完全に白または完全に黒になる領域を確認できます。
❼	グレー点を設定	画像の中の特定の濃度のポイントを任意の濃度に設定できます。 まず、[グレー点を設定]をダブルクリックして、カラーピッカーで任意の色を設定します。その後[グレー点を設定]を選択した状態で画像内の任意のポイントをクリックすると、画像内のクリックしたポイントの色が設定した値に変更されます。画像はグレー点に設定された値を中心に変化します。
❽	白点を設定	画像のハイライト部で、色を調整したいポイントを255以下の任意の値に設定します。その後、画像内でクリックしたポイントの濃度を設定した値に変更します。 [グレー点を設定]との違いは、白点に設定されたポイントはハイライト部分の色かぶりを調整できるところです。
❾	黒点を設定	画像のシャドウ部で、色を調整したいポイントを0以上の任意の値に設定します。その後、画像内でクリックしたポイントの濃度を黒点に設定した値に変更します。 [グレー点を設定]との違いは黒点に設定されたポイントはシャドウ部分の色かぶりを調整できるところです。
❿	グラフ軸の単位	[光量]を選択すると0～255で濃度を表現します。右側にハイライト部が表示されます。通常はこの設定を使用します。[色材量]を選択すると0～100%で濃度を表現します。右側にシャドウ部が表示されます。
⓫	グリッドの変更	トーンカーブ内のグリッドを4×4または10×10の表示に切り替えます。
⓬	全チャンネル表示	マスターチャンネル（RGB）に、他のチャンネルで変更したトーンカーブを表示します。
⓭	ヒストグラム	ヒストグラムを表示します。
⓮	基準線	元の直線を表示します。
⓯	交差線	入力側と出力側に線を引き、交差点を作ります。この項目にチェックを入れることで、入力と出力の値を確認しやすくなります。

関連　色調補正の全体像：p.172　偏った色を補正する：p.182　トンネル効果でモチーフを目立たせる：p.200

Sample_Data/120/

120 偏った色を補正する

ここでは[トーンカーブ]調整レイヤーを使用して、画像の偏った色を補正します。基本的な補正方法を理解すれば、どのような偏りも簡単に補正できるようになります。

右図を見ると、コントラストが不足していて、全体的に赤みがかっていることがわかります❶。また、ヒストグラムを見るとシャドウ部（最も暗い部分）とハイライト部（最も明るい部分）にピクセルが存在していないことがわかります❷。
ここでは、これらを踏まえて、色の偏りを補正していきます。

ヒストグラムとは、画像に存在するすべてのピクセルの明るさの情報をグラフ化したものです。横軸が「明るさ」を表し、縦軸が「その明るさのピクセルが分布する量」を表しています。

step 1

まず、コントラストを修正します。これは、明るさやコントラストを修正すると大幅に色調が変わることがあるためです。

メニューから［レイヤー］→［新規調整レイヤー］→［トーンカーブ］を選択して、［新規レイヤー］ダイアログを表示します。ここでは、何も変更せずに［OK］ボタンをクリックします。
［属性］パネルを表示して作業を行います。
この画像の場合、ハイライト部とシャドウ部が不足しているので、最初にカーブの左下と右上のポイントをドラッグして内側へ移動させます❸。このとき、背景に表示されているヒストグラムの端を目安にします。

step 2

もう少し画像にメリハリをつけるためにトーンカーブの中心から少し左下と右上の部分を移動させます❹。左下の部分を下に移動させることで暗い部分がより暗くなり、右上の部分を上に移動させることで明るい部分がより明るくなります。
また、ここでは右上のポイントをより大きく動かし、画像全体が明るめに仕上がるようにしました。

step 3

続いて、色調の調整を行います。
カラーを表すプルダウンを[レッド]に変更して❺、中心部を下方向に移動させます❻。
ここでは、赤みを押さえるために[レッド]の中心を下げましたが、ハイライトに赤みが残っている場合はカーブの一番右上を下方向に、シャドウに赤みが残っている場合はカーブの一番左下を右方向に移動させます。

step 4

まだ、全体的に黄色っぽいので補正します。
カラーを表すプルダウンを[ブルー]に変更して❼、中心部を上方向に移動させます❽。
ここで、ブルーを上方向に移動させたのは、イエローの補色がブルーだからです(下表参照)。

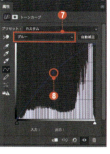

step 5

これで完成です。補正前後の画像を見比べると、色の偏りが補正されていることがわかります。

元画像

補正後

◎ 色の偏りを相殺する組み合わせ

項目	内容
画像がレッドに偏っている場合	レッドを弱めるか、グリーンとブルーを同時に強める
画像がイエローに偏っている場合	ブルーを強めるか、グリーンとレッドを同時に弱める
画像がグリーンに偏っている場合	グリーンを弱めるか、ブルーとレッドを同時に強める
画像がシアンに偏っている場合	レッドを強めるか、グリーンとブルーを同時に弱める
画像がブルーに偏っている場合	ブルーを弱めるか、グリーンとレッドを同時に強める
画像がマゼンタに偏っている場合	グリーンを強めるか、ブルーとレッドを同時に弱める

関連 色調補正の全体像：p.172　トーンカーブの使い方：p.178　調整レイヤーの作成：p.175

Sample_Data/121/

121 コントラストの弱い画像を補正する

コントラストの弱い画像を簡単に補正するには、[ヒストグラム]パネルで画像の状態を確認したうえで、[明るさ・コントラスト]調整レイヤーで補正します。

概要

画像のコントラストは、[トーンカーブ]で変更することもできますが(p.178)、ここでは**[明るさ・コントラスト]調整レイヤー**を使用して、簡単にコントラストを調整する方法を説明します。

一口に「**コントラストの低い画像**」といっても、画像によって実際の状態はさまざまです。そのため、画像を補正する前に[ヒストグラム]パネルを確認して画像の状態を把握しましょう。

右の画像を[ヒストグラム]パネルで確認すると、シャドウからハイライトまで濃度が分布しておらず、最も暗い部分と最も明るい部分にデータが存在していないことがわかります❶。つまり、ホワイトとブラックが存在しないので画像の最高濃度と最低濃度を調整する必要があるということです。

そのため、ここでは[明るさ・コントラスト]調整レイヤーを使用して、最高濃度と最低濃度を変更して画像全体のコントラストを上げます。

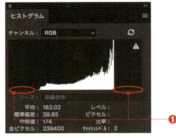

step 1

メニューから**[レイヤー]→[新規調整レイヤー]→[明るさ・コントラスト]**を選択して❷、[新規レイヤー]ダイアログを表示します。

step 2

ここでは何も変更せず、そのまま[OK]ボタンをクリックします❸。

> **Tips**
> 直下のレイヤーだけを補正したい場合は、[下のレイヤーを使用してクリッピングマスクを作成]にチェックを入れます❹。

step 3

［属性］パネルに［明るさ・コントラスト］が表示されますが、画像のヒストグラムが表示されないので、右図のように［属性］パネルと［ヒストグラム］パネルを並べて、ヒストグラムを確認しながら作業を進めます。

step 4

まず、［属性］パネルの[従来方式を使用]にチェックを入れます❺。
次に、ハイライトとシャドウに空白がなくなるまで、［コントラスト］スライダーを右に動かしてコントラストを上げます❻。今回は鮮やかでメリハリのある画像にするため、[コントラスト:30]に設定します。

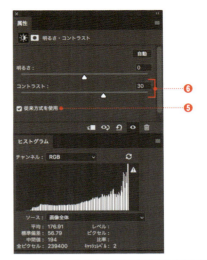

step 5

これで、最高濃度と最低濃度を広げて画像全体のコントラストを上げることができました。元画像と比べると全体的にコントラストが上がり、引き締まった画像になっていることがわかります。
なお、ヒストグラムの山の傾斜と画像のコントラストは関係ないので注意してください。

> **Tips**
> ここではハイライトとシャドウが十分な濃度に達してからも、メリハリをつけるためにさらにコントラストを上げたため、ハイライトとシャドウの階調が損なわれています。より高度な色調補正をする場合は『画像にメリハリをつけてヌケをよくする』(p.186)を参考にトーンカーブで色調補正を行ってください。

❦ Variation ❦

本書にはコントラストに関する項目が多くありますが、一般的にコントラストと呼ばれるものには2種類あります。
1つ目は「最も濃度の高い部分と、最も濃度の低い部分の明るさの差」であり、2つ目は「被写体の明るさに対する濃度の変化する度合い」です。
本来、「コントラスト」とは前者のことをいい、後者のことは、正式には「**ガンマ**」といいます。コントラストを上げるとガンマも上がりますが、ガンマを上げてもコントラストは上がりません。
本書でも、前者について「コントラスト」という表現を使用しています。また、後者については、わかりやすいように「メリハリ」という表現を使用しています。

関連　色調補正の全体像：p.172　被写体の色を鮮やかにする：p.188　特定の色のみを変更する：p.190

122 画像にメリハリをつけてヌケをよくする

眠たい印象の画像のヌケをよくするには、トーンカーブのカーブがS字を描くように調整します。S字カーブにすると、画像にメリハリがつきます。

step 1

右の画像は、全体的に色にメリハリがなく、眠たい印象になっています。このような画像にメリハリをつけるには、トーンカーブを使用します。

画像を開いた状態で、[ヒストグラム]パネルを表示して、最も暗い部分と、最も明るい部分にピクセルがあるかどうかを確認します❶。ピクセルがあればそのまま作業を進めます。一方、ピクセルがない場合は次ページの[Variation]の作業を行ってください。なお、ヒストグラムの形状と画像のヌケやコントラストは関係がないので注意してください。

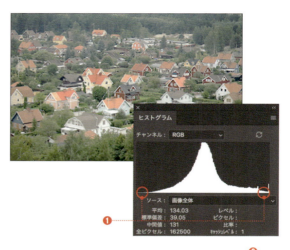

step 2

メニューから[レイヤー]→[新規調整レイヤー]→[トーンカーブ]を選択して、[新規レイヤー]ダイアログを表示します。

ここでは何も変更せず、そのまま[OK]ボタンをクリックします❷。

step 3

[属性]パネルで、トーンカーブの中間よりもやや暗い部分にポイントを追加して、下方にドラッグし、暗い部分をより暗くします❸。

すると、画像の中の暗い部分がより暗くなり、色が濃くなります❹。

186

step 4

今度は、中間より明るい部分にもポイントを追加して、上方へドラッグし、明るい部分をより明るくします❺。カーブ中間部の傾斜もきつくなりました。画像を確認してみると、明るい部分がより明るくなり、彩度と見た目のコントラストが増してヌケがよくなりました。

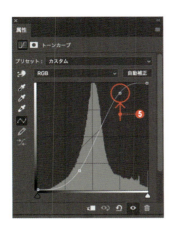

✦ Variation ✦

右図のように、ヒストグラムの最も暗い部分と最も明るい部分にピクセルがない場合は❻、メニューから[イメージ]→[色調補正]→[トーンカーブ]を選択して、[トーンカーブ]ダイアログを表示します。
トーンカーブの左右の黒点スライダーと白点スライダーを内側へドラッグして、最暗部と最明部に合わせるように狭めます❼。この作業を行ったうえで、本項のstep2、step3と同じ手順でトーンカーブがS字になるように調整します❽。

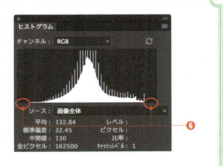

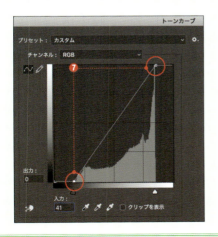
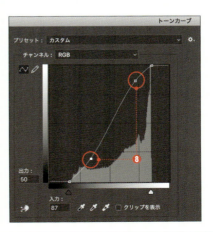

関連　トーンカーブの使い方：p.178　　彩度は変えずに画像のコントラストを上げる：p.196

123 被写体の色を鮮やかにする

画像の色を鮮やかにするには、[色相・彩度]調整レイヤーを使用します。[色相・彩度]を使用すると、画像の一部分だけを鮮やかにすることもできます。

概 要

右図はこのままでも十分きれいな画像ですが、今回は[色相・彩度]の調整レイヤーを使用して、車の色をさらに鮮やかにして、目立つように加工します。

step 1

メニューから[レイヤー]→[新規調整レイヤー]→[色相・彩度]を選択して、[新規レイヤー]ダイアログを表示します。ここでは何も変更せず、そのまま[OK]ボタンをクリックします❶。

Tips
直下のレイヤーだけを補正したいときは、[下のレイヤーを使用してクリッピングマスクを作成]にチェックを入れます❷。

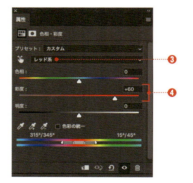

step 2

[属性]パネル上部のプルダウンから[レッド系]を選択して❸、[彩度:+60]に設定します❹。
このように、対象の彩度を限定することで、アスファルトの色や天井の色に影響を与えず、特定の彩度だけを変更することができます❺。

Tips

対象の色を限定せずに［彩度：＋60］に設定すると❻、車の色は十分鮮やかで目立つようになりますが、一方でアスファルトの部分が緑色にかぶってしまっています。

なお、［彩度］スライダーを右に動かすと、＋100に近くなるほど画面全体の彩度が上がりますが、彩度を上げすぎると粒子が荒れて画質が低下したり、極端に高彩度になって全体のカラーバランスが崩れたりしてしまうため、適度に数値を調整することが必要です。

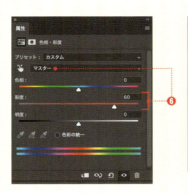

❦ Variation ❦

［属性］パネルの上部にある［画面セレクタの切り替えボタン］をクリックすると❼、このボタンをクリック後、彩度の調整を行いたい色の部分を左右にドラッグすれば❽、ドラッグをはじめた部分の色を基準にして彩度をコントロールすることができます。

この方法を使えば、プルダウンから大まかな色相を選択して調整を行う場合と比べて、より正確に色を調整できます。

関連　偏った色を補正する：p.182　特定の色のみ補正する：p.190　ハイライトとシャドウを修正する：p.193

Sample_Data/124/

124 特定の色のみ色補正をする

画像内の特定の色だけを補正するには、[色域指定]機能でその色にのみ選択範囲を作成してから、補正を加えます。

概要

通常、1枚の写真の中にはいろいろな色が含まれています。そのため、画像全体に対して色を補正すると、ある色はきれいに補正できても、他の色が不自然になることがあります。このように、全体の中で特定の色だけを補正したい場合は、**その色のみに選択範囲を作成して補正します。**

このテクニックは、森の写真に含まれる樹木の緑色だけを補正したい場合や、遠景写真に含まれる空の色だけを補正したい場合に有効です。

ここでは、右の画像の樹木の緑色のみ補正します。

step 1

メニューから[選択範囲]→[色域指定]を選択して、[色域指定]ダイアログを表示します。

[許容量]を1〜5の間で設定します。ここでは[許容量:1]を設定します❶。

また、選択範囲をわかりやすくするために[選択範囲のプレビュー:クイックマスク]を選択します❷。

step 2

画像の中で色を変更したい部分(ここでは樹木)をクリックします❸。

すると、その部分と同じ色域がクイックマスクから除外されて色が変わります。この色の変わった部分が選択範囲となります。

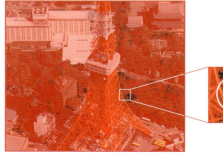

- step 3 -

［色域指定］ダイアログの**［サンプルに追加］ボタン**を選択して❹、選択範囲にしたい部分をクリックし、選択範囲を広げていきます。また、選択範囲を広げすぎてしまった場合は**［サンプルから削除］ボタン**をクリックして❺、特定の選択範囲を削除します。❻のような選択範囲が作成できたら、［OK］ボタンをクリックします。
これで、樹木の緑色の部分を中心に選択範囲が作成されました❼。

- step 4 -

選択範囲の色調補正をしていきます。
メニューから［レイヤー］→［新規調整レイヤー］→［色相・彩度］を選択して［新規レイヤー］ダイアログを表示します。ここでは何も変更せず、そのまま［OK］ボタンをクリックします❽。

- step 5 -

画像を見ながら［属性］パネルで各数値を入力します。ここでは［色相：－20］［彩度：＋75］［明度：＋5］に設定します❾。これで、樹木の緑の部分だけが限定的に補正されました。

125 画像内の特定の色を変更する

Sample_Data/125/

画像内の特定の色だけを変更するには、メニューから[レイヤー]→[新規調整レイヤー]→[色相・彩度]を選択します。

概要

[色相・彩度]でモチーフの色の系統を指定して、色相と彩度を変更すると、特定のモチーフの色だけを変更することができます。
ここでは右図の車の色だけを変更します。

step 1

メニューから[レイヤー]→[新規調整レイヤー]→[色相・彩度]を選択して、[新規レイヤー]ダイアログを表示します。ここでは何も変更せず、そのまま[OK]ボタンをクリックします❶。

step 2

[属性]パネルの[編集ポップアップメニュー]で、[シアン系]を選択します❷。
[色相]スライダーを動かすと❸、画像の中でシアンを中心とした色の色相だけが変化します。
色相を変更する際に基準となる色を追加・削除したい場合は[サンプルに追加]ボタンまたは[サンプルから削除]ボタンをクリックして❹、画像内で追加または削除したい色の部分をクリックします。

> **Tips**
> メニューから[選択範囲]→[色域指定]を選択してあらかじめ選択範囲を作成しておくと（p.190）、より詳細に変更する色を指定できます。また、[色相・彩度]調整レイヤーの[画面セレクターの切り替え]ボタンを使用すると❺、画面上をドラッグして色を変更できます（p.189）。

126 ハイライトとシャドウを修正する

明るく輝いた部分（ハイライト）と暗い部分（シャドウ）を部分的に修正する場合は［シャドウ・ハイライト］を使用します。

step 1

右の画像は、ハイライトが明るすぎであり、またシャドウが暗く落ち込みすぎています❶。［シャドウ・ハイライト］を使用して、この画像のハイライトとシャドウを修正します。

メニューから［イメージ］→［色調補正］→［シャドウ・ハイライト］を選択して❷、［シャドウ・ハイライト］ダイアログを表示します。

step 2

［シャドウ］エリアで［量:10］、［ハイライト］エリアで［量:5］を設定して❸、［OK］ボタンをクリックします。

これで、画像のハイライトとシャドウが調整されて、バランスのよい画像になりました❹。

なお、［シャドウ・ハイライト］ダイアログの下部にある［詳細オプションを表示］をオンにすると❺、下表の項目を細かく設定することができます。

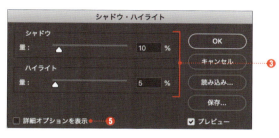

> **Tips**
> 各設定値を変更しても、最も暗い部分と、最も明るい部分は変化しません。
> また、［シャドウ・ハイライト］ダイアログで設定する値は、画像のカラープロファイル（p.336）などによっても異なるので注意してください。

元画像　　　　　　　補正後

◎ ［シャドウ・ハイライト］ダイアログの詳細オプション

項目	内容
階調の幅	［シャドウ］・［ハイライト］エリアそれぞれの補正する範囲を0〜100％で設定します。設定値を高くすればするほど、調整される範囲が拡大します。100％に近づくほど画質に影響を与え、シャドウとハイライトの境界部分に不自然なエッジが出現します。ただし拡大するのは中間調までで、例えば［シャドウ］のこの値を100％に設定しても、ハイライトの濃度は変わりません。
半径	［シャドウ］・［ハイライト］ともに補正された領域内の、シャドウとハイライトのエッジの輪郭を調整します。0〜2500pixelの間で設定できますが、数値が小さいとシャドウとハイライトのエッジが目立ちやすくなり、数値が大きすぎると画像全体の濃度に影響します。

関連　色調補正の全体像：p.172　コントラストの弱い画像を補正する：p.184　画像にメリハリをつける：p.186

Sample_Data/127/

127 イメージ通りのモノトーンに変換する

カラー画像をモノトーン画像に変換する方法はいくつかありますが、ここで紹介する［チャンネルミキサー］はその中でも自由度が高く、ノイズの少ない優れた機能です。

step 1

右のカラー画像を［チャンネルミキサー］と［カラーバランス］を使用してモノトーンに変換します。メニューから［レイヤー］→［新規調整レイヤー］→［チャンネルミキサー］を選択して、［新規レイヤー］ダイアログを表示し、ここでは何も変更せずに［OK］ボタンをクリックします❶。

step 2

［属性］パネルで、［モノクロ］にチェックを入れて❷、［レッド：＋65］［グリーン：＋30］［ブルー：＋5］に設定します❸（ここでは、値の［合計］が［＋100%］、［平行調整］が［0%］になるようにしてください）。

> **Tips**
> 被写体の赤い部分を白くしたい場合は、［レッド］の比率を、緑の部分を白くしたい場合は［グリーン］の比率を大きくします。一般的には、［グリーン］の比率を高めると自然な仕上がりになり、［レッド］の比率を高めるとメリハリのある画像になります。

step 3

［レイヤー］パネルの**［調整レイヤーを新規作成］ボタン**をクリックして❹、［カラーバランス］を選択して❺、［属性］パネルに［カラーバランス］を表示します。［階調：中間調］を選択して❻、［シアン―レッド：＋70］［マゼンタ―グリーン：0］［イエロー―ブルー：−40］に設定します❼。ここではセピア調にするため［レッド］と、［イエロー］を増やしています。

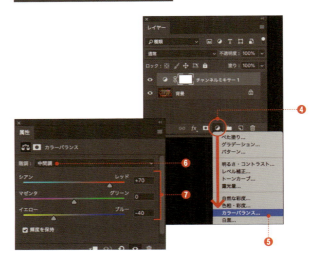

step 4

これで画像がモノトーンに変換されます。[階調：中間調]を選択すると、最も暗い部分と、最も明るい部分はブラックとホワイトのままで、中間調だけが着色された状態となるため、一般的なモノトーン画像になります。

❦ Variation ❦

チャンネルミキサーの設定値は、多くの場合、被写体によってある程度決まっています。以下の値を参考にして設定をしてみてください。

[新緑の緑] 新緑の緑などを強調する場合は[R：−10][G：120][B：−10]を基本として、画像に合わせて微調整します。

[自然の風景] 青空や緑の多い自然な風景などは[R：20][G：70][B：10]を基本として、画像に合わせて微調整します。緑を明るくする場合は[グリーン]チャンネルを増やします。

[ポートレート] ポートレートなど人の肌が多い画像は[R：75][G：25][B：0]を基本として、画像に合わせて微調整します。[ブルー]チャンネルは必ず0にします。

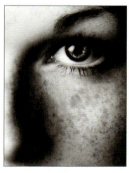

[暗くノイズ感のある画像] 暗くノイズ感のある仕上げにするには[R：30][G：0][B：70]を基本として、画像に合わせて微調整します。多くの場合、[ブルー]チャンネルを多めに設定します。

なお、上記のいずれの被写体にも当てはまらない場合は[R：30][G：59][B：11]を基準にして調整してみてください。このRGB値を設定すると、画像が「標準的に最も美しいとされるモノトーン」になります。この値はNTSC（全米テレビジョン放送方式標準化委員会）が研究し提唱している値であり、Photoshopもこれに準拠しています。

関連 調整レイヤーの作成：p.175　逆光の写真を補正する：p.198　モノクロ写真に色をつける：p.234

Sample_Data/128/

128 彩度は変えずにコントラストを上げる

彩度は変えずに、画像のコントラストのみを上げるには、画像のカラーモードを[Lab カラー]に変更して、トーンカーブでコントラストを上げます。

概要

右の画像をヒストグラムで確認すると、ハイライトとシャドウにピクセルがなく❶、メリハリにかける画像であることがわかります。

通常、このような画像は[トーンカーブ]などでメリハリをつける補正を行いますが(p.178)、トーンカーブを使用すると彩度が上がりすぎてしまうことがあります。そこで、ここでは**[Lab カラー]**を利用して、彩度を変えずにコントラストを上げる方法を解説します。

step 1

メニューから[イメージ]→[モード]→[Lab カラー]を選択して❷、画像のモードを変更します。Labカラーモードになると、[チャンネル]パネルの表示も変わります❸。

Labカラーモードでは、画像はRGBモードのように各カラーが濃度によって構成されているのではなく、1つの明度チャンネルと2つのカラーチャンネルによって構成されています。そのため、彩度を変えることなく、コントラストのみを上げることができます。

step 2

メニューから[レイヤー]→[新規調整レイヤー]→[トーンカーブ]を選択して[新規レイヤー]ダイアログを表示し、ここでは何も変更せず、そのまま[OK]ボタンをクリックします。

[属性]パネルでトーンカーブの黒点スライダーと白点スライダーを狭めます❹。また、ポイントを追加して右図のように調整します❺。これで、彩度を変えることなく、画像のコントラストを上げることができました。

129 色を補正して夕焼けの赤みを強調する

調整レイヤーの[トーンカーブ]を使用して色調補正を行うことで、元の画像に手を加えることなく、夕焼けの写真をより夕焼けらしく加工します。

概要

きれいな夕焼けの写真を撮影しても、カメラの色温度補正機能などによって、右の画像のように夕焼けらしくない写り方をすることがあります。
ここでは、色調と画像のコントラストを同時にコントロールできる[トーンカーブ]を使用して、色調補正を行います。

step 1

メニューから[レイヤー]→[新規調整レイヤー]→[トーンカーブ]を選択して、[新規レイヤー]ダイアログを表示します。ここでは何も変更せずに、そのまま[OK]ボタンをクリックします❶。

step 2

最初に、画像のコントラストを調整します。
[属性]パネルで中央部よりも右上の部分を押し上げて❷、同じく中央部より左下の部分を押し下げます❸。これで、画像の彩度が高くなり、色の偏りがはっきり見える締まりのある画像になります。なお、右図のようなカーブは、その形状から「**S字カーブ**」と呼ばれます(p.178)。

step 3

次に、より夕焼けらしくするために、プルダウンから[レッド]を選択します❹。
カーブの一番右上の部分を左に移動させて❺、最も明るい部分を赤くします。
続いて、中央部を押し上げて❻、画像全体を赤くします。これで、画像のコントラストと色みが調整されて、より夕焼けらしい写真になります。
もし、コントラストや明るさをさらに調整したい場合は[レッド]のプルダウンを[RGB]に戻して、step2と同様の手順で調整します。

関連 色調補正の全体像:p.172 再編集可能な色調補正を行う:p.175 トーンカーブの使い方:p.178

197

Sample_Data/130/

130 グレイッシュに仕上げる

写真の彩度を下げることでグレイッシュな写真に変換すると、多くの場合でメリハリがなくなってしまいます。ここでは、コントラストを保った美しいグレイッシュな写真に仕上げる方法を解説します。

step 1

通常の色調補正では先に明るさやコントラストを調整しますが、今回は理解しやすいように先に彩度を調整します。
画像を開き、処理対象のレイヤーを選択します❶。

step 2

メニューから［レイヤー］→［新規調整レイヤー］→［色相・彩度］を選択して［新規レイヤー］ダイアログを表示し、何も変更せずに［OK］ボタンをクリックします❷。
［色相・彩度1］調整レイヤーが追加されてアクティブになるので、［属性］パネルで彩度を調整します。ここでは［彩度：－65］に設定します❸。設定値は写真の内容や好みに合わせて調整してください。

step 3

画像の彩度が下がり、右図のようになります❹。この画像を見ると、彩度を大幅に下げたために画像全体のメリハリが損なわれてしまったことがわかります。

・step 4

画像のメリハリを補正します。
メニューから［レイヤー］→［新規調整レイヤー］→［明るさ・コントラスト］を選択して［新規レイヤー］ダイアログを表示し、［レイヤー名：全体調整］に設定して［OK］ボタンをクリックします❺。
［全体調整］調整レイヤーが追加されてアクティブになるので、［属性］パネルでコントラストを調整します。ここでは［コントラスト：100］に設定します❻。

・step 5

これでコントラストを保ったまま、美しいグレイッシュな写真に仕上げることができました❼。

> **Tips**
> 本項では［明るさ・コントラスト］調整レイヤーを使用していますが、より細かくコントラストを調整したい場合は［トーンカーブ］を使用してください（p.178）。

✤ Variation ✤

画像全体を明るくするのではなく、人物を中心に輝くようなイメージに仕上げたい場合は、画像の周辺部を暗くします。

右の例では、最上部に［明るさ：−60］［コントラスト：0］の［明るさ・コントラスト］調整レイヤーを追加し❽、レイヤーマスクを使用して、追加した調整レイヤーの効果を画像周辺部のみに適用しています❾（p.154）。右図では［ブラシサイズ：600px］［不透明度：50％］のブラシを使用して画像中心部分をブラックで塗りつぶすことで調整レイヤーの適用範囲を修正しています❿⓫。

関連 トーンカーブの使い方：p.148　レイヤーマスク：p.154　調整レイヤー：p.175

Sample_Data/131/

 # 131 トンネル効果でモチーフを目立たせる

写真にトンネル効果を適用するには、[クイックマスクモードで編集]を選択して選択範囲をぼかし、[トーンカーブ]で調整します。

トンネル効果とは、暗い部分よりも明るい部分を見てしまう人間の習性を利用して、よりよく見せたいモチーフ以外を暗くすることで、モチーフを目立たせる手法です。一般的に、モチーフは画像の中心に配置されていることが多いので、周辺部を暗くすることで、画像をよりよく見せることができます。
左の画像にトンネル効果を加えたものが右の画像です。この画像のモチーフである女性がより際立ち、インパクトのある写真になっていることがわかります。

元画像

加工後

step 1

ツールパネルから[**楕円形選択**]ツール◯を選択して❶、モチーフよりも一回り大きく選択範囲を作成します❷。

step 2

続いて、ツールパネルの最下部にある[**クイックマスクモードで編集**]ボタンをクリックして❸、クイックマスクモードに切り替えます(p.128)。

step 3

メニューから[フィルター]→[ぼかし]→[ぼかし（ガウス）]を選択して、[ぼかし（ガウス）]ダイアログを表示します。
画面に表示されているマスクのぼけ具合を確認しながら、[半径]を調整します❹。右の画像のように、長辺が800pixelの場合は60〜100くらいの値で設定します。
この作業は後でやり直すことができるので、わからない場合は[半径:80]に設定してください。

step 4

[画像描画モードで編集]ボタンをクリックして❺、通常の選択範囲に戻します。
そのうえで、メニューから[レイヤー]→[新規調整レイヤー]→[トーンカーブ]を選択して、[新規レイヤー]ダイアログを表示し、ここでは何も変更せず、そのまま[OK]ボタンをクリックします❻。

step 5

[属性]パネルで、トーンカーブが右図のようなS字の形状になるように設定します❼。
トーンカーブでは、カーブの下側の面積が増えるほど明るくなり、カーブの角度が増すほどコントラストと彩度が上がります。画面を見ながらモチーフのコントラストが上がるように調整します❽。
コントラストと彩度が上がると、画像を見たときに自然にモチーフに目がいくようになります。ここで、彩度が十分でないと思った場合は[レイヤー]→[新規調整レイヤー]→[色相・彩度]を使用して調整します。

Tips
トーンカーブはコントラスト（彩度）と明るさを同時に、かつ詳細に設定できる唯一のツールです（p.178）。Photoshopを使いこなすうえで必須のツールといっても過言ではありません。さまざまな画像に対してトーンカーブを適用することで、操作方法や画像の変化の具合などを習得することをお勧めします。

・ step 6 ・

メニューから［選択範囲］→［選択範囲を読み込む］を選択して、［選択範囲を読み込む］ダイアログを表示します。
［ドキュメント］に現在のファイル名を、［チャンネル］に先ほど作成したトーンカーブのマスクを指定します❾。また、［反転］にチェックを入れます❿。
［OK］ボタンをクリックするとこれまでとは反対の選択範囲が作成されます。

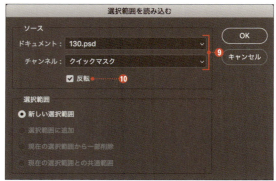

・ step 7 ・

メニューから［レイヤー］→［新規調整レイヤー］→［トーンカーブ］を選択して、［新規レイヤー］ダイアログを表示します。
ここでは何も変更せず、そのまま［OK］ボタンをクリックします⓫。

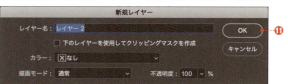

・ step 8 ・

［属性］パネルで、今度は右上のハイライトのポイントを下げて⓬、カーブ全体もなるべく低い角度になるように調整します。

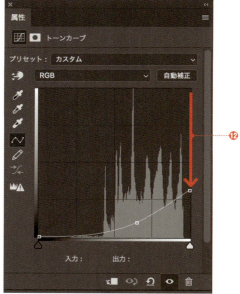

> **Tips**
> トーンカーブを急な角度にすると、周辺部分の彩度が上がり、モチーフに目がいかなくなってしまうので注意してください。

・ step 9 ・

最後に周辺をトーンカーブで調整すれば完成です。加工前の画像と比べると、加工後は周辺の明るさが落ち込み、彩度が下がった一方で、モチーフの周囲はコントラストが上がっているため、人物の存在感がより一層感じられる画像になっていることがわかります。

Sample_Data/132/

132 色かぶりした画像を明瞭にする

色かぶりした画像（カメラの色温度設定がズレている画像）は、「Camera Raw」でヒストグラムを見ながら補正します。

概要

撮影時の状況によっては、右の画像のようにカメラの色温度補正機能が不正確に働き、色かぶりが発生します。色かぶりが発生した場合は「Camera Raw」を使用して補正します。ただし、この方法を行うと自動的にレイヤーが統合されることがあるので注意してください。

step 1

メニューから［ファイル］→［開く］を選択して、［開く］ダイアログを表示し、先にファイルを選択してから❶、［形式：Camera Raw］を設定して❷、［開く］ボタンをクリックします。

step 2

［ホワイトバランス］エリアの［色温度］と［色かぶり補正］をコントロールして、色かぶりを除去します❸。ここでは［色温度：−35］［色かぶり補正：−37］に設定します。
この方法では色温度と色かぶり除去専用の機能を使用するため、トーンカーブなどを使用するよりも簡単に色補正することが可能です❹。
またRaw画像の場合は、ほとんど画質を劣化させることなく補正できます。

> **Tips**
> より細かく、部分的な補正を行いたい場合は『特定の色のみ色補正をする』(p.190)を参照してください。
> また［Camera Rawフィルター］を使用することでも同様の加工を実現できます(p.291)。

第4章 レタッチ・色調補正

関連 偏った色を修正する：p.182　色を補正して夕焼けの赤みを強調する：p.197　特定の色のみ色補正する：p.190

● 203

不要なオブジェクトを消す

[コピースタンプ]ツール ■ を使用すると、画像に写っている不要なゴミや塵を消すことができます。ここでは、写真の左下に入っている日付を消します。

step 1

ツールパネルから[コピースタンプ]ツール ■ を選択して❶、オプションバーでブラシ先端の形状を設定します❷。修正に適したブラシの先端の形状は、修正する部分を見て決定します。今回は[直径:15 px]で❸、[ソフト円ブラシ]系のブラシを選択して❹、[硬さ:70%]に設定します❺。

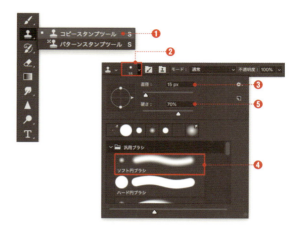

step 2

画面上で修正したい部分の周囲をよく観察して、コピー元として使えそうな、消す箇所と似たような色・パターンを見つけて、option(Alt)を押しながらクリックします❻。
これでコピー元となるサンプルポイントの指定がされました。カーソルを移動すると、先程指定したサンプルポイントが円ブラシの内側に表示されます。また、サンプルポイントは[コピーソース]パネルで設定できます。

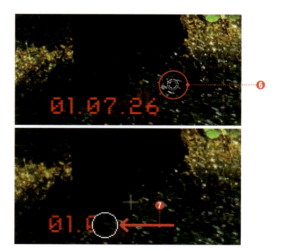

step 3

そのままクリックするか、ドラッグして❼、サンプルポイントに指定した画像で塗り潰します。
サンプルポイントの指定とコピースタンプを繰り返し行い、日付の部分を完全に消します❽。

> **Tips**
> 一度コピースタンプを使用すると、それ以降はカーソルの動きに合わせてサンプルポイントも一緒に動くので、広い範囲を修正する場合はこまめにサンプルポイントを再指定することが必要です。

元画像　　　　　　　修正後

Sample_Data/134/

134 細かい傷やゴミを取り除く

画像内にちらばった細かい傷やゴミを取り除くには[ダスト＆スクラッチ]フィルターを使用します。このフィルターは画像内で濃度変化がある部分を探し、変化のある部分を周りのピクセルで塗りつぶします。

概要

右図の画像は、一見すると問題ないように見えますが、拡大してみて見ると細かいゴミがたくさん写っていることがわかります❶。
ここでは、これらのゴミを[ダスト＆スクラッチ]フィルターを使用して取り除きます。

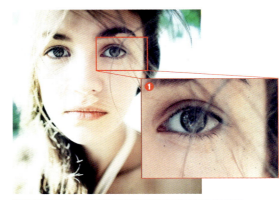

step 1

メニューから[フィルター]→[ノイズ]→[ダスト＆スクラッチ]を選択して❷、[ダスト＆スクラッチ]ダイアログを表示します。
プレビューを見ながら❸、画像内のゴミが消えるように[半径]で塗りつぶすピクセルのサイズを設定し、[しきい値]でどれくらいの濃度差があると塗りつぶすべきピクセルかを設定します❹。
今回は[半径:1][しきい値:2]に設定します。

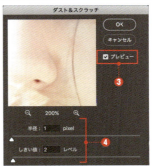

step 2

[OK]ボタンをクリックすると、フィルターが適用されて、ゴミや傷がきれいに消えます❺。
なお、[ダスト＆スクラッチ]フィルターで、必要以上の数値を入力すると細かいディテールがつぶれることがあります。ディテールがつぶれるほど強く[ダスト＆スクラッチ]フィルターをかける必要があるときは、ディテールを犠牲にするか、[コピースタンプ]ツール を使用して1つずつゴミを消します。

元画像

修正後

関連　不要なオブジェクトを消す：p.204　　境界線の汚れを取り除く：p.206　　修正ブラシでシワを消去する：p.212

Sample_Data/135/

135 境界線の汚れを取り除く

境界線に残った汚れを取り除くには、[レイヤー]→[マッティング]から[フリンジ削除]、[黒マット削除]、または[白マット削除]を選択します。

概要

切り抜きした画像を背景の上に配置すると、画像の境界に「**フリンジ**」と呼ばれる汚れが残ることがあります❶。このような汚れをそのままにしておくと、画像のクオリティが下がってしまうので、きれいに取り除く必要があります。

step 1

フリンジを取り除くには、[レイヤー]パネルで人物のレイヤーを選択して❷、メニューから[レイヤー]→[マッティング]→[白マット削除]を実行します❸。

Tips
「マットカラー」とは、アンチエイリアスのエッジや半透明部分で、ベースとなる色のことです。[白マット削除]とは、白いマットカラーを削除するという意味です。

step 2

実行したレイヤーのエッジに白く残っていた部分が除去され、拡大して見ても違和感のない画像になりました❹。なお、ここではフリンジが白かったので[白マット削除]を選択しましたが、フリンジが黒い場合は[黒マット削除]を選択してください。

Tips
[不要なカラーの除去]を使用することで、マットカラーに関わらず不要なカラーを削除できます。この機能を使用する際は、画像のエッジにレイヤーマスクを追加したうえで、[レイヤー]→[マッティング]→[不要なカラーの除去]を選択します。[不要なカラーの除去]ダイアログが表示されるので[量]を調整します❺。

206

関連　不要なオブジェクトを消す：p.204　細かいゴミを取り除く：p.205　ふわふわしたオブジェクトを選択する：p.110

136 宝石をキラキラ輝かせる

宝石や金属質のオブジェクトを輝かせるには[シャープ]ツール と[覆い焼き]ツール 、[焼き込み]ツール を使用します。

step 1

画像を開いて、ツールパネルから**[シャープ]ツール**を選択して❶、[ブラシ]ピッカーをクリックし❷、**[ソフト円ブラシ]**を選択します❸。ここでは[直径:30px]に設定します❹。また、[強さ:50%]に設定します❺。

なお、[ブラシサイズ]や[強さ]などは画像によって適宜変更してください。

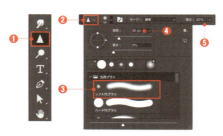

step 2

宝石や金属の上を少しだけドラッグして❻、仕上がりを試してみます。ブラシが強すぎるとノイズが強くなり、色も変わってしまいます。ブラシが強い場合や弱い場合は、[強さ]を変更します。

宝石や金属の曇った感じがなくなるようであれば、そのままの[強さ]で、宝石と金属全体をドラッグします。

ノイズが発生する場合は[Labカラー]にして[L]チャンネルにのみを操作します(p.196)。また、[シャープツール]オプションの[ディテールを保護]にチェックを入れます。

step 3

[焼き込み]ツールを選択して❼、[範囲:中間調][露光量:20%]に設定し❽、宝石と金属の少し暗めの部分をドラッグしてより暗くします。

step 4

続いて**[覆い焼き]ツール**を選択して❾、暗くした部分と明るい部分のエッジや中間調より少し明るい部分をドラッグして画像にメリハリを付けるように仕上げます。

これらの作業を行き来して作業を繰り返して、画像を仕上げます。

関連 [Labカラー]：p.196

Sample_Data/137/

137 ブレている写真を補正する

ブレている画像はほとんどの場合、同一方向にピクセルが移動しています。そのため、ブレと同じ方向に[スマートシャープ]フィルターを適用すれば簡単にブレを補正できます。

 概要

右の画像のように少しだけブレている画像であれば、[スマートシャープ]フィルターで簡単にブレを目立たなくすることができます。

step 1

メニューから[フィルター]→[シャープ]→[スマートシャープ]を選択して、[スマートシャープ]ダイアログを表示します。

プレビューを見ながら設定値を調整するので、拡大倍率を100%以上に設定します❶。[量:100]に固定して❷、[半径]に適当な数値を入力します❸。
[除去:ぼかし（移動）]を選択して❹、プレビューを確認しながら、[角度]に最もブレが少なく見える値を入力します❺。

最後に[半径]を調整して最もブレがなくなる数値を設定します。ここでは、[量:100][半径:5][角度:−23]に設定します。

step 2

[OK]ボタンをクリックしてフィルター効果を適用すると、ブレが低減されて見た目がよくなります❻。

◎ [スマートシャープ]ダイアログの設定項目

項目	内容
量	シャープにする効果の強さを指定できます。通常は[量:150%]程度から少しずつ値を上げて調整します。1〜500%の間で設定できますが、ほとんどの場合、150〜250%の間で設定します。
半径	シャープネスがかかる半径（エッジの幅）を指定します。一般的には、解像度を基準にして設定します（p.57）。
ノイズを軽減	重要なエッジが不必要に変化しないように、不要なノイズを軽減します。
除去	シャープネスは画像の輪郭を検出して、そこにごく小さな輪郭を作ります。このときに輪郭を抽出する方法を選択できます。通常は[ぼかし（レンズ）]か[ぼかし（移動）]を使用します。今回のようなブレを補正する場合は[ぼかし（移動）]を選択します。
角度	[ぼかし（移動）]のみのオプションです。ここではブレを押さえる方向を指定します。

関連　不要なオブジェクトを消す：p.204　細かい傷やゴミを取り除く：p.205　背景をぼかして遠近感を強調する：p.210

Sample_Data/138/

138 画像の一部を滲ませる

画像を部分的に歪ませることができる[指先]ツール を使用すると、画像に絵の具をこすって滲ませたような効果を加えることができます。

step 1

右の画像の水面を[指先]ツールで歪ませることで、水面に動きを与える方法を説明します。
ツールパネルから[指先]ツールを選択して❶、[強さ]とブラシのサイズを設定します❷。
今回は[強さ]を50〜80％の間で設定し、強弱をつけながら作業をしていきます。また、ブラシのサイズは25〜80に設定します。

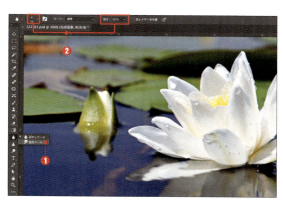

step 2

水面全体が波立って見えるように、[指先]ツールで画面上の歪ませたい部分をドラッグします❸。
ここでは[ブラシサイズ：35][強さ：50%]に設定しています。
手前のほうではブラシサイズを大きくし、遠景になるにつれてブラシのサイズを小さく設定することで、自然に遠近感を演出することができます。

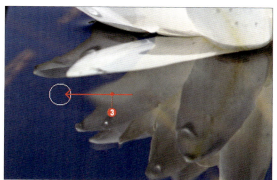

step 3

オプションバーで[フィンガーペイント]にチェックを入れて❹、[指先]ツールの効果に[描画色]に指定されている色を加えます。
左の画像❺が通常の指先ツールで歪ませた例で、右の画像❻が[フィンガーペイント]にチェックを入れて同じようにドラッグした例です。ここでは[描画色：ホワイト]に設定されているので、[フィンガーペイント]にチェックを入れた場合は、歪んだ箇所にホワイトが加わっていることがわかります。
[フィンガーペイント]機能を有効にすると、画像を歪ませると同時に描画色も加わるため、にじんだ効果が強くなります。
なお、より自然な効果を与える場合は、ドラッグし始める場所のカラーを描画色に設定してください。

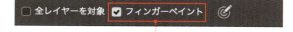

関連 [ゆがみ]フィルターで画像を変形する：p.214　[ぼかし]ツールで画像を滑らかにする：p.218

Sample_Data/139/

139 背景をぼかして遠近感を強調する

[ぼかし(レンズ)]フィルターを使用して背景のピントをぼかせば、遠近感をより一層強調することができます。撮影後に遠近感をつけたい場合などに利用できます。

・概要

右の画像は、手前の人物から奥のタワーまでピントが合っている状態です。

このままでもきれいな写真ですが、遠近感がなく、平坦な印象です。そこで背景のみピントをぼかして、背景と被写体の距離感を強調して遠近感のある画像に加工します。

・step 1

人物の外周に沿って選択範囲を作成して❶、メニューから[選択範囲]→[選択範囲を変更]→[境界をぼかす]を選択して、[境界をぼかす]ダイアログを表示します。

・step 2

[ぼかしの半径:1]に設定して❷、[OK]ボタンをクリックします。

・step 3

[チャンネル]パネル下部の**[選択範囲をチャンネルとして保存]ボタン**を、option(Alt)を押しながらクリックして❸、[新規チャンネル]ダイアログを表示します。

・step 4

[新規画像]エリアに「人物」と入力して❹、[OK]ボタンをクリックします。

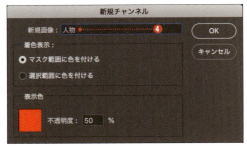

・**step 5**

メニューから[選択範囲]→[選択を解除]を選択して、現在の画像から選択範囲を解除したうえで、メニューから[フィルター]→[ぼかし]→[ぼかし(レンズ)]を選択して❺、[ぼかし(レンズ)]のダイアログを表示します。

・**step 6**

[ソース]プルダウンで、先程保存した[人物]のアルファチャンネルを指定して❻、[反転]のボックスにチェックを入れます❼。また[半径：25]に設定して❽、[OK]ボタンをクリックします。

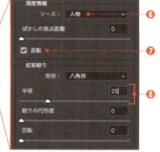

◎[ぼかし(レンズ)]ダイアログの設定項目

項目	内容
[深度情報]エリア	[ソース]で指定したアルファチャンネルと[ぼかしの焦点距離]を組み合わせて、ぼかさない範囲を設定します。
[虹彩絞り]エリア	画像のぼけ具合を設定します。[半径]でぼけ具合を、[形状]プルダウンと[絞りの円形度][回転]でレンズの絞りの形状によるぼけの違いを設定します。
[スペキュラハイライト]エリア	ぼけた部分を輝かせる効果を設定します。[明るさ]でぼけた部分の明るさを設定し、[しきい値]で輝く範囲を指定します。
[ノイズ]エリア	ぼけた部分にノイズを追加します。設定方法はp.53を参照してください。

・**step 7**

フィルターが適用されると、人物以外の部分にぼけているような効果が加わって遠近感が強調されます。この画像の場合、ぼけている部分とそうでない部分の境目がはっきりしていますが、徐々にぼけるような効果を与えたいときは、階調のあるアルファチャンネルを[深度情報]エリアの[ソース]プルダウンで指定します。

関連　絞りのボケで画像を輝かせる：p.294　画像にぼかしを加える：p.52　ぼかしギャラリー：p.54

140 修正ブラシでシワを消去する

[パッチ]ツール を使用すれば、簡単に違和感なくシワを修正することができます。また、[コンテンツに応じた]を指定することもできます。

step 1

ここでは右図の赤丸で囲った部分のシワを取り除きます❶。
ツールパネルから[**パッチ**]**ツール** を選択して❷、オプションバーで[**ソース**]を選択して❸、[**パッチ:通常**]を選択します❹。

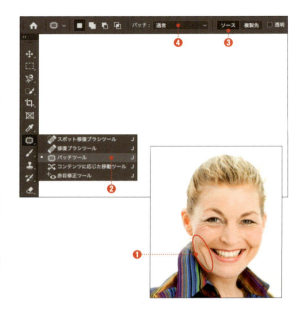

> **Tips**
> オプションバーの[パッチ]で[コンテンツに応じた]を選択すると、よりインテリジェンスなパッチ処理を行うことができます。
> ただし、今回のように比較的変化の少ない箇所を修正する場合は[通常]を選択します。修正する面積が大きく、かつ複雑な部分を修正する場合は[コンテンツに応じた]を試してみてください。

step 2

修正する範囲をドラッグして囲み❺、選択範囲を作成して、シワのない肌部分に選択範囲を移動します❻。ドラッグすると、移動先の選択範囲の画像が元の場所に表示されます。

step 3

マウスから指を離してドラッグを終了すると、サンプル領域が確定し、自動的にサンプル部分の画像と修正箇所の画像がなじんで、シワが目立たなくなります❼。
メニューから[**選択範囲**]→[**選択範囲の解除**]を選択して、選択範囲を解除すれば完成です。
ここでは他の気になるシワも同じように修正しています❽。

141 理想的な顔の形を調べる

人物写真を加工する際は、「人の顔が美しく見える法則」に従って写真を加工すると、バランスのとれた美しい表情を実現できます。ただし、補正しすぎると個性のない顔になるので注意が必要です。

step 1

顔に配置されるパーツの大まかな位置は右図のようになっています。このとき、各パーツを以下の比率に近づけるように補正すると、整った表情を実現できます。

❶：髪の生え際、眉頭の下側、鼻先、あご先が等分
❷：目の間隔が目の幅1つ分
❸：目の位置が、生え際からあご先までを4：6程度で分けた位置（4：6は黄金比の近似値）
❹：唇の中心が鼻先からあご先までを4：6程度で分けた位置
❺：両目の両端の幅が顔の幅の60％
❻：眉頭、目頭、小鼻の外側が一直線上にある

ただし、補正しすぎると個性がない顔になってしまうので、あくまでも基準として参考にし、適宜補正することが重要です。

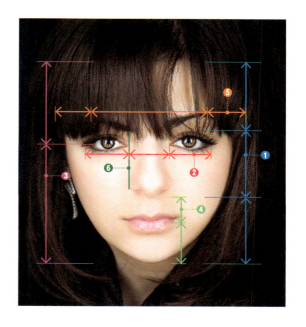

step 2

右図は条件❶に従ってガイドを引いたものです。鼻の位置が基準のラインと異なっていることがわかります。この写真の場合、この面長な顔が大人っぽく見える個性につながっているので、やりすぎない程度にパーツの位置を基準のラインに合わせます。すると、より自然な顔立ちになります。

> **Tips**
> 人物の写真は、すべてが上記のような正面から撮影された写真であるとは限りません。横向きの写真や上や下から撮影されたものもあります。しかし、上記の比率はすべての場合において利用できます。ここで紹介した比率を意識しながら加工してみましょう。
> ただし、ここで紹介した比率にすれば誰もが美しいと感じるようになる訳ではありません。顔を修正するときは、まず大まかな基準として上記の比率を使用してみて、その後は微調整などで本来の個性が生かせるように修正することが必要です。
> また、顔の美しさはパーツの配置だけで決まるわけではありません。肌の美しさや色合い、瞳の輝きなども重要です。このことも覚えておいてください。

関連　[ゆがみ]フィルターで画像を変形する：p.214　瞳に輝きを与える：p.220　肌をきれいにする：p.216

Sample_Data/142/

142 [ゆがみ]フィルターで画像を変形する

[ゆがみ]フィルターを使用すると、画像を自由な形に変形することができます。ここでは人物写真を変形しますが、この機能はさまざまな画像で活用できます。

step 1

画像を開き、「ガイド」という名称のレイヤーを新規作成して❶、変形後の輪郭のラインを描きます❷。
また、加工する画像を複製して、レイヤー名を「加工用」に変更します❸。

step 2

[加工用]レイヤーをアクティブにして、メニューから[フィルター]→[ゆがみ]を選択し、[ゆがみ]ダイアログを表示します。
[ゆがみ]ダイアログ左上の**[前方ワープ]ツール**を選択して❹、[サイズ:200][密度:70][筆圧:50]に設定します❺。また、[使用するレイヤー:ガイド][モード:前面に]を選択して❻、[不透明度:50]に設定します❼。

[追加レイヤーのプレビュー表示]にチェックを入れると、任意のレイヤーをプレビューすることができます。

◎ [ゆがみ]ダイアログのボタン

項目	内容
メッシュを読み込む	[ゆがみ]フィルターで行った作業内容を保存したり、読み込んだりできます。画像サイズが違う場合でも画像の比率が同じなら同様の結果を得ることが可能です。
メッシュを保存	
最後のメッシュを読み込む	最後に[ゆがみ]フィルターで行った作業内容を再現します。

step 4

［ブラシサイズ：200］［不透明度：20％］に設定して❽、先ほど作成したレイヤー上を塗っていきます❾。なお、修正を行う際は、塗る場所の色や塗り具合を見ながら適宜設定値を修正してください。シミが薄くなるように同じ場所を少しずつ4〜10回程度塗ります。このとき、ブラシの描画色を頻繁に変えながらブラシを使用するときれいに仕上がります

> **Tips**
> 途中で何度も option （ Alt ）を押しながらクリックして［スポイト］ツール に切り替えて、描画色を変更しながら修正してください。

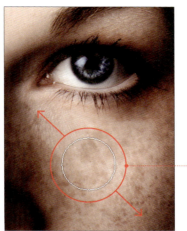

step 5

頬のように面積の広い部分ほど多めにブラシをかけます❿。ブラシサイズと描画色を変えながら、明るい部分は少し強めに塗り進めます。ブラシの不透明度は5〜20％に設定してください。

step 6

仕上げに陰影の深い場所や、細かな部分の明るい場所を丁寧に塗れば完成です。

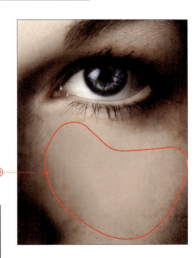

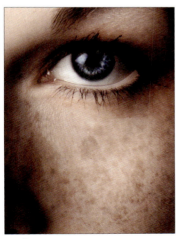

元画像　　　　　　　　加工後

関連　画像を滑らかにする：p.218　瞳に輝きを与える：p.220　肌に自然な立体感を付け加える：p.222

Sample_Data/144/

144 [ぼかし]ツールで画像を滑らかにする

画像の一部分をぼかしたいときは、ツールパネルから[ぼかし]ツール▲を選択して、画像上をドラッグしていきます。ドラッグした箇所が滑らかになります。

概要

ここでは全体的にシャープネスの強いポートレート画像を使用して、髪の毛部分などのシャープ感は残したまま、肌の部分だけを[ぼかし]ツール▲で滑らかにしていきます。
右の画像を見ると、全体的にシャープネスが高く、髪の毛の部分は良いのですが、肌が荒れてしまっており、見た目が悪くなっていることがわかります。

step 1

ツールパネルから[ぼかし]ツール▲を選択して❶、ブラシサイズと[強さ]を設定します❷。今回は[ブラシサイズ:20〜300][強さ:30〜100%]の間で設定して作業をしています。また、[全レイヤーを対象]にチェックを入れます❸。
続いて、[レイヤー]パネル右下の[新規レイヤーを作成]ボタンをクリックして❹、新しくレイヤーを作成します❺。

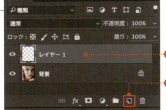

step 2

肌の部分にぼかしをかけていきます。新しく作成したレイヤーがアクティブになっていることを確認して、画面上をドラッグしていきます❻。
眉毛や髪の毛といった、ぼかしたくない部分は避けながら、面積の大きい部分を重点的にドラッグします。画像を拡大し、ブラシサイズを小さく設定して丁寧にドラッグすることで細かな部分をぼかすことができます。

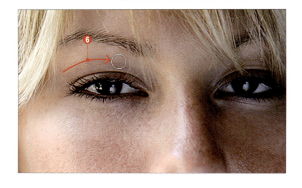

step 3

最初に［全レイヤーを対象］にチェックを入れたので、新しく作成したレイヤーにぼかした部分だけがコピーされます。［背景］レイヤーを非表示にすると❼、右図のようにぼかした部分のみを確認することができます。

> **Tips**
> ［全レイヤーを対象］にチェックを入れずにツールを使用した場合は、アクティブなレイヤーだけにツールの効果が加えられます。

step 4

ブラシのサイズや強さを変えながら、全体を調整すると❽、肌の荒れていた部分がぼけてきれいな見た目になります❾。

元画像

加工後

145 瞳にガラスのような輝きを与える

[焼き込み]ツール を使用して虹彩の外周を焼き込んで暗くし、内周部分を[覆い焼き]ツールで明るく目立たせると、瞳にガラスのような輝きを与えることができます。

step 1

ツールパネルから[焼き込み]ツールを選択して❶、オプションバーから[ソフト円ブラシ]を選択し❷、ここではブラシサイズを[直径:9px]に設定します❸。
また、[範囲:中間調][露光量:20%]に設定します❹([露光量]は10〜30%の間で適宜設定します)。

step 2

虹彩の内側の外周部分をドラッグして暗くします❺。このとき、多少であれば内周部分を暗くしてしまってもかまいません。ブラシサイズは必要に応じて適宜変更してください。
また、上まぶたに重なっている虹彩の部分や、瞳の輪郭や黒目の中心も同様にドラッグして暗くします。
瞳に焼き込みを行うと❻のような状態になります。

step 3

ツールパネルから[覆い焼き]ツールを選択します❼。オプションバーの設定はstep1と同じにします。右図の赤枠の部分を中心に❽、焼き込みをしたときの半分ほどのサイズのブラシを使い、覆い焼きをしていきます。

- **step 4**

虹彩と白目をまたぐ2点❾と、その2点を対角とした場合の90度の位置❿の合計3箇所に対して覆い焼きを行います。最初に2点の覆い焼きを行いますが、その2箇所は対角線上に配置します。
また、下側を広めに覆い焼きすると、より輝くように見えます。
覆い焼きを行うと⓫のような瞳になります。

- **step 5**

下まぶたの内側が赤くなっている場合は⓬、[ブラシ]ツール ✏ を選択して、[不透明度：20%]程度に設定し、ホワイトで塗って明るくします。
この部分を明るくすることで、瞳をより健康的に見せることができます⓭。

- **step 6**

上記のように[焼き込み]ツール、[覆い焼き]ツール、[ブラシ]ツール ✏ を使い分けて、加工することで、瞳にガラスのような輝きを与えることができます。

Tips

瞳に輝きを与える方法はいろいろありますが、どの方法で作業する場合でも、必ずここで紹介したように、先に暗い部分を作ってから小さめのブラシで明るい部分を作成するようにしましょう。この手順で作業することで、相対的に目の中のハイライトを目立つように加工できます。
また、明るい部分と暗い部分のエッジは中心部のドーナッツ上の部分を除いて極力ぼけのないエッジにしてください。他にも、この画像にもありますが、右上の丸いキャッチライトの対角線状にハイライトを持ってくると瞳全体が輝いているように見えるようになります。

関連 理想的な顔の形を調べる：p.213　肌をきれいにする：p.216　画像にきらめくような効果を与える：p.257

Sample_Data/146/

肌に自然な立体感を付け加える

顔にハイライトを加えると、その部分が高くなっているように見えますが、無闇にハイライトを加えると不自然な顔になります。ここでは元の顔の立体感を利用してハイライトを作る方法を解説します。

step 1

［チャンネル］パネルの［レッド］チャンネルをパネル下部の**［新規チャンネルを作成］ボタン**の上にドラッグ＆ドロップして❶、［レッド］チャンネルのコピーを新規作成します。
チャンネルをコピーすると、複製された［レッド］のチャンネルが画像ウィンドウに表示されます❷。

> **Tips**
> 人の肌を補正する際にチャンネルを使用する場合は、［レッド］チャンネルを使用すると仕上がりが美しくなります。これは、［レッド］チャンネルが最もノイズが少なく、滑らかなデータになっているためです（人の肌の場合）。
> 逆に、最もノイズが多いのは［ブルー］チャンネルです。

step 2

メニューから［イメージ］→［色調補正］→［トーンカーブ］を選択して、［トーンカーブ］ダイアログを表示します。
左下のポイントを大幅に右に移動して❸、右上のポイントを少し左に移動させます❹。この際、肌の立体部分が際立って白くなるようにします❺。
右図のようになったら、［OK］ボタンをクリックして、チャンネルに変更を適用します。

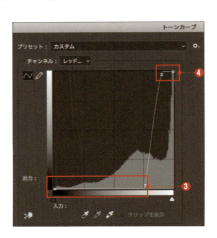

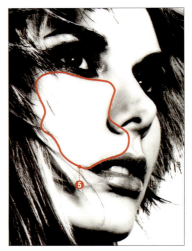

222

step 3

[チャンネル]パネルに表示されている[レッドのコピー]チャンネル([レッド]をコピーしたチャンネル)のサムネールを、⌘([Ctrl])を押しながらクリックして❻、アルファチャンネルを選択範囲として読み込みます(p.118)。

step 4

[チャンネル]パネルで[RGB]チャンネルをクリックして❼、画像をカラーで表示します。

step 5

選択範囲を残したまま、メニューから[レイヤー]→[新規]→[選択範囲をコピーしたレイヤー]を選択して❽、選択範囲内をコピーしたレイヤーを作成し、[レイヤー]パネルで描画モードを[スクリーン]に変更します❾。

step 6

メニューから[フィルター]→[ぼかし]→[ぼかし(ガウス)]を選択して、[ぼかし(ガウス)]ダイアログを表示します。
プレビューでぼかしの強さを確認しながら[半径]の値を設定します❿。立体感を出すためには、肌の最も明るい部分が柔らかく見えるようにします。ここでは[半径:5.0]に設定します。

step 7

［レイヤー］パネル下部の[**レイヤーマスクを追加**]ボタンをクリックして⓫、レイヤーマスクを追加します⓬。

続いて、ツールパネルから[**ブラシ**]ツール を選択して⓭、［描画色］をブラックに設定します⓮。

また、オプションバーのプリセットから[**ソフト円ブラシ**]を選択して⓯、サイズに頬の1/4〜1/2程度を設定します。ここでは[**直径：100〜300 px**]に設定します⓰。また、ブラシの不透明度を[**10〜30%**]に設定します⓱。

step 8

下図の赤枠で囲った部分以外を[**ブラシ**]ツール で少しずつ塗り、明るくなりすぎている箇所のレイヤーを隠します⓲。

この作業を行うことで、赤枠の部分のハイライトのみ残り、明るい部分とマスクした部分の濃度差が自然な立体となって残ります。

これで、柔らかなグラデーションのハイライトを追加して、肌に自然な立体感を出すことができました⓳。加工前の写真と見比べると、肌に立体感が出ていることがわかります。

> **Tips**
> 下図の赤枠は顔の立体感を表す重要な部分です。この中でも頬の部分は顔の形の見え方を大きく左右する部分です。
> また、頬の形状を縦長にしたり横長にしたりすることで、顔の雰囲気を変えることもできます。
> 例えば、横方向にハイライトを伸ばせば、柔らかく優しいイメージになり、逆に縦に長いハイライトを追加すれば、ほっそりとした顔立ちになります。

加工後 　　　　元画像

Sample_Data/147/

147　ソフトフォーカス風の加工をする

［光彩拡散］フィルターを使用して、画面の明るい部分をより明るくし、外側へぼけるように加工することで、ハイライト部分を輝かせ、ソフトフォーカス風の表現を実現します。

step 1

［描画色と背景色を初期化］ボタンをクリックして❶背景色をホワイトにします。また、［レイヤー］パネルから対象のレイヤーをアクティブにします❷。

step 2

メニューから［フィルター］→［フィルターギャラリー］を選択して、［フィルターギャラリー］ダイアログを表示し、［変形］カテゴリーの中から［光彩拡散］を選択します❸。
ここでは、［きめの度合い:0］［光彩度:5］［透明度:15］に設定して❹、［OK］ボタンをクリックします。フィルター効果を画像に適用するとソフトフォーカス風に補正されます❺。

> **Tips**
> ここでは上記のように設定していますが、画像によって自分なりに数値を調整してください。ただし、スムースな質感にする場合は必ず［きめの度合い:0］に設定します。

元画像

フィルター適用後

◎［光彩拡散］ダイアログの設定項目

項目	内容
きめの度合い	ノイズの量を指定します。数値が大きくなるほど粒状感のある光彩になります。ほとんどの場合[0]に設定します。
光彩度	どの程度明るくするかを指定します。ここは指定した背景色によって数値を変更する必要があります。数値を大きくするほどハイライトに背景色がかぶります。
透明度	明るくなる部分を設定します。［透明度］の数値を大きくすればするほど明るい部分に限定して効果が適用されます。数値を小さくしすぎると暗い部分にも背景色の影響が及ぶので、多くの場合[15]以上を指定します。

関連　ソフトフォーカスレンズのシミュレーション：p.226　描画モード：p.148

148 ソフトフォーカスレンズをシミュレーションする

ソフトフォーカスレンズをシミュレーションするには、特定のカラーチャンネルの情報をもとにレイヤーをコピーして、[ぼかし（ガウス）]を実行します。

step 1

[チャンネル]パネルで、ソフトフォーカスをかけたい部分がより明るく写っているチャンネルを選択して、**[新規レイヤーを作成]ボタン**の上にドラッグ&ドロップし❶、複製します。
ここでは、[レッド]チャンネルを複製します。

> **Tips**
> このstepでは、「輝かせたい部分」が白くなっているチャンネルを選択します。そのため、ここでは人物の肌が明るくなっている[レッド]チャンネルを複製しています。もし、どのチャンネルを複製したらよいかわからない場合は、[グリーン]チャンネルを複製してください。

step 2

メニューから[イメージ]→[色調補正]→[トーンカーブ]を選択してトーンカーブを表示し、輝かせるハイライトの部分が白くなるように、画像を観察しながらトーンカーブを調整します❷❸。
なお、この作業を行うとアルファチャンネルの画像が大きく変化するため、躊躇してしまうかもしれません。しかし、この作業はいつでもやり直しができるので、大きく画像が崩れても気にしないで作業を続けてください。もし、結果が気に入らなければこのstepからやり直しましょう。

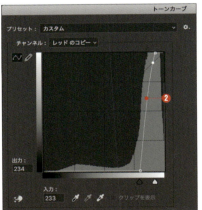

> **Tips**
> [イメージ]→[色調補正]→[明るさ・コントラスト]でも、上記のトーンカーブと近い作業は実行できますが、トーンカーブを使用すると、より細かい調整が可能になります。

step 3

加工したアルファチャンネル［レッドのコピー］のサムネールを⌘（Ctrl）を押しながらクリックして❹、アルファチャンネルの内容を選択範囲として読み込みます（p.118）。

step 4

続いて、［RGB］チャンネルをクリックして❺、元のレイヤーをアクティブにし、メニューから［レイヤー］→［新規］→［選択範囲をコピーしたレイヤー］をクリックして、選択範囲の部分をコピーしたレイヤーを作成します❻。

step 5

［レイヤー］パネルで、コピーしたレイヤーをアクティブにして❼、描画モードを［スクリーン］に変更します❽。
［スクリーン］に設定すると、重なった画像が明るくなります。ここまでにハイライト部分をコピーする作業を行っているので、ハイライト部分が強調される画像になります。

step 6

メニューから［フィルター］→［ぼかし］→［ぼかし（ガウス）］を選択して、［ぼかし（ガウス）］ダイアログを表示し、［半径］に値を入力します❾。
入力する数値は、プレビューやウィンドウを見ながら画像に最適な値を探してください。
ここでは［半径：10］に設定して、［OK］ボタンをクリックします。

Tips
画像が明るくなりすぎる場合は［レイヤーの不透明度］(p.153)を調整して効果の強さを調整します。
また、部分的に明るすぎる場合はレイヤーマスク(p.154)を使用して部分的にフィルターを適用するなどして、調整します。

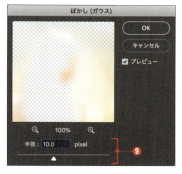

step 7

［OK］ボタンをクリックして画像に適用すれば完成です。［ぼかし（ガウス）］フィルターを適用することで、ソフトフォーカスレンズをシミュレーションすることができました❿。

元画像　　　　　　　　　　　　　　　　　　　　加工後

Tips

ソフトフォーカスレンズのシミュレーションは、ここで紹介した画像を明るく輝かせる効果以外にも、シャドウ部に濁ったイメージを与えたり、滑らかな階調を与えたりすることが可能です。
そのためには、step2の前にメニューから［イメージ］→［色調補正］→［階調の反転］を選択します。その後、step5で使用した［スクリーン］モードではなく［乗算］モードを使用します。このように階調を反転し、［乗算］モードを使用することで、正反対の効果を与えることが可能です。

❖ Variation ❖

本項で解説した、［チャンネル］と［ぼかし（ガウス）］を使用したソフトフォーカスレンズのシミュレーションは、一見すると前項『ソフトフォーカス風の加工をする』(p.225)と似ていますが、こちらのほうがより柔軟にさまざまな項目を細かく設定ができるため、応用範囲の広いテクニックといえます。

本項では柔らかくソフトに仕上げていますが、例えば［ぼかし（ガウス）］をほとんど適用しないことで、右の画像のようにハイライトだけを輝かせて、シャープに仕上げることも可能です。

このように、各手順の設定値や順序を変更するだけで、さまざまな表現が可能なテクニックなので、ぜひ自分なりの使用方法を見つけてください。

元画像　　　　　　　　加工後

関連　描画モード：p.148　レイヤーの不透明度：p.153　［チャンネル］パネルの基本操作：p.114

Sample_Data/149/

149 パース（遠近感）を調整する

[レンズ補正]フィルターを使用すると、撮影時のパースの歪みを修正することができます。手元にある写真に歪みがある場合は、この機能を使用して修正しましょう。

step 1

右の画像を見ると、建物が斜めに歪んでいることがわかります❶。
このようなパースの歪みを修正するには、メニューから[フィルター]→[レンズ補正]を選択して、[レンズ補正]ダイアログを表示します。

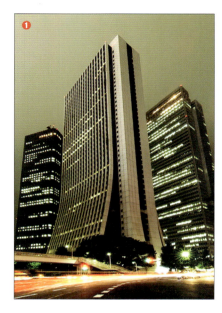

step 2

[レンズ補正]ダイアログが開いたら、[画像を自動的に拡大／縮小]にチェックを入れてから❷、[カスタム]タブをクリックします❸。

Tips
[切り抜き]ツール を使用することで、同様の仕上がりにすることも可能です。画像の切り抜きについては『画像を切り抜いてトリミングする』(p.35)を参照してください。

step 3

次に、[変形]エリア内の機能を使用して歪曲した画像を修正します。
ここでは[垂直方向の遠近補正：−94][角度：2.70]に設定します❹。
[OK]ボタンをクリックすると、画像にフィルターが適用されます。

step 4

フィルターが適用されると、ビルの傾きが修正され、真っ直ぐになります❺。

元画像　　　　　　　　　　　フィルター適用後

◎［レンズ補正］ダイアログの設定項目

項目	内容
ゆがみを補正	オプションの数値をマイナスに設定すると魚眼レンズのように画像が歪みます。
［色収差］エリア	レンズの色収差をシミュレートします。色収差とは光の波長の違いにより生じる色の滲みのことです。スライダーを動かすと画像の輪郭部分に滲んだようなカラーフリンジが発生します。
［周辺光量補正］エリア	画面の周辺光量を［適用量］と［中心点］で調整します。［適用量］で周辺光量を明るくしたり、暗くしたりします。［中心点］で中心からどのくらいの範囲の光量を調整するかを設定できます。
［変形］エリア	［垂直方向の遠近法］は垂直方向の歪みに対して仰角をコントロールします。今回の画像のように見上げた構図の画像を修正する際は、マイナス方向にバーをスライドさせます。［角度］は画面の傾きを修正します。

❖ Variation ❖

プレビューに表示されているグリッド線の太さや色は、ダイアログ下部の［サイズ］と［カラー］で設定できます。画像のカラーに応じて、確認しやすいグリッド線を設定しましょう。

第 5 章

画像合成

150 画像合成の全体像を理解する

Photoshop では、さまざまな方法で画像を合成することができます。ここではその中でも特に重要なテクニックをいくつか解説します。

概要

画像合成は複雑な作業のように見えますが、必要な工程を理解すれば、それほど複雑ではありません。重要なのは各工程を理解し、画像の特性に合った方法を選択することです。そうすれば、ほとんどの合成は簡単に行うことができます。
画像を合成する工程は、大きく「**合成工程**」と「**マッチング工程**」の2つに分けることができます。
合成する方法はいろいろありますが、どの方法においてもこの2つの工程から成り立っています。ここでは上記の工程別に、具体的な方法と共に画像合成の概要を説明します。

step 1

合成工程では、2つ以上の画像を1つの画像にまとめます。具体的な方法には「**描画モードによる合成**」「**レイヤーマスクによる合成**」「**切り抜きによる合成**」の3つがあります。

描画モードによる合成

右の画像はモノクロ画像❶にカラーのべた塗り画像❷を重ねて、ベタ塗り画像の描画モードを［カラー］に変換することで合成しています。
この方法を利用すれば、簡単に画像を合成することができます。難しい技術は必要ありません。この方法で最も重要なのはレイヤー選びです。
「描画モードによる合成」については、**p.234**で詳しく解説します。

レイヤーマスクによる合成

右の画像は元になる画像❸❹を重ねて、レイヤーマスクで画像の継ぎ目を隠すことで合成しています。
この方法ではレイヤーマスクの作り方次第で仕上がりの品質が決まります。切り抜き同様に正確なマスクを作る必要があることもあります。
「レイヤーマスクによる合成」については、**p.237**で詳しく解説します。

切り抜きによる合成

右の画像は、背景画像❺に切り抜いた人物の画像❻を重ねて合成しています。

最も単純な合成方法で、きれいに切り抜いた画像を重ねているだけですが、切り抜き自体が難しいので、多くの場合「レイヤーマスクによる合成」と組み合わせながら作業を行います。

step 2

マッチング工程では、合成した画像が自然に見えるように加工します。この工程の良し悪しで画像の品質が決まります。具体的な方法には「**エッジ処理**」「**濃度、不透明度**」「**位置、形状**」などがあります。

エッジ処理

エッジ処理では、切り抜き画像のエッジ部分を合成画像の背景に合わせて修正して、自然に仕上げます。例えば、背景が明るい画像を切り抜き、そのまま合成すると、エッジが馴染まず不自然になるので❼、エッジ部分のみ暗くします❽。「エッジ処理」については、p.238で詳しく解説します。

色調、濃度、不透明度

右の画像は、草原の写真❾に雲の画像❿を、[スクリーン]モード（p.148）で合成していますが、より雲を自然に合成するために、ここでは不透明度を60％に下げています。

合成した写真に違和感があるときは、まず色調と濃度に重点を置いて調整を行います。「濃度、不透明度」については、p.240で詳しく解説します。

位置、形状

合成用イラストを貼り付けただけでは、布と一体化して見えません⓫。[置き換え]フィルターを使用して元画像の起伏情報をもとに合成用イラストを変形する必要があります⓬。レイヤーの描画モードや不透明度の変更と組み合わせるとよりよい結果を生みます。「位置、形状」については、p.242で詳しく解説します。

関連　描画モード：p.148　レイヤーの不透明度：p.153　料理写真に湯気を合成する：p.244　写真に逆光を入れる：p.254

151 モノクロ写真に色をつける

［べた塗り］レイヤーや、通常のレイヤーをべた塗りしてレイヤーモードを変更することで、モノクロの画像に色をつけます。

概要

モノクロ画像を着色する方法には、**［べた塗り］レイヤーを使用する方法**と、**通常の［レイヤー］を使用する方法**の2種類があります。どちらの方法でも［カラー］や［乗算］、［スクリーン］などの描画モードを選択することでモノクロ画像に色をつけます。

［べた塗り］レイヤーを使用すると、カラーピッカーで色を選択するだけで、自動的にレイヤーが塗りつぶされるので、複雑な着色はできませんが、手早く着色したい場合は便利です。

一方、通常の［レイヤー］を使用するとレイヤーの中をさらに塗り分けることができるので複雑な着色を行えます。

step 1

今回は右の風景写真の空に色をつけます。

まず**［多角形選択］ツール**などを使用して、空に選択範囲を作成します❶。

次に、選択範囲がある状態でメニューから**［レイヤー］→［新規塗りつぶしレイヤー］→［べた塗り］**を選択して❷、［新規レイヤー］ダイアログを表示し、ここでは何も変更せずに［OK］ボタンをクリックします。

step 2

［カラーピッカー］ダイアログで、適当な色を選択します❸。色は後から変更できるのでここでは何色を選択しても構いません。

［OK］ボタンをクリックすると、選択範囲で囲んだ空の上に色がつきます❹。

234

step 3

［レイヤー］パネルで［べた塗り］レイヤーをアクティブにして、描画モードを［カラー］に変更します❺。
描画モードを変更した後は、着色部分のエッジをよく観察してください。拡大した画像を見ると修正する必要がないことがわかります❻。
修正が必要な場合はレイヤーマスク（p.154）を調整してください。

> **Tips**
> 描画モードには、他にもさまざまなものが用意されているので、いろいろと試しながら、画像に合った最適な描画モードを選択しましょう。
> 画像の上に着色する際によく使われるのは［カラー］以外に［オーバーレイ］［乗算］［スクリーン］などがあります（p.148）。

step 4

step2で暫定的に選んだ色を調整します。
［レイヤー］パネル内の［べた塗り］レイヤーのサムネールをダブルクリックして❼、再度、［カラーピッカー］ダイアログを表示し、画像を確認しながら任意の色を選択します❽。

> **Tips**
> ［べた塗り］レイヤーを使用すると、ここで選択した色が直接反映されるので、着色の具合を見ながら色の調整ができ、便利です。
> しかし、その反面、階調や複数の色を表示させることができないので、状況に応じて通常のレイヤーと組み合わせる必要も出てくるでしょう。

- **step 5**

次に、岩と海を着色します。今度は空とは違う方法で着色を行います。
[レイヤー]パネルの**[新規レイヤーを作成]ボタン**をクリックして❾、新規レイヤーを作成したうえで❿、今度は水平線よりも手前の部分(岩と海の箇所)に選択範囲を作成します。

- **step 6**

新規作成したレイヤーがアクティブな状態で、メニューから[編集]→[塗りつぶし]を選択して、[塗りつぶし]ダイアログを表示し、[使用:カラー]を選択します⓫。
[カラーを選択]ダイアログが表示されるので、茶色系の色を選択して[OK]ボタンをクリックします。ここでは[R:118] [G:104] [B:79]に設定しました。

- **step 7**

step3と同様の手順で、塗りつぶしたレイヤーの描画モードを[カラー]に変更すると、選択した色が画像に着色されます⓬。

- **step 8**

現状では、海も岩と同じ色に着色されているので、これまでに解説してきた手順を参考にして、海にも色をつけて⓭、描画モードを[カラー]に設定します⓮。これで完成です。

関連　画像合成の全体像：p.232　描画モード：p.148　選択範囲の基本：p.88

152 レイヤーマスクとグラデーションで合成する

レイヤーマスクとグラデーションを使うと、2枚以上の画像を簡単かつきれいに合成することができます。シンプルなテクニックですが、さまざまなケースで利用できます。

step 1

ツールパネルで[**移動**]**ツール**を選択して❶、合成する画像を元になる画像の上にドラッグ&ドロップし、位置を調整します❷。

これで2つの画像が1つのファイルにまとまり、レイヤーが2つになります。

step 2

合成する画像のレイヤーをアクティブにして❸、[**レイヤーマスクを追加**]**ボタン**をクリックし❹、レイヤーマスクを追加します。

レイヤーマスクを追加すると[レイヤーマスクサムネール]の周りに白枠が付き、レイヤーマスクがアクティブになります❺。

step 3

ツールパネルで[**グラデーション**]**ツール**を選択して❻、[グラデーションピッカー]から[**黒、白**]グラデーションを選択します❼。

step 4

[**グラデーション**]**ツール**でレイヤーが重なっている部分をドラッグします❽。

これで、レイヤーマスクがグラデーションで塗りつぶされ、2つのレイヤーがきれいに合成されます。

関連　レイヤーマスク：p.154　グラデーションで塗りつぶす：p.70　レイヤーの移動：p.138

Sample_Data/153/

153 合成後の不自然なエッジをきれいに仕上げる

合成後の不自然なエッジをきれいに仕上げるには[フリンジ削除]を行ってから、境界線を拡張してぼかした[クリッピングマスク]レイヤーを作成して黒く塗りつぶします。

概要

右の画像では[背景]レイヤーの上に[時計]レイヤーを合成してありますが、切り抜いた画像を配置しただけなので、エッジにわずかに白い部分が残っていて不自然な状態になっています❶。

Tips

[不要なフリンジカラーの削除]や[境界線を調整]などの機能を使用すると、より簡単にフリンジカラーを削除できますが、本項で紹介する基本的な作業のほうがさまざまな場面で応用がききます。

step 1

[時計]レイヤーをアクティブにして、メニューから[レイヤー]→[マッティング]→[フリンジ削除]を選択して[フリンジ削除]ダイアログを表示します。[幅:1]に設定して❷、[OK]ボタンをクリックします。

step 2

時計の輪郭に黒い縁取りを追加して、不自然さを解消していきます。
メニューから[選択範囲]→[選択範囲を読み込む]を選択して[選択範囲を読み込む]ダイアログを表示します。[ソース]エリアの[チャンネル]プルダウンに合成した画像を指定して、[反転]にチェックを入れます❸。

step 3

メニューから[選択範囲]→[選択範囲を変更]→[拡張]を選択して、[選択範囲を拡張]ダイアログを表示し、[拡張量:2]を設定して❹、[OK]ボタンをクリックします。

step 4

続いて、メニューから[選択範囲]→[選択範囲を変更]→[境界をぼかす]を選択して、[境界をぼかす]ダイアログを表示し、[ぼかしの半径:1]に設定して❺、[OK]ボタンをクリックします。

step 5

メニューから［レイヤー］→［新規］→［レイヤー］を選択して［新規レイヤー］ダイアログを表示します。
［下のレイヤーを使用してクリッピングマスクを作成］にチェックを入れて❻、［OK］ボタンをクリックし、新しいレイヤーを作成します。

step 6

メニューから［編集］→［塗りつぶし］を選択して［塗りつぶし］ダイアログを表示します。
［使用：ブラック］を選択して❼、［OK］ボタンをクリックし、塗りつぶしを適用します。
また、メニューから［選択範囲］→［選択を解除］をクリックして選択範囲を解除します。

step 7

これで時計のエッジに黒い縁取りがされました❽。作成した塗りつぶしのレイヤーを見ると、時計以外の部分も黒く塗りつぶされていますが、レイヤーを作成する際に［下のレイヤーを使用してクリッピングマスクを作成］にチェックを入れたので、時計の外側の塗りつぶしは表示されません。

step 8

最後に画像を観察しながら［レイヤー］パネル右上の［不透明度］の値を下げて微調整を行います❾。
これで合成した時計のエッジの不自然さが解消されました❿。

関連　境界線の汚れを取り除く：p.206　　レイヤーの不透明度：p.153　　境界線を調整：p.110

239

Sample_Data/154/

154 快晴の空に雲を合成する

快晴の空に雲を合成するには、[スクリーン]モードで新規レイヤーを作成して、[雲模様1]フィルターを適用します。

概要

右の画像に**[雲模様1]フィルター**を適用することで、雲を合成します。

step 1

まず、下準備として雲を描き込むレイヤーを新規作成します。メニューから[レイヤー]→[新規]→[レイヤー]を選択して、[新規レイヤー]ダイアログを表示します。
[レイヤー名]に「雲」と入力し❶、[描画モード:スクリーン]に設定して❷、[スクリーンの中性色で塗りつぶす(黒)]のボックスにチェックを入れ❸、[OK]ボタンをクリックします。

step 2

[レイヤー]パネルで作成したレイヤーのサムネールを見ると、ブラックで塗りつぶされていることがわかります❹。しかし、先程のダイアログで描画モードを[スクリーン]にしたため、画面上の変化はありません。これは、[スクリーン]モードではブラックよりも明るい色のみが表示されるためです(p.149)。

step 3

ツールパネル下部にある**[描画色と背景色を初期設定に戻す]ボタン**をクリックして❺、描画色と背景色を初期化します。
続いて、メニューから[フィルター]→[描画]→[雲模様1]を選択します❻。
すると、先程新規作成したレイヤー一面に雲模様が描画されます。[雲模様1]フィルターで描画される雲模様にはホワイトからブラックまでが含まれていますが、描画モードが[スクリーン]になっているので、白い部分だけが画面に描画されます❼。

240

- step 4

メニューから[編集]→[自由変形]を選択して、表示されるバウンディングボックスの中央下部と中央上部のハンドルをドラッグして高さを縮めて、右図のような横長に変形させます❽。

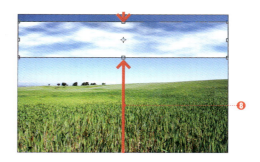

- step 5

続いて、[レイヤー]パネル下部の[レイヤーマスクを追加]ボタンをクリックして❾、レイヤーマスクを追加します。これで自動的にレイヤーマスクが追加されます。

- step 6

ツールパネルから[ブラシ]ツールを選択して❿、[描画色]をブラックに設定します⓫。
ブラシ先端の形状は[ソフト円ブラシ]系を使用し、[直径:80px]程度に設定します⓬。また、必要に応じてブラシの不透明度も[30～100%]に変更します⓭。

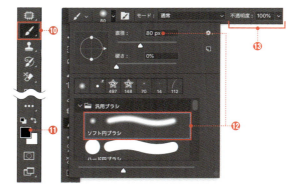

- step 7

[描画色]をブラックに設定したので、[雲]レイヤーを[ブラシ]ツールで塗ると、その部分の雲が消えます⓮。レイヤーマスクを部分的に塗りつぶして雲の形を整えます。
必要に応じて雲を追加したり、レイヤーの不透明度を低くして自然な仕上がりにすれば完成です⓯。

> **Tips**
> [描画色]をホワイトに設定した[ブラシ]ツールで[雲]レイヤーを塗ることで、雲を元の状態に戻すことができます。

関連 レイヤーマスク：p.154　[ブラシ]ツール：p.66　レイヤーの不透明度：p.153　描画モード：p.148

155 はためく旗にイラストを合成する

布の形に沿ってイラストなどを合成するには[置き換え]フィルターを使用します。[置き換え]フィルターを使用すると、前面に配置した画像を、背面の画像に合わせて変形することができます。

step 1

貼り付ける画像素材を用意します。画像に複数のレイヤーがある場合は、先にレイヤーをすべて統合しておいてください(p.143)。ここでは、右図のイラストロゴを白い旗に合成します。

なお、[置き換え]フィルターの適用時に必要な「置き換えマップデータ」として、これらの画像を使用するので合成作業が完了するまで、画像の保存は行わないでください。保存するときは画像の複製を保存します。

step 2

[移動]ツール を使用して、素材のロゴを旗の上に移動します❶。
そのうえで、メニューから[編集]→[自由変形](p.62)を選択して、ロゴを旗の形状に合わせて変形し、位置を調整します❷。旗の上に配置する際はある程度の余白を設けておきます。

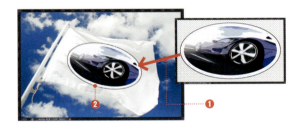

step 3

[レイヤー]パネルで素材のレイヤーをアクティブにして❸、レイヤーの描画モードを[乗算]に変更します❹。

> **Tips**
> 画像の色などによっては[乗算]以外の他の描画モードも試し(p.148)、それでも上手くいかないときは合成するイラストの濃度を調整してみてください。

step 4

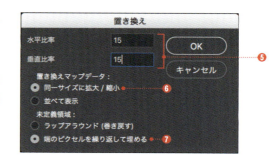

メニューから［フィルター］→［変形］→［置き換え］を選択して、［置き換え］ダイアログを表示します。
ここでは、［水平比率:15］［垂直比率:15］❺、［置き換えマップデータ:同一サイズに拡大／縮小］❻、［未定義領域:端のピクセルを繰り返して埋める］❼に設定します。
各項目を設定したら［OK］ボタンをクリックします。

◎［置き換え］ダイアログの設定項目

項目	内容
水平比率 垂直比率	置き換えマップの濃度よって変形する量を設定します。最大で128ピクセルの置き換えが行われます。画像の大きさによって設定を変えます。
置き換えマップデータ	［同一サイズに拡大／縮小］を選択すると置き換えマップのサイズが画像に合わせてリサイズされます。［並べて表示］を選択するとマップのサイズは変更されずマップが反復して塗りつぶされます。
未定義領域	［ラップアラウンド］を選択すると画像のサイズが合わない場合に画像の反対側を巻き戻して表示します。［端のピクセルを繰り返して埋める］を選択すると画像のサイズが合わない場合にエッジのピクセルカラーをそのまま引き伸ばします。

step 5

［OK］ボタンをクリックすると、置き換えマップデータを選択するダイアログが開くので、現在作業を行っている旗のファイルを指定して❽、［開く］ボタンをクリックします。

step 6

これで、素材の画像が自然に旗に合成されました。旗が波打っているところを見ると、旗の形状に合わせてイラストロゴが変形していることが確認できます❾。

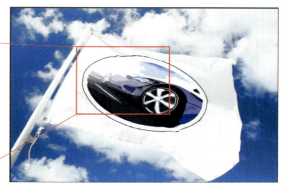

関連　画像合成の全体像：p.232　描画モード：p.148　自由変形：p.62

156 料理写真に湯気を合成する

料理写真に湯気を合成するには、[雲模様1]で作成した模様を、[極座標]と[波形]で煙状にし、[レベル補正]と[ブラシ]ツール で整えます。

概要

ここでは、右の画像に**[雲模様1]フィルター**などを使用して湯気を作成し、合成する方法を解説します。温かい料理の写真に湯気を加えると、より良く見えます。一方で、湯気をきれいに撮影するのは難しく、また撮影時には湯気が立っていないこともありますが、このテクニックを利用すれば、後から湯気を加えることができます。

step 1

メニューから[レイヤー]→[新規]→[レイヤー]を選択して、[新規レイヤー]ダイアログを表示します。[レイヤー名]に「湯気」と入力して❶、[描画モード：スクリーン][不透明度：100]に設定し、[スクリーンの中性色で塗りつぶす(黒)]にチェックを入れます❷。設定したら[OK]ボタンをクリックして、新しいレイヤーを作成します。

step 2

ツールパネルの**[描画色と背景色を初期設定に戻す]ボタン**をクリックして❸、メニューから[フィルター]→[描画]→[雲模様1]を選択します。すると、画像一面にランダムな雲模様が作成されます❹。

step 3

メニューから[フィルター]→[変形]→[極座標]を選択して、[極座標]ダイアログを表示します。[極座標を直交座標に]にチェックを入れて❺、[OK]ボタンをクリックします。

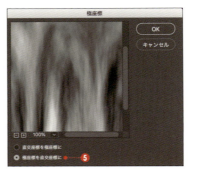

• step 4 •

続いて、メニューから［フィルター］→［変形］→［波形］を選択して［波形］ダイアログを表示します。
次のように設定して、［OK］ボタンをクリックします。

- ［波数：5］
- ［波長：最小50・最大700］
- ［振幅：最小10・最大100］
- ［比率：水平100・垂直100］
- ［種類：正弦波］
- ［未定義領域：端のピクセルを繰り返して埋める］

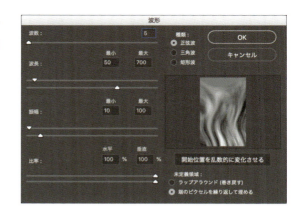

◎［波形］ダイアログの設定項目

項目	内容
波数	発生させる波の数を設定します。
波長	波と波の間隔を設定します。最小値と最大値の間でランダムに設定できます。
振幅	波の幅（高さ）を設定します。最小値と最大値の間でランダムに設定できます。
比率	縦方向と横方向に起きる波の量をそれぞれ設定します。
種類	波の形状を設定します。［正弦波］では一般的な波状の波形になります。［三角波］では波の山と谷にあたる部分が鋭角になります。［矩形波］では曲線のない90°の直角で作られた波になります。
未定義領域	変形した結果、画面外側へ移動したピクセルの処理方法を設定します。通常は［端のピクセルを繰り返して埋める］を指定します。この方法では画面の外に変形したピクセルが、反対側から巻き返して表示されず、ピクセルは引き伸ばされます。

• step 5 •

［極座標］フィルターと［波形］フィルターの効果により、雲模様が右図のように変化します。

• step 6 •

メニューから［イメージ］→［色調補正］→［レベル補正］を選択して、［レベル補正］ダイアログを表示します。
ヒストグラムの下に位置する2つのスライダーを動かして調整します。この画像の場合、［中間調］スライダーで湯気の濃さを調整し、［シャドウ］スライダーで湯気の明るい部分の量を調整します。ここでは、［シャドウ：12］［中間調：0.34］に設定し❻、［OK］ボタンをクリックします。

step 7

メニューから[編集]→[自由変形]を選択して、バウンディングボックスを操作し、右図のように変形します❼。
湯気の量が少ない場合やさらに形状を変形したい場合は[湯気]レイヤーを複製してからさらに変形させてください❽。

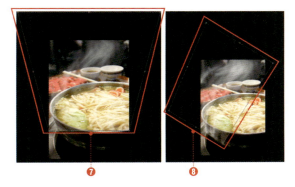

step 8

最後に、[ブラシ]ツール を使用して湯気の形を整えていきます。
ツールパネルから[ブラシ]ツール を選択して❾、[描画色：ブラック]に設定します❿。
また、ブラシピッカーを開いて、[ブラシ先端の形状：ソフト円ブラシ]⓫、[直径：200px][硬さ：0%]に設定します⓬。なお、ブラシの形状やサイズは適宜変更しながら作業してください。

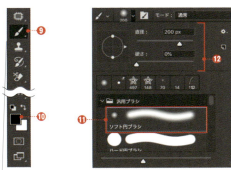

step 9

[ブラシ]ツール で画面上をドラッグして、部分的に湯気を消して仕上げます⓭。
[湯気]レイヤーは、描画モードが[スクリーン]になっているので、明るい部分しか表示されません。そのため、ブラックのブラシで塗りつぶすと湯気が消え、透明になります。

step 10

不要な湯気を消して全体を整えると完成です。合成前の画像と比べると、湯気のある画像のほうが、よりおいしそうに見えることがわかります⓮。

元画像

合成後

関連　レイヤーの変形：p.62　レイヤーの複製：p.134　描画モード：p.148　フィルターを使用する：p.51

Sample_Data/157/

157 商品にエンボスを加える

商品にエンボスを加えるには、[選択範囲をコピーしたレイヤー]を使用し、コピーされたレイヤーに[レイヤースタイル]を適用します。

step 1

[移動]ツールを使用して、エンボスの元となる画像を、エンボスを加えたい画像ファイル上にドラッグ&ドロップして、元となる画像を取り込みます❶。

Tips
エンボスの元となる画像は、オブジェクト以外の部分が透明である必要があります。そのような画像がない場合は、エンボスにしたい形状の選択範囲を作成してください。

step 2

[レイヤー]パネルで、先ほど取り込んだエンボスの元となる画像のレイヤーをアクティブにして、メニューから[編集]→[自由変形]を選択します。
表示されるバウンディングボックスを操作して(p.62)、右図のようにイラストが商品と重なるように変形し位置を調整します❷。

step 3

メニューから[選択範囲]→[選択範囲を読み込む]を選択して、[選択範囲を読み込む]ダイアログを表示します。
[ドキュメント]に現在のドキュメント名、[チャンネル]にエンボスの元となる画像のレイヤー名を設定します❸。
また、[新しい選択範囲]を選択して❹、[OK]ボタンをクリックします。
これで、オブジェクトの部分が選択範囲として読み込まれました。

step 4

[レイヤー]パネルから、エンボスの元となる画像のレイヤーを削除します❺。サムネールの左端にある[レイヤーの表示/非表示]ボタンをクリックして❻、非表示にしても構いません。

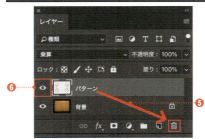

247

step 5

［背景］レイヤーをアクティブにして、メニューから［レイヤー］→［新規］→［選択範囲をコピーしたレイヤー］を選択します。これで選択範囲がコピーされたレイヤーが作成されました。
作成されたら、レイヤーを区別するためにレイヤー名を変更します。ここでは［パターン］とします❼。
続いて、［レイヤー］パネル下部の**［レイヤースタイルを追加］ボタン**をクリックして、一覧の中から［ドロップシャドウ］を選択し❽、［レイヤースタイル］ダイアログを表示します。

step 6

左側の［スタイル］エリアで［ドロップシャドウ］を選択して❾、［描画モード：スクリーン］［不透明度：25］［距離：1］［サイズ：1］に設定します❿。
また、ここではシャドウのカラーに商品の明るい部分の色を指定します⓫。明るい色を指定することで、シャドウとしてではなく、エンボスで凹んだ部分のエッジのハイライトの効果を出すことができます。
その他の設定値はデフォルトのままにします。なお、ここではまだ［OK］ボタンはクリックしません。

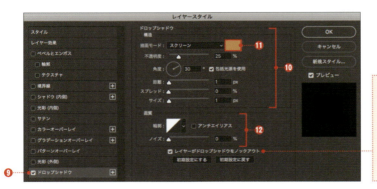

［レイヤーがドロップシャドウをノックアウト］は、［塗り］の不透明度が設定されている場合に、レイヤーのある部分にドロップシャドウを表示させるかどうかの設定です。ここにチェックを入れると、表示されていないレイヤーでドロップシャドウが隠れます。通常はここにチェックを入れておきます。

> **Tips**
> ［ドロップシャドウ］の［画質］エリアでは、ドロップシャドウ（影）の形状を設定できます⓬。［輪郭］をクリックすると、［輪郭エディター］ダイアログが表示されます。
> ドロップシャドウで作られる影は、レイヤーから離れた方向に徐々に薄くなっていきますが、このカーブの右上が影の濃い部分を、左下が影の薄い部分を表しています。通常はデフォルトの設定で使用します。また、右図のデフォルトの設定以外にもさまざまなプリセットが用意されています。

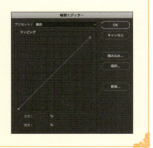

step 7

続いて、左側の[スタイル]エリアで[ベベルとエンボス]を選択して⓭、設定値を変更します。
[構造]エリアでは[深さ：100] [サイズ：1]に設定します⓮。
また、[陰影]エリアの[ハイライトのカラー]に[ドロップシャドウ]の効果で指定したのと同じ色を設定し⓯、[シャドウのカラー]に商品の暗い部分の色を設定します⓰。
これら以外の設定値はデフォルトのままにします。
すべての設定が終わったら[OK]ボタンをクリックして[レイヤースタイル]ダイアログを閉じます。

step 8

最後に[レイヤー]パネルでレイヤーの描画モードを[乗算]に変更し⓱、[塗り：60%]に変更します⓲。このとき、[不透明度]と[塗り]を間違えないように注意してください。これで完成です。

❦ Variation ❧

レイヤーの[塗り]やレイヤースタイルの設定を変更することで、さまざまな効果を簡単に制作することができます。
右の作例では、レイヤーの[塗り]の設定を[0%]にすることで元のエンボスを非表示にして、レイヤースタイルの設定を変更することで、ライン状に彫刻したような効果を出しています。詳しくはダウンロードデータを確認してください。

関連　レイヤースタイル：p.159　描画モード：p.148　自由変形：p.62　[不透明度]と[塗り]：p.163

158 ［自動整列］機能で必要な部分のみ合成する

自動整列で複数画像の必要な部分のみを合成させるには、複数画像をレイヤーとして1つの画像にまとめた後で［レイヤーを自動整列］を行い、レイヤーマスクを追加します。

概要

下の3枚の画像を合成して、手が写っていない画像を作成します。
これらの画像はそれぞれ撮影位置が微妙に違っていて、オブジェクトの写り方が異なっています。

step 1

3枚の画像を同一ファイル上に配置して、［レイヤー］パネルで、3つのレイヤーすべてを選択します❶。

> **Tips**
> 複数のレイヤーを同時にアクティブにするには、⌘（Ctrl）を押しながらレイヤーをクリックします。

step 2

メニューから［編集］→［レイヤーを自動整列］を選択して、［レイヤーを自動整列］ダイアログを表示します。

［投影法：自動設定］を選択して❷、［OK］ボタンをクリックします。すると、カンバスサイズが変更されるのと同時にレイヤーも変形されて自動的に3つのレイヤーの内容が一致します❸。

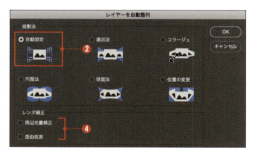

> **Tips**
> ［レンズ補正］エリアの［周辺光量補正］と［歪曲収差］は❹、複数の写真を合成してパノラマ写真を作る時以外はあまり使用しません。今回もこの2つのオプションはオフにしておきます。

step 3

[レイヤー]パネルで最上層のレイヤーをアクティブにして、パネル下部の**[レイヤーマスクを追加]ボタン**をクリックし❺、レイヤーにレイヤーマスクを作成します❻。

step 4

ツールパネルから**[ブラシ]ツール**を選択して❼、[描画色：ブラック]に設定します❽。
最上層のレイヤーの消去したい部分をドラッグして、下に重なるレイヤーを透過させます❾。
レイヤーマスクで不要部分を塗って消していくと、下のレイヤーの不要部分が見えてしまうことがありますが、ひとまず気にせずに作業を進めます。

> **Tips**
> レイヤーマスク上では、ブラックで塗った部分が透明になり、ホワイトで塗った部分が不透明になります（p.154）。

step 5

最上層のレイヤーの不要部分の消去が完了したら、1つ下の階層のレイヤーに先ほどと同様にレイヤーマスクを追加して、**[ブラシ]ツール**で不要部分を消去していきます❿。
不要部分をすべて消去したのち、画像外周にできていた透明部分を切り抜けば完成です。

関連 レイヤーの基本操作：p.132　レイヤーマスクの作成：p.154　レイヤーマスクの編集：p.155

Sample_Data/159/

159 床の映り込みを作成する

レイヤーを複製して、反転させ、真下に配置したうえで、滑らかなグラデーションをかけることで、画像が床に映り込んでいるような表現を実現します。

概要

右の画像のように、床に何も映っていない画像に対して、床の映り込みを合成します。

step 1

［レイヤー］パネルで複製するレイヤーをアクティブにして、メニューから［レイヤー］→［レイヤーを複製］を選択し、［レイヤーを複製］ダイアログを表示します。
［新規名称］に任意の名前を入力して❶、［OK］ボタンをクリックします。

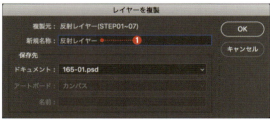

step 2

［レイヤー］パネルで複製したレイヤーをアクティブにして❷、メニューから［編集］→［変形］→［垂直方向に反転］を選択し、レイヤーを反転させます。

step 3

ツールパネルで［移動］ツールを選択して❸、複製したレイヤーを元のレイヤーの底辺に移動します❹。この際、Shiftを押しながらドラッグすると横方向の移動が固定されるので、レイヤーの移動が容易になります。

step 4

現状では、下の画像がハッキリしすぎていて反射しているように見えないので、[反射レイヤー]に滑らかなグラデーションを追加します。
[レイヤー]パネル下部の**[レイヤーマスクの追加]ボタン**をクリックして❺、レイヤーマスクを追加します❻。

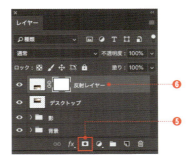

step 5

ツールパネルで**[グラデーション]ツール**を選択して❼、オプションバーで[線形グラデーション]を選択します❽。
続いて、[グラデーションサンプル]をクリックして❾、[グラデーションエディター]を開きます。

step 6

ここでは単純な白黒のグラデーションを作成する[黒、白]を選択して❿、[OK]ボタンをクリックします。

step 7

[Shift]を押しながら下から上に真っ直ぐにドラッグします⓫。床に映り込んでいるようになれば成功です。
このとき、失敗してきれいなグラデーションがかけられなくても、後からやり直すことができるので目的の状態になるまで何度も試してみてください。

step 8

最後の仕上げに、反射した雰囲気を出すために、[レイヤー]パネルで複製したレイヤーを[不透明度:30%]に設定します⓬。これで、より自然な映り込みを作成することができます。

関連 レイヤーの不透明度：p.153　レイヤーの反転：p.139　グラデーションの使用方法：p.70

Sample_Data/160/

160 写真に逆光を入れる

[ブラシ]ツール で光源を作成し、[指先]ツール で光線を加えることで、画像に光が降り注いでいるような表現を追加します。

step 1

[レイヤー]パネルの**[新規レイヤーを作成]ボタン**をクリックして❶、逆光を書き込むためのレイヤーを作成します。

step 2

メニューから[編集]→[塗りつぶし]を選択して、[塗りつぶし]ダイアログを表示します。
[内容]エリアで[使用:ブラック]を選択して❷、[OK]ボタンをクリックします。

step 3

[レイヤー]パネルで、塗りつぶしたレイヤーの描画モードを[スクリーン]に変更します❸。
[スクリーン]モードにすると、ブラックが画面に反映されない色として扱われるため(p.149)、❹のように背景画像よりも上の階層に塗りつぶしたレイヤーを配置しても、その色は表示されません。

> **Tips**
> 一連の処理は別のレイヤーに書き込んであるため、ヒストリーの最大数を超えても、レイヤーごと作業をやり直すことができます。

step 4

光源を書き込みます。
ツールパネルで[ブラシ]ツール を選択して❺、ツールパネル下部の[描画色と背景色を初期値に戻す]ボタンをクリックして❻、[描画色と背景色を入れ替え]ボタンをクリックします❼。この2つのステップで描画色がホワイトになります。
続いて、オプションバーの[ブラシ]ポップアップパネルを表示して❽、[ソフト円ブラシ]を選択して、[直径:800px][硬さ:0%]に設定します❾。

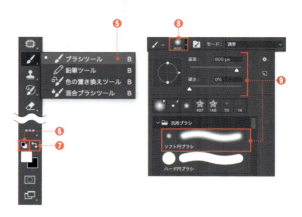

step 5

新規作成したレイヤーがアクティブになっていることを確認したうえで、光源を入れたい部分をワンクリックします❿。
光源が足りない場合はマウスを動かさずに何回かクリックします。また、適切な大きさの光源を作成できない場合は、ブラシサイズを変更してください。

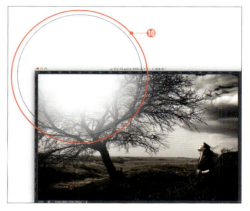

step 6

ツールパネルから[指先]ツール を選択して⓫、オプションバーでブラシサイズを[直径:100px][硬さ:0%]に設定します⓬。また、[強さ:100%]を設定します⓭。

 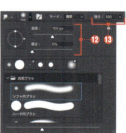

step 7

[指先]ツール で光源の中心から外へドラッグすると、ブラシで書き込んだ部分が伸びて、光の筋のようになります⓮。
レンズの乱反射のように、より自然に見せたい場合は、[指先]ツール のブラシサイズを変えて何度か同じようにドラッグして光の筋を増やしてください。

関連 [指先]ツール:p.209　[ブラシ]ツール:p.66　描画モード:p.148　色のついた光源を作成する:p.256

● 255

Sample_Data/161/

161 色のついた光源を作成する

色のついた光源を作成するには、[レイヤー]→[新規調整レイヤー]→[カラーバランス]をクリッピングレイヤーとして使用します。

概要

右図❶と❷を描画モード[スクリーン]で合成すると、❸のようになります。この合成は『写真に逆光を入れる』(p.254)で行ったものと同じです。この画像では、描画モードに[スクリーン]を選択してあるので、明るい部分だけが表示されて、画像に反映されていますが、光源のレイヤーは実際にはブラックからホワイトまで、無彩色のグレースケールでできています。今回はそのグレー部分に色をつけます。

step 1

光源のレイヤーをアクティブにして、メニューから[レイヤー]→[新規調整レイヤー]→[カラーバランス]を選択し、[新規レイヤー]ダイアログを表示します。[下のレイヤーを使用してクリッピングマスクを作成]にチェックを入れて❹、[OK]ボタンをクリックします。

step 2

[属性]パネルで[階調:中間調]に設定して❺、3つのカラースライダーを以下のように設定します❻。

- [シアン／レッド:+55]
- [マゼンタ／グリーン:0]
- [イエロー／ブルー:−40]

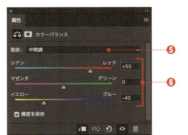

step 3

色を調整すると右図のように光源に色が付きます。なお、今回はカラーバランスを使用して光源に色をつけましたが、より細かく色を設定したい場合はトーンカーブを使用してください。

256

関連 調整レイヤー：p.175　カラーバランス：p.194　写真に逆光を入れる：p.254

162 画像にきらめくような効果を与える

画像にきらめくような効果を与えるには[ブラシ]ツール に、ランダムにペイントする設定を行い、ハイライトを塗っていきます。

step 1

画像にきらめくような効果を描き込むためにブラシを設定します。

ツールパネルで[ブラシ]ツール を選択して❶、[描画色：ホワイト]に設定します❷。

[ブラシ設定]パネルを開き、左側の[ブラシ先端のシェイプ]を選択して❸、ブラシプリセットの中から[星形(14pixel)]を選択します❹。

また、ブラシオプションで[間隔：50%]に設定します❺。

> **Tips**
> [ブラシ設定]パネルが表示されていない場合は、メニューから[ウィンドウ]→[ブラシ設定]を選択して表示します。また、ブラシの形状は[ブラシ]パネルで選択することもできます。

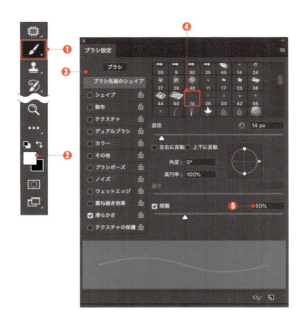

step 2

[散布]オプションにチェックを入れて❻、[両軸]にチェックを入れ、[400%]に設定します❼。
また、[数：4][数のジッター：20%]に設定します❽。
2つある[コントロール]の設定は初期状態の[オフ]のままです❾。

◎ [散布]の設定項目

項目	内容
散布	散布する範囲とランダムになる度合いを設定します。
数	散布する量を設定します。
数のジッター	ブラシの疎密のランダム度合いを設定します。
コントロール	散布と数のジッターのランダムになる度合いや、量が何によって決定されるかを設定します。[オフ]では完全にランダムになります。

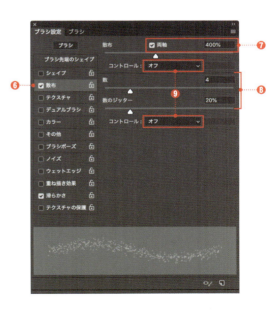

・step 3

［レイヤー］パネル右下の[**新規レイヤーを作成**]ボタンをクリックして❿、新規レイヤーを作成します。

・step 4

ブラシを使用して新規作成したレイヤーにきらめいているような効果を描き込んでいきます。
ブラシサイズを4〜12pxに設定して、画像のハイライト部分をドラッグします⓫。
最初にブラシの描画色をホワイトに設定していますが、ここでも描画色は変えずに、そのままホワイトを使用してください。
柔らかく広がるようなイメージでハイライト部を塗りつぶします。この際、ハイライト部への塗りが多少強すぎたり、はみ出したりしても気にせずに作業します。左図が加工前、右図が加工後です。

加工前

加工後

・step 5

面積の大きいハイライト部に対しては大きなサイズのブラシを使用して、光をちりばめるように塗ります⓬。作例では45px以上のサイズのブラシを使用しています。
また、この際も塗りが強すぎたりはみ出したりしてもかまいません。左図が加工前、右図が加工後です。

加工前

加工後

step 6

ツールパネルから[消しゴム]ツール  を選択して❶、塗りが強すぎる箇所や、はみ出している箇所をドラッグして薄くします❷。
この作業は、新規作成したレイヤーにレイヤーマスク(p.154)を作成して、[ブラシ]ツール でブラックを塗ることでも、同様の効果を得ることができます。
[消しゴム]ツール やレイヤーマスクでの修正が完了すれば完成です。

❖ Variation ❖

画像にきらめきを与えたのと同じように、木漏れ日を加えることもできます。
新規レイヤーを作成して、木漏れ日を加えたい位置に輝く部分を作成したうえで、次の操作を行います。

1. メニューから[フィルター]→[ぼかし]→[ぼかし(ガウス)]を選択して、[半径:3.5]に設定します❶。
2. メニューから[フィルター]→[ぼかし]→[ぼかし(移動)]を選択して、[角度:35][距離:120]に設定します❷。

すると、木漏れ日のハイライトが完成します。下の図は黒いレイヤーのうえにハイライトを表示したものです。ハイライトの入り方がよくわかります。

関連 [ブラシ]ツール:p.66　レイヤーの基本操作:p.132　レイヤーマスク:p.154　ぼかしギャラリー:p.54

Sample_Data/163/

163 画像を立体物に貼り付ける

立体物に平面画像を貼り付ける場合は［Vanishing Point］フィルターを選択します。［Vanishing Point］フィルターは画像の中の遠近感や立体物の形状を読み取り、遠近感を自動的に調整するフィルターです。

概要

ここでは、[Vanishing Point]フィルターを使用して右の白い箱に3枚の平面画像を貼り付けます。
画像を貼りつけるために、最初に新規レイヤーを作成してから以降の手順を行います。

step 1

貼り付ける画像(ここでは帯画像)を開き、選択範囲を作成してから❶、⌘([Ctrl])+Cを押して、クリップボードにコピーします。

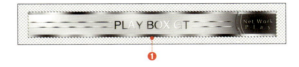

step 2

今度は、貼り付けられるほうの画像(ここでは白い箱)を開き、メニューから[フィルター]→[Vanishing Point]を選択して、[Vanishing Point]ダイアログを表示します。
先ほど作成した新規レイヤーをアクティブにします。
[面作成]ツール⊞のアイコンをクリックして❷、立体物の四隅を順にクリックします❸。すると、その面に合わせてメッシュが作成されます。
メッシュが立体物の面に合っていない場合は[面修正]ツールを選択して❹、四隅のハンドルをドラッグし、修正してください。[面修正]ツールの操作方法は選択範囲やレイヤーを自由変形させる場合と同じです。

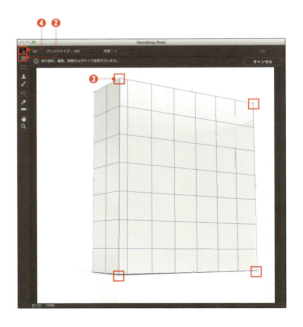

260

- step 3 -

⌘（Ctrl）を押しながらサイドハンドルをドラッグして❺、側面のメッシュを作成します。
また、先程のように面がずれている場合は**[面修正]ツール**で各面を修正します。

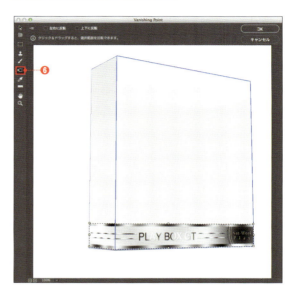

- step 4 -

⌘（Ctrl）+ V を押して、step1でクリップボードにコピーした画像を貼り付けてから、**[変形]ツール**を選択します❻。
貼り付けた画像を任意の場所に配置して、[OK]ボタンをクリックすれば画像の貼り付けは完了です。

> **Tips**
> **[変形]ツール**の操作方法は、選択範囲やレイヤーを自由変形させる場合と同じです（p.62）。貼り付けた画像の拡大／縮小、回転や変形、移動を行うことができます。

- step 5 -

同じ要領で画像の貼り付けを繰り返し、作業を続けると、最終的に右図のような画像が完成します。

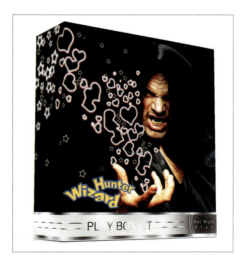

> **Tips**
> [Vanishing Point]ダイアログの**[選択]ツール**を選択すると❼、ダイアログ上部の[ブレンド]プルダウンから貼り付けた画像のなじませ方や、[不透明度][ぼかし]などを設定することができます❽。

関連 自由変形：p.62　レイヤーの複製：p.134

便利なショートカットキー一覧

機能	MacOSX	Windows
ファイルを開く	⌘ + O	Ctrl + O
Adobe Bridge を開く	⌘ + Shift + O	Ctrl + Shift + O
ファイルの保存	⌘ + S	Ctrl + S
別名で保存	⌘ + Shift + S	Ctrl + Shift + S
複製を保存	⌘ + option + S	Ctrl + Alt + S
ファイルの新規作成	⌘ + N	Ctrl + N
カラー設定	⌘ + Shift + K	Ctrl + Shift + K
スナップの使用／解除	⌘ + Shift + ;	Ctrl + Shift + ;
ガイドの表示／非表示	⌘ + ;	Ctrl + ;
自由変形	⌘ + T	Ctrl + T
消去またはレイヤーの削除	Delete	Delete
コンテンツに応じた拡大・縮小	⌘ + option + Shift + C	Ctrl + Alt + Shift + C
フィルターの繰り返し	⌘ + F	Ctrl + F
選択範囲の反転	⌘ + Shift + I	Ctrl + Shift + I
選択範囲の境界をぼかす	⌘ + option + D	Ctrl + Alt + D
選択範囲をコピーしたレイヤー	⌘ + J	Ctrl + J
選択範囲の解除	⌘ + D	Ctrl + D
新規レイヤーの作成	⌘ + Shift + N	Ctrl + Shift + N
レイヤーの結合	⌘ + E	Ctrl + E
レイヤーのグループ化	⌘ + G	Ctrl + G
レイヤーのグループ化の解除	⌘ + Shift + G	Ctrl + Shift + G
トーンカーブ	⌘ + M	Ctrl + M
色相・彩度	⌘ + U	Ctrl + U
キーボードショートカット変更	⌘ + option + Shift + K	Ctrl + Alt + Shift + K
環境設定	⌘ + K	Ctrl + K
プリント	⌘ + P	Ctrl + P
ファイル情報	⌘ + option + Shift + I	Ctrl + Alt + Shift + I
レベル補正	⌘ + L	Ctrl + L
描画色で塗りつぶす	option + Delete	Alt + Delete
背景色で塗りつぶす	⌘ + Delete	Ctrl + Delete
塗りつぶす	Shift + Delete	Shift + Delete
ツールパネル以外を非表示	Shift + Tab	Shift + Tab
パネル類を非表示	Tab	Tab
ブラシサイズを縮小	[	[
ブラシサイズを拡大	]	]
ブラシの硬さを減少	Shift + [	Shift + [
ブラシの硬さを増加	Shift +]	Shift +]
画面を拡大	⌘ + +	Ctrl + +
画面を縮小	⌘ + -	Ctrl + -
画面サイズを最大に	⌘ + 0	Ctrl + 0

第 6 章

アートワーク

Sample_Data/164/

164 手早くカラーフィルタ効果をかける

[スタイル]パネルのパネルメニューから[写真効果]を選択してレイヤースタイルを置き換え、目的のレイヤースタイルのサムネールをクリックすると、手早くカラーフィルタ効果をかけることができます。

概要

ここでは**レイヤースタイル**を使用して、右の画像に手早く簡単にカラーフィルタを適用します。

なお、**レイヤースタイルは[背景]レイヤーには使用できない**ので、事前に対象のレイヤーが通常のレイヤーであることを確認してください。[背景]レイヤーの場合は[レイヤー]パネルで[背景]レイヤーのサムネールをダブルクリックして通常のレイヤーに変換しておきます。また、1つのレイヤーに複数のレイヤースタイルを適用することもできません。対象のレイヤーに他のレイヤースタイルが適用されていないことも確認しておいてください。

step 1

[スタイル]パネル右上のパネルメニューをクリックして、一覧の中から[写真効果]を選択します❶。

step 2

現在のスタイルを写真効果のスタイルで置き換えるかどうかを確認するダイアログが表示されるので、[OK]ボタンをクリックします❷。

なお、ここで[追加]ボタンをクリックするとすでにあるスタイルに写真効果のスタイルが追加されます。

step 3

これで[スタイル]パネルに表示されているスタイルの一覧が[写真効果]のものに置き換わります。一覧の中から[金のオーバーレイ]を選択します❸。

- **step 4**

これで、右図のように画像にカラーフィルタの効果が加わりました。
なお、カラーフィルタ効果はレイヤースタイルで画像に適用されているので、レイヤースタイルの効果に手を加えることでカラーフィルタの色を変更することもできます（以下のVariation参照）。

❦ Variation ❧

カラーフィルタの色を変更するには、レイヤースタイルの［カラーオーバーレイ］効果を再設定します。

- **step 1**

まず、［レイヤー］パネルに表示されている、［カラーオーバーレイ］をダブルクリックして❹、［レイヤースタイル］ダイアログを表示します。

- **step 2**

［カラーオーバーレイ］エリアの［描画モード］と［カラー］、［不透明度］を設定して❺、カラー効果を変更します。

- **step 3**

すると、カラーフィルタの色が変更され、画像に適用されます。
ここでは［描画モード：ソフトライト］に変更することでカラー効果を弱めました。この効果は、［レイヤースタイル］ダイアログの［カラーオーバーレイ］項目に設定されているカラーで塗りつぶされたレイヤーを、［描画モード：オーバーレイ］で元の画像に重ねた場合と同じ効果になります。

関連 レイヤースタイル：p.159　モノトーンに変換する：p.194

165 ワープ変形と影で画像を合成する

画像を自然に合成するには［移動］ツール や、［自由変形］、［ワープ］、［塗りつぶし］、［明るさ・コントラスト］などを使用します。

概要

ここでは、ワープ変形や［明るさ・コントラスト］を使用して右の机の上に、左のポラロイド風の写真画像を自然な形で合成する方法を説明します。

なお、作例の画像には［背景］レイヤーしかありません。合成する画像に複数のレイヤーがある場合は、［レイヤー］パネルオプションから［画像を統合］を選択して、すべて［背景］レイヤーにまとめておいてください。

step 1

ツールパネルから［移動］ツール を選択して❶、合成素材の画像をベースとなる画像上にドラッグ＆ドロップして、レイヤーとして追加します❷。

step 2

レイヤー追加後、［レイヤー］パネルで構成を確認すると❸のようになっています。

この状態で、メニューから［編集］→［自由変形］を選択して❹、バウンディングボックスを表示し、背景画像に合わせて素材を変形し、配置します。

Tips

［自由変形］による画像の変形方法については、p.62を参照してください。

step 3

［レイヤー］パネルで、素材のレイヤーを**[新規レイヤー]ボタン**の上にドラッグ＆ドロップして❺、レイヤーを複製します。

step 4

レイヤーの複製を行うと、自動的に複製されたレイヤーがアクティブになるので、ここでは、1つ下の複製元のレイヤーをクリックしてアクティブにします❻。このレイヤーはブラックで塗りつぶして影の部分にします。

step 5

メニューから［編集］→［塗りつぶし］を選択して［塗りつぶし］ダイアログを表示します。
［使用：ブラック］に設定して❼、［透明部分の保持］にチェックを入れ❽、［OK］ボタンをクリックします。

step 6

［レイヤー］パネルで、今度は先ほど新しく複製したレイヤーをアクティブにします❾。

step 7

メニューから［編集］→［変形］→［ワープ］を選択して❿、バウンディングボックスを表示します。

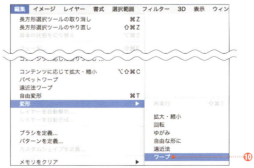

step 8

バウンディングボックスを右図のように操作して、写真の右下部分を内側へ移動させます⓫。
このレイヤーの下には先ほどブラックで塗りつぶしたレイヤーが重なっているため、元の形を目印にしながら変形を行います。

step 9

写真が自然な感じに見えるようにコントラストを下げます。
メニューから[イメージ]→[色調補正]→[明るさ・コントラスト]を選択して、[明るさ・コントラスト]ダイアログを表示します。
画面を確認しながら[コントラスト]を下げて、素材レイヤーの違和感を減らします⓬。ここでは[コントラスト:−9]に設定します。

> **Tips**
> 今回は[明るさ・コントラスト]を使用していますが、トーンカーブ(p.178)を使用してハイライトに色がつくように補正すると、より一層リアルに仕上げることができます。

step 10

再度、[レイヤー]パネルで下の階層のレイヤーをアクティブにして⓭、メニューから[フィルター]→[ぼかし]→[ぼかし(ガウス)]を選択して、[ぼかし(ガウス)]ダイアログを表示します。

step 11

画像ウィンドウとダイアログのプレビューを見ながら適切な値を入力してぼかしをかけます。ここでは[半径:4.0]に設定して⓮、[OK]ボタンをクリックします。

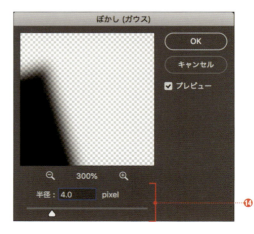

step 12

［ぼかし（ガウス）］フィルターを適用すると、影がぼけて画像になじみ、リアルな表現に近づきます⓯。

step 13

［レイヤー］パネル右上の［不透明度］を[30%]程度に下げます⓰。

step 14

ツールパネルから[移動]ツール を選択して⓱、画面上で影のレイヤーをドラッグして少しだけ移動します⓲。この際、周りのオブジェクトの影を観察して違和感のないように影の方向を調整します。

step 15

影の位置を適切に調整すれば完成です。前面に配置した画像が背景画像になじんで、違和感なく画像を合成することができました。

関連 ［レイヤー］パネルの基本操作：p.132　レイヤーの不透明度：p.153　自由変形：p.62

166 優しく、温かいナチュラル系の写真にする

普通の写真に対して[光彩拡散]フィルターを適用後、[色相・彩度]と[トーンカーブ]の調整レイヤーで色調補正を行うことで、優しく、温かみのあるナチュラル系の写真に加工します。

- 概要 -

右の写真に、広い範囲がフラットに明るくなるような効果を加えたうえで、広い面積を占める色の彩度を上げ、フラットに近い傾斜になるようにトーンカーブを上昇させると、全体的に優しく、温かいトーンのナチュラル系の写真になります。

- step 1 -

今回は[光彩拡散]フィルターを使用するので、下準備としてツールパネル下部の[描画色と背景色を初期設定化]ボタンをクリックして❶、描画色と背景色を初期化します。
続いて、メニューから[フィルター]→[フィルターギャラリー]を選択して[変形]カテゴリの[光彩拡散]を表示します。

[光彩度]に最小の値を設定してハイライトに最小限の輝きを与え、[透明度]を下げて広い範囲がフラットに明るくなるように設定します。ここでは[きめの度合い:0][光彩度:2][透明度:12]に設定します❷。設定したら[OK]ボタンをクリックして画像にフィルター効果を適用します。

- step 2 -

メニューから[レイヤー]→[新規調整レイヤー]→[色相・彩度]を選択して[新規レイヤー]ダイアログを表示します。
ここでは何も変更せず、そのまま[OK]ボタンをクリックします❸。

· **step 3** ·······························

［属性］パネルで、画像内で大きな面積を占めている部分の彩度を最大限まで上げます。
ここでは、空の彩度を上げるので［イエロー系］の彩度を［+50］❹、［ブルー系］の彩度を［+60］❺に設定します。

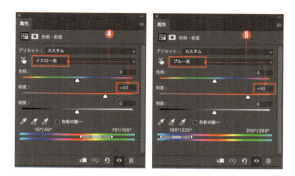

· **step 4** ·······························

メニューから［レイヤー］→［新規調整レイヤー］→［トーンカーブ］を選択して、［新規レイヤー］ダイアログを表示します。
ここでは何も変更せず、そのまま［OK］ボタンをクリックします❻。

· **step 5** ·······························

［属性］パネルでトーンカーブ全体を上に上げて、フラットに近い傾斜になるようにポイントを追加して調整します❼。
トーンカーブを右図のように調整することで、コントラストの低いハイキーな画像に仕上がります。

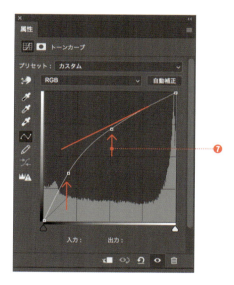

· **step 6** ·······························

これで完成です。トーンカーブを使用したことによって彩度が下がったように感じる場合は、［色相・彩度］調整レイヤーの［マスター］の彩度を上げてください。

関連　調整レイヤー：p.175　トーンカーブの使い方：p.178　［色相・彩度］：p.188

Sample_Data/167/

167 色あせたカラー写真のように加工する

画像を色あせたカラー写真のように加工するには[ノイズを加える]フィルターや[色相・彩度]調整レイヤー、[カラーバランス]調整レイヤーを使用します。

概要

ここでは、右の写真のように、きれいなカラー写真に対して**[ノイズを加える]フィルター**や**[カラーバランス]調整レイヤー**を使用することで、色あせた、雰囲気のある写真を作成します。

step 1

[レイヤー]パネルで目的のレイヤーをアクティブにして❶、メニューから[フィルター]→[ノイズ]→[ノイズを加える]を選択し、[ノイズを加える]ダイアログを表示します。

step 2

プレビューを見ながら各設定を行います。ここでは、[量:3]に設定して❷、[均等に分布]を選択します❸。また、[グレースケールノイズ]にチェックを入れます❹。
各項目を設定したら[OK]ボタンをクリックします。

◎ [ノイズを加える]ダイアログの設定項目

項目	内容
量	画像全体に占めるノイズの割合をパーセントで指定します。
分布方法	ノイズの分布方法です。同じ数値でも、[均等に分布]を選択するとノイズが目立ちにくくなり、[ガウス分布]を選択すると自然なノイズになります。
グレースケールノイズ	チェックを入れると無彩色のグレースケールのノイズになります。

step 3

メニューから[レイヤー]→[新規調整レイヤー]→[色相・彩度]を選択して[新規レイヤー]ダイアログを表示します。ここでは何も変更せず、そのまま[OK]ボタンをクリックします❺。

· step 4 ·

[属性]パネルで[彩度]と[明度]を下げて、古ぼけた色に調整しやすくします。ここでは[彩度：－40][明度：－15]に設定します❻。

· step 5 ·

メニューから[レイヤー]→[新規調整レイヤー]→[カラーバランス]を選択して、[新規レイヤー]ダイアログを表示します。ここでも先ほど同様に何も変更せず、[OK]ボタンをクリックします❼。

· step 6 ·

[属性]パネルで[階調：中間調]を選択して❽、[輝度を保持]のボックスのチェックを外し❾、3つのスライダーの値を設定します。3つのスライダーのボックスに入力する数値は、合計がマイナスになるように設定します。
まず、[イエロー／ブルー]の値を不自然にならない程度まで下げ、続いて[マゼンタ／グリーン]と[シアン／レッド]を操作して画面全体が赤みを帯びるように設定します。[マゼンタ／グリーン]にはマイナスの値を、[シアン／レッド]にはプラスの値を入力します。
今回は[シアン／レッド：25][マゼンタ／グリーン：－25][イエロー／ブルー：－100]を入力します❿。

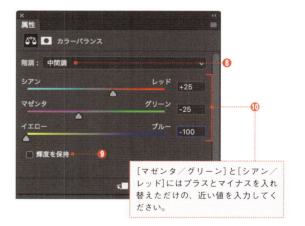

[マゼンタ／グリーン]と[シアン／レッド]にはプラスとマイナスを入れ替えただけの、近い値を入力してください。

· step 7 ·

これで、経年変化で色あせたような写真が再現されました。step4で明度を下げたので、[中間調]をコントロールするだけで、画像の中の一番白い部分が赤黄色くなり経年変化で黄ばんだ雰囲気を出すことができます。

関連 調整レイヤー：p.175　[色相・彩度]：p.188　トイカメラ風の写真にする：p.274

273

トイカメラ風の写真にする

画像をトイカメラ風の写真に加工するには、[色相・彩度]、[光彩拡散]、[レンズ補正]、[ぼかし（レンズ）]などを使用します。

・概　要・

トイカメラとはロシア製のカメラ「LOMO」などに代表される、非常に安価なカメラのことです。これらの製品は簡単な作りであるため、カメラの個体差によって予想外のおもしろい写真が撮影でき、近年人気となっています。

今回は右の画像に対して、トイカメラで撮った写真の特徴である「**鮮やかな色調**」や「**レンズ内の反射によるソフトフォーカスのようなピントの甘さ**」「**周辺光量の落ち込み**」などを再現します。

・step 1・

メニューから[イメージ]→[色調補正]→[色相・彩度]を選択して、[色相・彩度]ダイアログを表示します。[彩度]にできる限り高い数値を入力します❶。ここでは、[彩度：45]に設定して、[OK]ボタンをクリックします。

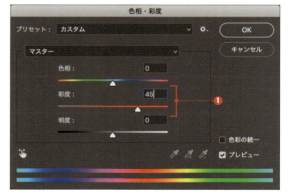

Tips
[彩度]を上げすぎると階調がなくなってしまうので注意してください。ここでは階調がおかしくならない範囲で極力大きな値を入力します。

・step 2・

ツールパネルの[**背景色を設定**]**アイコン**をクリックして❷、ダイアログを表示し、背景色を[R：230、G：240、B：255]に設定します。この背景色は、[光彩拡散]フィルターを使用して作られるハイライト部分の色になります。

なお、この色は画像に合わせて任意の色を設定してください。

step 3

メニューから[フィルター]→[フィルターギャラリー]を選択して[変形]カテゴリの[光彩拡散]を表示します。プレビューを見ながら多少大げさになるように値を調整します。ここでは[きめの度合い:0] [光彩度:4] [透明度:15]に設定します❸。
[OK]ボタンをクリックして画像に適用します。

step 4

続いて、メニューから[フィルター]→[レンズ補正]を選択して、[レンズ補正]ダイアログを表示します。
[カスタム]タブを選択し❹、[適用量:−100]に設定してトイカメラ特有の周辺光量不足を再現します❺。
[OK]ボタンをクリックして画像に適用します。
なお、ここでは[レンズ補正]フィルターを使用していますが、より柔軟にコントロールする方法として、選択範囲とトーンカーブを使用する方法があります(p.318)。

step 5

最後に、柔らかいピンボケを再現するために[ぼかし(レンズ)]フィルターを適用します。
メニューから[フィルター]→[ぼかし]→[ぼかし(レンズ)]を選択して、[ぼかし(レンズ)]ダイアログを表示します。
[虹彩絞り]エリアの[半径]と、[スペキュラハイライト]エリアの[明るさ]を設定して画像をぼかします。ここでは[半径:4] [明るさ:3]に設定して❻、[OK]ボタンをクリックします。

step 6

これで、トイカメラ特有の写り方を再現できました。なお、各設定値はあくまでも参考値です。実際に作業する際は、フィルターギャラリーのプレビューで効果を確認しながら決定してください。

169 淡く、優しい雰囲気に加工する

Sample_Data/169/

[トーンカーブ]を使用してシャドウ部をコントロールすることで、画像の濃度をコントロールし、全体を淡く、優しい雰囲気に仕上げます。

- 概要

ここでは、右の画像のシャドウ部を[トーンカーブ]でコントロールすることで、全体的に淡く、優しい雰囲気に仕上げます。**このテクニックは汎用性が高く、どのような写真に対しても利用できます。**

また、写真のコントラストが高すぎる場合や、暗すぎる場合でも、最後の行程で調整できます。

- step 1

[レイヤー]パネルで加工対象のレイヤーをアクティブにしたうえで、メニューから[レイヤー]→[新規調整レイヤー]→[トーンカーブ]を選択して、[新規レイヤー]ダイアログを表示します。ここでは、何も変更せず[OK]ボタンをクリックします❶。

- step 2

[属性]パネルで、トーンカーブを変更します。

まず、画像の最も暗い部分を青緑色にすることで、淡く濁ったイメージにします。

[チャンネル：レッド]を選択して❷、トーンカーブ中央のポイントを下に移動させます❸。このとき、中央のポイントをクリックしてからパネル下部の入力スペースに[入力：140] [出力：125]と直接入力しても構いません❹。

- step 3

続いて、[チャンネル：グリーン]を選択して❺、トーンカーブ中央のポイントを上に移動し、[入力：130] [出力：145]にします❻。

同様に、画像を仕上げるために[チャンネル：ブルー]を選択して❼、トーンカーブ左下のポイントを上に移動し、[入力：0] [出力：75]にします❽。

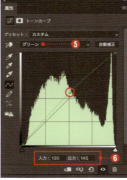
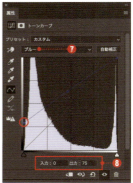

step 4

これで、暗い部分を中心に画像全体が淡くなり、青緑色に偏った写真になります❾。

彩度の仕上げとして[チャンネル:RGB]を選択して❿、明るさとコントラストを調整します。

この画像の場合は、コントラストが低く、明るいイメージに仕上げたいので、トーンカーブの左下のポイントを上に移動してから⓫、中心部を上方向に持ちあげます⓬。ここでは左下のポイントは[入力:0][出力:45]、中央のポイントは[入力:140][出力:195]に設定しました。

これで完成です⓭。画像によっては最後のトーンカーブを変更することで、さまざまなイメージに仕上げられます。

> **Tips**
> ここでは最後の仕上げに、トーンカーブを山なりにしたため、コントラストが低く、明るいイメージになっています。コントラストを高くしたい場合は、ここでS字カーブにします（p.179）。S字カーブにすると、コントラストが高く、鮮やかなイメージに仕上がります。詳しくはダウンロードデータを参照してください。

✤ Variation ✤

ここでは、写真に応じて仕上がりを調整できる[トーンカーブ]を使用する方法を解説しましたが、同様の加工は[べた塗り]レイヤーを使用することでも実現できます。本文step1の[トーンカーブ]の調整レイヤーを作成する箇所で、メニューから[レイヤー]→[新規塗りつぶしレイヤー]→[べた塗り]を選択して、[べた塗りレイヤー]を作成します。

その後、べた塗りのカラーに[R:40、G:55、B:125]を設定します。そして[べた塗りレイヤー]の描画モードを[覆い焼き(リニア)-加算]に設定します。こうすることで、本文と似た画像を作ることが可能です（この方法では最も明るい部分にも色が付きます）。

また、このときレイヤーの描画モードを[比較(明)]や[覆い焼きカラー]にすることで、違った雰囲気に仕上げることも可能です。

関連　トーンカーブの使い方：p.178　　[べた塗り]レイヤー：p.234　　トイカメラ風の写真にする：p.274

170 美しく流れる髪の毛を描画する

ここでは[油彩]フィルターを使用して、画像を滑らかに、流れているような表現に加工します。この作例のポイントは、[油彩]フィルターを使い分けて、ディテールを生かしている点です。

概要

[油彩]フィルターは、方向性のあるピクセルを、その方向に向かってブラシでなぞったような効果を与えるフィルターです。

ここでは、右図に対して[油彩]フィルターを適用して、美しく流れる髪の毛を描画します。

なお、目や口、鼻などの細部と全体では必要なディテールが異なるので、部分ごとにフィルターを使い分けることが必要になります。

元画像

step 1

元画像のレイヤーは後工程でも使用するので、最初に[背景]レイヤーを[レイヤー]パネルの**[新規レイヤー作成]ボタン**にドラッグ＆ドロップして❶、レイヤーを複製します。

そのうえで、複製したレイヤーをアクティブにして、メニューから[フィルター]→[表現手法]→[油彩]を選択して、[油彩]ダイアログを表示します。

step 2

[形態]と[クリーン度]以外の値を最小値にして❷❸、[クリーン度:1]に設定します❹。

次に、画像を見ながら[形態]の値を調整して、目や口、鼻などの細かい部分の形状に違和感がない範囲で、なるべく大きい値になるように設定します。ここでは、[形態:5.5]に設定しました❺。設定値は画像によって異なりますが、[クリーン度]を設定後に[形態]を調整すると、目的に応じた設定値を探しやすくなります。

これで、全体的には弱めですが、目などの細部には十分に[油彩]フィルターがかかった画像になります。

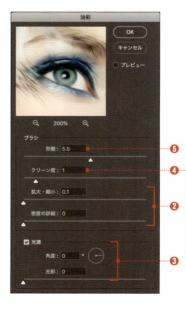

[クリーン度]は[油彩]フィルターの効果の度合いをコントロールします。今回のような画像を作る場合は、1〜5に設定してから、[形態]を操作します。

・step 3・

続いて、画像の全体に［油彩］フィルターをしっかりと適用していきます。

先ほどと同様に［背景］レイヤーを複製して、複製したレイヤーを［レイヤー］パネルの最上部に移動します❻。そのうえで、再度［油彩］ダイアログを表示します。

今回は［形態］と［クリーン度］を最大値にして❼、それ以外の項目を最小値にします。こうすることで、細かなディテールは失われますが、［油彩］フィルターの「**ブラシでなぞったような効果**」が最大限に発揮されます。

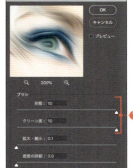

・step 4・

このままでは、画像のディテールが失われており、画像として成立していないので、目や口、鼻などの細部を一部戻します。

まず、最上部のレイヤーをアクティブにして❽、**［レイヤーマスクを追加］ボタン**をクリックし❾、レイヤーマスク（p.154）を追加します。

・step 5・

現在のレイヤーの下にあるディテールの残っているレイヤーを部分的に表示させます。

ツールパネルで**［ブラシ］ツール**を選択して❿、［描画色：ブラック］に設定します⓫。

ブラシの設定は［ソフト円ブラシ］を選択して⓬、［不透明度：80〜100%］に設定します⓭。ここでは、不透明度を［100%］に設定し、ブラシサイズは画像サイズに合わせて［60px］にしました。

・step 6・

ブラシの設定が終わったら、目や口、鼻などのディテールが不自然になっている部分をドラッグします。レイヤーマスクをブラックで塗ると、下にあるレイヤー画像が部分的に表示されます。

これを繰り返すことで、ブラシでなぞったように滑らかな画像ができ上がります⓮。［油彩］フィルターを使い分けたことで、画像の特性が生かされていることがわかります。

なお、**［油彩］フィルターを使用すると、コントラストが下がることがあるので注意してください**。ここでは［トーンカーブ］調整レイヤー（p.178）でコントラストを上げて仕上げています。

関連　レイヤーマスクの使い方：p.154　　トーンカーブの使い方：p.178

夜景を虹色に輝かせる

ここでは画像をいったん白黒に変換し、その後別レイヤーにカラー情報を追加することで、夜景の輝きの色を自由自在にコントロールし、輝いた雰囲気を演出します。

• 概要

ここでは右の夜景写真を虹色に輝かせます。右図のようにさまざまな色で光輝く画像の輝きを好みの色に変えるには、いったん白黒画像に変換したうえで、別レイヤーにカラー情報を追加し、そのレイヤーの描画モードを変更します。通常、画像にカラーを着色する際は［カラー］や［乗算］描画モードを使用しますが、今回は［オーバーレイ］描画モードを使用することで、輝きを強調します。

• step 1

加工する画像を開いて、メニューから［レイヤー］→［レイヤーの複製］を選択し、レイヤーを「フィルター」という名前で複製します❶。

• step 2

メニューから［フィルター］→［その他］→［明るさの最大値］を選択して［明るさの最大値］ダイアログを表示します。
画像の明るい部分を拡張します。［半径：18］［保持：直角度］に設定して❷、［OK］ボタンをクリックします。

［保持：直角度］を指定すると、明るいピクセルが正方形に拡張します。一方、［保持：真円率］を指定すると正円形に拡張します。今回は後工程で画像を上下方向にぼかすため水平・垂直にフィルター効果が発生する［直角度］を選択しました。

280

step 3

メニューから［フィルター］→［ぼかし］→［ぼかし（移動）］を選択して、［ぼかし（移動）］ダイアログを表示し、［角度：90］［距離：140］に設定して❸、［OK］ボタンをクリックします。

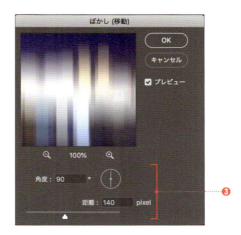

step 4

このままでは輝く部分のエッジが強すぎるので、エッジの輝きを滑らかにするために、メニューから［フィルター］→［ぼかし］→［ぼかし（ガウス）］を選択して、［ぼかし（ガウス）］ダイアログを表示し、［半径：7］に設定して❹、［OK］ボタンをクリックします。これで輝くエッジが目立たなくなります❺。

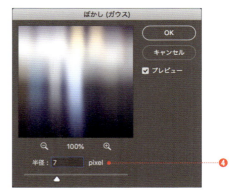

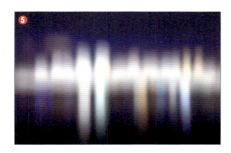

step 5

これまでに作成した輝く効果を弱めて、元の画像を組み合わせます。
［フィルター］レイヤーをアクティブにして、［描画モード：オーバーレイ］［不透明度：40%］に設定します❻。
ここまでの手順で夜景写真は右図のようになります❼。

> **Tips**
> ［オーバーレイ］は［スクリーン］と［乗算］を組み合わせたような描画モードです。基本色（下のレイヤーの色）に応じて、カラーを乗算またはスクリーンします。そのため、色が50%グレーよりも明るい部分はより明るくなり、暗い部分はより暗くなります。この効果によって、今回の画像ではメリハリのある画像になります。

281

• step 6

［選択範囲］と［塗りつぶし］を使用して、水面に輝く部分を作成します。
新規レイヤー（［ハイライト］レイヤー）を追加して❽、ツールパネルで**［多角形選択］ツール**を選択し、オプションパネルで［ぼかし：5 px］に設定します❾。

• step 7

海岸から手前にかけて大きめの選択範囲を作成します❿。
続いて、今度は［ぼかし：30 px］に変更して、Shift + option（Shift + Alt ）を押しながらビル群を囲むように選択範囲を作成します⓫。
この手順を踏むと、既存の選択範囲と新たな選択範囲の共通部分のみを選択範囲として残すことができ、かつ、海岸側と手前側でボケの大きさが異なる選択範囲になります（海岸側は5 pxのボケ、手前側は30 pxのボケ）。

• step 8

メニューから［編集］→［塗りつぶし］を選択して、［塗りつぶし］ダイアログを表示し、［内容：ホワイト］で塗りつぶします⓬。
そのうえで、［ハイライト］レイヤーを［不透明度：70%］に変更しておきます。

• step 9

画像を白黒にします。
メニューから［レイヤー］→［新規調整レイヤー］→［チャンネルミキサー］を選択して［新規レイヤー］ダイアログを表示し、何も変更せずに［OK］ボタンをクリックします。
［属性］パネルで［モノクロ］にチェックを入れて⓭、［レッド：30］［グリーン：59］［ブルー：11］に設定します⓮。
これでこのレイヤー以下の画像はすべて白黒で表示されるようにします。

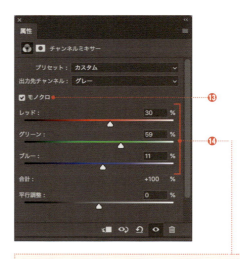

［レッド：30］［グリーン：59］［ブルー：11］にすると、Photoshopの明度情報だけが表示されます。これは最も基本的な白黒画像です。

・step 10・

着色用に「カラー」という名前の新規レイヤーを作成し、[描画モード：オーバーレイ]に変更します⑮。次に、ツールパネルで[ブラシ]ツール を選択し⑯、[描画色]をクリックしてカラーピッカーを開きます⑰。

・step 11・

今回はカラーをHSBで設定してみます。
[H：300]　[S：75]　[B：50]に設定して[OK]ボタンをクリックします⑱。

> **Tips**
> HSBではH（色相）、S（彩度）、B（明度）の3つでカラーを指定します。Hは0～359°(360)で色合いを設定します。赤は0°、緑は120℃、青は240°です。

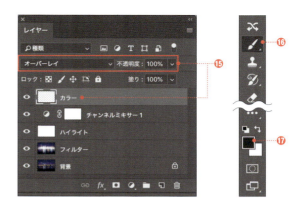

・step 12・

[ソフト円ブラシ]　[直径：200 px]のブラシ⑲で画面上をドラッグして、設定したカラーで塗りつぶします⑳。ブラシのサイズは画像に合わせて適宜調整してください。

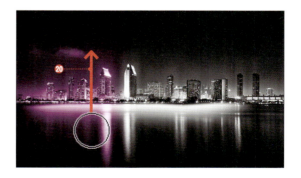

・step 13・

同様の手順でカラーを変更して、画像上を塗り分けていき、最後に[トーンカーブ]調整レイヤーで画像全体を調整すれば完成です㉑。

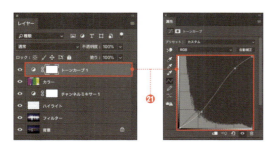

関連　トーンカーブの使い方：p.148　調整レイヤー：p.175　描画モード：p.148　[ブラシ]ツール：p.66

Sample_Data/172/

 写真をHDR画像風に加工する

通常の画像から HDR 画像（High Dynamic Range Image）風の画像を作るには、［HDR トーン］機能を使用します。この機能を使用すると、簡単な操作で 1 枚の画像から HDR のような画像を作成できます。

HDR画像（High Dynamic Range Image）とは、明るさの異なる複数の画像を組み合わせることで、その領域内でコントラストを最大にした画像です。

通常、HDR画像を作成するには、明るさを変えて撮影した写真を複数枚用意する必要があります。しかし、**［HDR トーン］機能**を使用すれば、1 枚の写真から HDR 風の画像を作成することができます。ここでは右の画像を使用して、HDR画像風の画像を作成します。

step 1

［HDR トーン］を使用するには、メニューから［イメージ］→［色調補正］→［HDR トーン］を選択して、［HDR トーン］ダイアログを表示します。

［エッジ光彩］エリアで［強さ：2］に設定し、［エッジを滑らかに］にチェックを入れます❶。［エッジを滑らかに］を有効にすると、画像の見かけ上のコントラストが上がり、HDRらしいハイコントラストな画像になります。

また、［トーンとディテール］エリアで、［ディテール：＋300］に設定をします❷。この設定によって、細部のエッジが強調されて、HDRらしいディテールが表現されます。次に、画像を確認しながら［エッジ光彩］エリアの［半径］を調整します❸。ここでは、画像の明るい部分と暗い部分が不鮮明にならない程度に大きな値を設定します。今回は［半径：38］に設定しました。

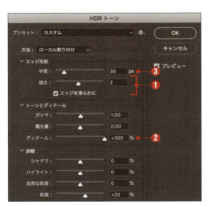

Tips

［HDR トーン］ダイアログを表示する際に、選択している画像が［背景］レイヤーでない場合や、複数のレイヤーがある場合は、右図のようなダイアログが表示されるので、［はい］ボタンをクリックします❹。

［はい］ボタンをクリックすると、レイヤーが統合されます（p.143）。必要に応じて画像ファイルの複製を残しておきましょう。

◎ [HDRトーン]ダイアログの設定項目

項目	内容
方法	撮影時のすべての濃度を表現するには[ハイライト圧縮]を使用し、ここで紹介するようなHDR画像を作る場合は[ローカル割り付け]を選択します。
[エッジ光彩]エリア	[ローカル割り付け]では濃淡のある画像を組み合わせるため、その濃淡の差をどのようにするかを指定できます。[半径]では明るい部分と暗い部分をにじませる領域の半径を指定します。[強さ]では画像の濃淡がどれくらいある場合にエッジ光彩を発生させるかを指定します。
[トーンとディテール]エリア	明るさや明瞭度を指定します。
[詳細]エリア	シャドウとハイライトの明るさの調整と彩度の調整を行います。彩度を調整するときは[自然な彩度]から先に設定します。

step 2

現状では画像のエッジ部分のぼけが強すぎて不自然に浮いているので、最後の仕上げとしてぼけ具合を調整します。

画像を確認しながら[エッジ光彩]エリアの値を弱めます。ここでは[強さ:1.5]に設定します❺。さらに、HDRらしさを強調するために[詳細]エリアで[彩度]を上げます。ここで[彩度:70]まで上げました❻。ただし、この設定については、画像の細部が不自然にならないように、画像を確認しながら調整することが必要です。このように彩度を上げることで、エッジ部分と画像が自然になじみ、コントラストのついたダイナミックな画像が完成します。

❧ Variation ❧

ここで紹介したHDRトーンで作成した画像を白黒画像にすると(p.194)、ハイクオリティな白黒写真を再現することができます。このとき、[エッジ光彩]エリアの設定は弱めにします。画像を白黒にする方法はいくつかありますが、ここではチャンネルミキサーで[R:30、G:59、B:11]に設定し[モノクロ]にチェックを入れました。上記のチャンネルミキサーを使用する方法は項目番号139の『イメージ通りのモノトーンに変換する』のVariationを参考にしてください。

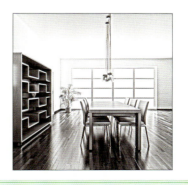

関連 HDR画像を作成する：p.286

HDR画像を作成する

さまざまな濃度で撮影された写真を合成して、HDR画像を作成し、通常の写真では表現できない濃度域の画像を作ります。

• 概要

HDR画像 (High Dynamic Range Image) にはさまざまな表現方法がありますが、ここでは濃淡の異なる5つの画像を使用して、幻想的な画像を作成します。

• step 1

使用する画像をすべて開いた状態で、メニューから [ファイル]→[自動処理]→[HDR Proに統合] を選択して、[HDR Proに統合] ダイアログを表示します。
[開いているファイルを追加]ボタンをクリックします

• step 2

[HDR Proに統合] の設定画面が表示されたら、[モード] で [16bit] [ローカル割り付け] を選択します❸。
続いて、次のように設定します。

- [半径:330 px]
- [強さ:1.6]   ❹
- [ガンマ:1.5]
- [露光量:0]   ❺
- [ディテール:140%]
- [シャドウ:0%]
- [ハイライト:−30%]
- [自然な彩度:0%] ❻
- [彩度:20%]

❶。すると、先ほど開いた画像がリストに追加されます
❷。写真が追加されたら [OK] ボタンをクリックします。

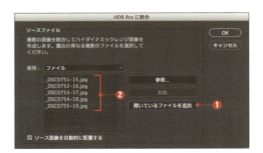

設定が終了したら [OK] ボタンをクリックします。すると、自動的にHDR画像が作成され、新しい画像として表示されます。

◎［HDR Proに統合］ダイアログの設定項目

項目	内容
エッジの光彩	濃淡のある画像を組み合わせたときに発生する濃度のギャップをどのように処理するかを指定します。
トーンとディテール	画像の濃度と、どの程度くっきり仕上げるかを指定します。［ガンマ］と［露光量］は明るさに関する設定です。また、［ディテール］では画像をどの程度シャープにするかを指定します。今回のような幻想的な仕上げにする場合は多少強めに設定します。
詳細	［シャドウ］と［ハイライト］の明るさの調整と、彩度の調整を行います。

・step 3 ・・・・・・・・・・・・・・・・・・・・・・・・・・

ここまでの作業で基本的なHDR画像はでき上がっていますが、最後に仕上げを行います。ここでは、キーになる色の彩度を上げて、不要な色の彩度を下げます。

画像が開いたら、メニューから［レイヤー］→［新規調整レイヤー］→［色相・彩度］を選択して［色相・彩度］調整レイヤーを作成します。

［属性］パネルで、［ブルー系］を選択して❾、［彩度：＋50］に設定し❿、［レッド系］を選択して⓫、［彩度：－100］に設定します⓬。

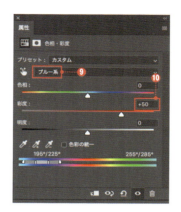

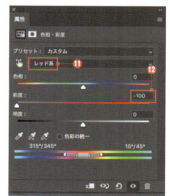

・step 4 ・・・・・・・・・・・・・・・・・・・・・・・・・・

これで完成です。これで、必要以上に赤くなっている箇所が消去され、青い空がより鮮やかになっていることがわかります。

関連 HDR風画像を作る：p.284　色相・彩度：p.188　描画モード：p.148

174 複数の画像をつなぎ合わせて
パノラマ写真を作成する

Sample_Data/174/

ここでは[Photomerge]機能を使用して、別々に撮影した複数の写真をつなぎ合わせて、1つのパノラマ写真を作成します。

ここでは、以下の5つのHDR加工した写真を使用します。写真ごとに5枚の撮影を行い、HDR画像を作成して(p.286)、その写真をパノラマ合成します。パノラマ写真作成用の写真を自分で撮影する場合は 右の4点に注意してください。

- 各画像の25〜40%が重なるように撮影する
- 露光量、焦点距離など撮影時の条件を統一する
- カメラを水平に保ち同じ位置で撮影する
- 歪みのあるレンズの使用を避ける

· step 1

パノラマに使用する画像をすべて開いて、メニューから[ファイル]→[自動処理]→[Photomerge]を選択し❶、[Photomerge]ダイアログを表示します。なお、ここではHDR画像を使用していますが、HDR画像である必要はありません。いろいろな写真で試してみましょう。

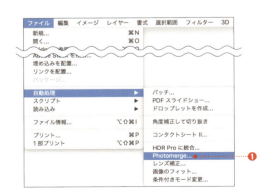

288

・step 2・

[開いているファイルを追加]ボタンをクリックして❷、画像を追加します❸。なお、このとき警告を促すダイアログが表示されることがありますが、気にせず[OK]ボタンをクリックしてください。

続いて、[自動設定]を選択して❹、[画像を合成]と[周辺光量補正]にチェックを入れます❺。

各設定が完了したら[OK]ボタンをクリックします。

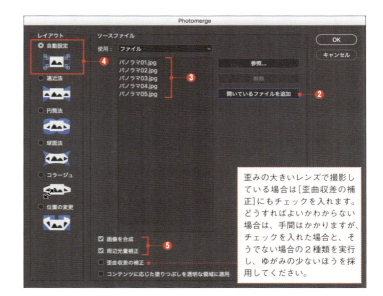

歪みの大きいレンズで撮影している場合は[歪曲収差の補正]にもチェックを入れます。どうすればよいかわからない場合は、手間はかかりますが、チェックを入れた場合と、そうでない場合の2種類を実行し、ゆがみの少ないほうを採用してください。

・step 3・

パノラマ合成が終わると以下のような画像が表示されます。

・step 4・

最後に、ツールパネルから[切り抜き]ツールを選択して❻、余分なスペースを切り抜けば完成です。

関連 画像の切り抜き：p.36　HDR画像：p.286　[レンズ補正]フィルター：p.229

Sample_Data/175/

175　写真をカットアウト風のイラストにする

［カットアウト］フィルターの設定項目を変えることで、元の画像のイメージを残したカットアウト風の画像や、最初からイラストであったかのような画像を簡単に作成できます。

step 1

今回はフィルターを使用するので最初に元の画像をコピーします。画像を開いて、メニューから［レイヤー］→［レイヤーを複製］を選択して、［レイヤーを複製］ダイアログを表示します。

［新規名称］に任意の名前を入力して❶、［OK］ボタンをクリックします。新しくレイヤーが作成されて、❷のようなレイヤー構成となります。

元画像

step 2

メニューから［フィルター］→［フィルターギャラリー］を選択して、［フィルターギャラリー］を開きます。次に［アーティスティック］カテゴリの中の［カットアウト］を選択して❸、フィルターオプションで［レベル数：6］［エッジの単純さ：5］［エッジの正確さ：1］

に設定します❹。

［OK］ボタンをクリックして、フィルター効果を画像に適用すると下図のようになります。フィルターオプションで［エッジの単純さ］スライダーの値を減らすと、よりリアルな印象になります。

フィルター適用後

［Camera Rawフィルター］で色温度を変更する

［Camera Rawフィルター］を使用すると、Rawで撮影されていない画像に対しても、撮影後に簡単な操作で自由自在に写真の色温度を変更できます。

・**step 1**・

画像を開き、メニューから［フィルター］→［Camera Rawフィルター］を選択します❶。

> **Tips**
> ［Camera Rawフィルター］では擬似的に色温度を調整します。Raw画像のように、色温度をケルビン数で指定したり、情報の劣化なしに調整することはできません。この点には注意してください。

・**step 2**・

［Camera Raw］機能と似た画面が表示されます。［色温度］スライダーや［色かぶり補正］スライダーを操作して好みの仕上がりになるように調整します❷。
色温度が低い状態（夕焼けのような状態）を再現したい場合は［色温度］スライダーと［色かぶり補正］スライダーをプラス方向の右に移動させます。
反対に、色温度が高い状態を再現したい場合は、［色温度］スライダーと［色かぶり補正］スライダーをマイナス方向の左に移動させます。

・**step 3**・

［色温度：+50］［色かぶり補正：+65］に設定すると❸、右図のような仕上がりになります。
このように自由自在に色温度を変更できます。いろいろと操作してみてください。

> **Tips**
> 画面左上で［ホワイトバランス］ツールを選択して❹、任意のポイントをクリックすると、そのポイントを基準にしてホワイトバランスを調整できます。

［ホワイトバランス：自動］に設定すると、画像全体の色のバランスが自動的に判断されて色温度と色かぶり補正が自動調整されます。

関連　画像にぼかしを加える：p.52　フィルターギャラリー：p.58

291

Sample_Data/177/

17 写真を水彩画風に仕上げる

［明るさの最大値］と［明るさの最小値］を使用して、通常の写真を水彩画風の表現に仕上げる方法を紹介します。応用次第で他にもいろいろな表現に活用できます。

step 1

画像を開き、メニューから［レイヤー］→［レイヤーを複製］を選択して、元画像を4回複製し、全部で5つの画像を重ねて、レイヤー名を変更します。
今回は、適用するフィルター名を各レイヤー名に設定しました。上から［輪郭検出2］［輪郭検出1］［明るさの最小値］［明るさの最大値］です。このようにしておくと、フィルターの適用ミスなどを未然に防ぐことができます。
［明るさの最大値］レイヤーをアクティブにします❶。

step 2

［明るさの最大値］レイヤーがアクティブになっていることを確認したうえで、メニューから［フィルター］→［その他］→［明るさの最大値］を選択して［明るさの最大値］ダイアログを表示します。
画像の輪郭が曖昧にならない程度に［半径］を設定します。ここでは［半径：10］［保持：真円率］に設定します❷。［真円率］を選択すると画像の明るい部分が円形に拡張するように設定されます。

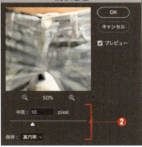

step 3

［輪郭検出2］と［輪郭検出1］レイヤーを非表示にして❸、［明るさの最小値］レイヤーをアクティブにして［描画モード：ハードライト］に設定します❹。
続いて、メニューから［フィルター］→［その他］→［明るさの最小値］を選択して［明るさの最小値］ダイアログを表示し、［半径：10.0］［保持：真円率］を選択します❺。

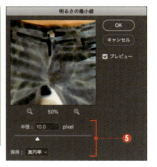

Tips

［明るさの最大値］や［明るさの最小値］などの古くからあるフィルターでは、各ダイアログのプレビューウィンドウが小さく、また拡大できません。元画像を大きく表示させて仕上がりを確認してください。

step 4

ここまでの作業でかなり水彩画風になっていますが❺、輪郭が曖昧になりすぎているので、レイヤーの描画モードと別のフィルターを使って輪郭を作ります。

> **Tips**
> 水彩絵の具がにじんだ雰囲気をより強調したい場合や、濃い部分をより強く出したい場合は、[明るさの最小値]を大きめに設定してください。

step 5

[輪郭検出1]と[輪郭検出2]レイヤーを表示させて❻、[輪郭検出2]をアクティブにし、[描画モード：除算]にします❼。

続いて、メニューから[フィルター]→[ぼかし]→[ぼかし（放射状）]を選択し、[量:30][方法:回転][画質:高い]に設定します❽。

[描画モード：除算]のレイヤーをぼかすと、画像の濃淡差のある部分だけが表示されます。

 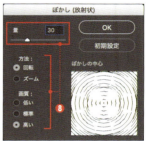

step 6

メニューから[レイヤー]→[下のレイヤーと結合]を選択して、[輪郭検出1]と[輪郭検出2]を結合し❾、新たな[輪郭検出1]レイヤーを[描画モード：比較（暗）]に設定します❿。

これで完成です。画像の細かなエッジ部分や追加され、より繊細な仕上がりになりました⓫。

なお、今回のようにフィルターを多用する加工を行う場合は、途中で必ず画像を確認して、目標とする仕上がりからずれていないかをチェックしてください。

> **Tips**
> より水彩画らしい雰囲気を強調したい場合は、すべてのレイヤーを統合したうえで、メニューから[フィルター]→[フィルターギャラリー]を選択して、[テクスチャー]エリアの[テクスチャライザー]を選択します。
> このフィルターで、例えば[テクスチャー：砂岩][拡大・縮小：200%][レリーフ：1][照射方向：上]に設定すると、画像にテクスチャーが適用されてより水彩画らしい雰囲気に仕上がります。
> [フィルターギャラリー]を使用すると、さまざまなフィルターを組み合わせることができます。例えば[ドライブラシ]を併用するとかすれたような雰囲気を演出できます。画像を見ながら、目的の仕上がりになるように色々と挑戦してみてください。

293

関連　画像にぼかしを加える：p.52　フィルターギャラリー：p.58　[光彩拡散]フィルター：p.225

Sample_Data/178/

178 絞りのボケを再現して画像を幻想的にする

［ぼかし（レンズ）］フィルターを使用すると、さまざまなレンズの状態（絞りの輝きなど）を簡単にシミュレーションすることができます。

- **概要**

絞りの輝きを再現するには、後ろから光が射しているような逆光の写真を使用します。そうすれば、輝きがより強調されるだけでなく、輝きやすいように元画像を加工しても不自然に見えません。

- **step 1**

最初に画像の含まれるレイヤーを複製します。［背景］レイヤーを［レイヤー］パネルの**［新規レイヤー］ボタン**にドラッグ＆ドロップします❶。これで、レイヤーが複製されます❷。

- **step 2**

［ぼかし（レンズ）］を使用すると、画像内の明るい小さなピクセルを輝かせることができます。ここでは、その輝きを強調するために、**［ブラシ］ツール**で明るいピクセルを描きます。

ツールパネルから**［ブラシ］ツール**を選択して❸、［描画色］に［R：255、G：255、B：230］を設定します❹。ブラシは円形の［硬さ：100］のブラシを使用します❺（p.300のstep7参照）。また、［ブラシサイズ：3〜15px］に設定したうえで、［不透明度：100％］に設定します❻。

設定が終わったら、画像内で輝かせたい場所や明るさの足りない場所をクリックして、輝いているポイントを増やします❼。下層にブラックのレイヤーを配置してクリックしたポイントだけを表示すると、輝かせるポイントが増えているのがわかります❽。

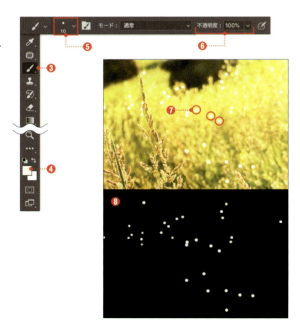

• step 3

メニューから[フィルター]→[ぼかし]→[ぼかし（レンズ）]を選択して[ぼかし（レンズ）]ダイアログを表示します。
ここでは、[半径:25][明るさ:100]に設定してから❾、画像を確認しながら[しきい値]を最大値から少しずつ下げていきます。ここでは[しきい値:243]に設定します❿。これらの設定以外はすべて「0」かデフォルトのままにしておきます。
設定が終わったら[OK]ボタンをクリックして、フィルターを適用します。

• step 4

このままでは、画像全体にフィルターがかかった状態になるので、最上部のレイヤーをアクティブにしたまま、[レイヤー]パネルの**[レイヤーマスクを追加]ボタン**をクリックして⓫、レイヤーマスクを追加します⓬。
続いて、**[ブラシ]ツール**を選択して[描画色:ブラック]に設定します。ブラシの形状に[ソフト円ブラシ]を選択して、[ブラシサイズ:400px][不透明度:80～100%]に設定します。

• step 5

ブラシの設定が終わったら、人物を中心に、ぼけないようにしたい部分をドラッグします⓭。ドラッグすると、その箇所がマスクされ、下にある画像が部分的に表示されます。これで完成です。

関連 レイヤーマスク：p.154

295

179 雪や雨をレイヤースタイルで作成する

雪や雨をレイヤースタイルで作成するには、［スタイル］パネルのメニューから［画像効果］を選択して、効果を追加します。

概要

初期状態の［スタイル］パネルの中には、雪や雨などを表現するレイヤー効果はありません。そのため、パネルメニューから［画像効果］を選択して、スタイルの追加もしくは置き換えを行い、表示されるスタイルの中から目的のスタイルを選択する必要があります。
ここでは右の画像にレイヤースタイルを使用して雪や雨を追加します。
なお、レイヤースタイルは［背景］レイヤーには使用できないので、事前に対象のレイヤーが通常のレイヤーになっていることを確認してください❶。［背景］レイヤーの場合は、通常のレイヤーに変換しておきます(p.133)。
また、1つのレイヤーに複数のレイヤースタイルを適用することもできないので、対象のレイヤーに他のレイヤースタイルが適用されていないことも併せて確認しておいてください。

step 1

［スタイル］パネル右上のパネルメニューをクリックして、一覧の中から［画像効果］を選択します❷。

step 2

現在のスタイルを画像効果のスタイルで置き換えるかどうかを確認するダイアログが表示されるので、［OK］ボタンをクリックします❸。
なお、スタイルを追加したい場合は［追加］ボタンをクリックしてください。

step 3

［スタイル］パネルに表示されているスタイル一覧が置き換わりました。その中から［雪］を選択します❹。
これで、雪模様のレイヤースタイルが作成されました。

step 4

雪をさらにはっきりとさせ、雪のサイズを大きくします。［レイヤー］パネルの［パターンオーバーレイ］をダブルクリックして❺、［レイヤースタイル］ダイアログを表示します。

step 5

［レイヤースタイル］ダイアログで以下のように設定し❻、雪の不透明度とサイズを変更します。これで完成です。

- ［描画モード：スクリーン］
- ［不透明度：100％］
- ［比率：857％］
- ［レイヤーにリンク］にチェックを入れる

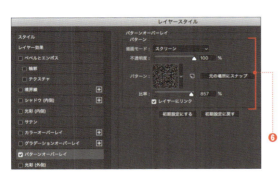

❦ Variation ❦

［雪］のプリセットと同様に、［画像効果］スタイルの中から［雨］を選択して適用すると、左の元画像が右の画像のようになります。

180 モノグラムのパターンを作成する

「モノグラム」とは、複数のテキストを組み合わせて1つの図案にしたデザインです。モノグラムのパターンを作成するにはメニューから[フィルター]→[その他]→[スクロール]を選択します。

概要

ここでは、右図の高級ブランドのような**モノグラムデザイン**を作成します。❶の800×800ピクセルの部分がデザインを構成する最小単位となっています。モノグラムを構造図で説明すると、❷のようになります。横200×縦200ピクセルの格子に沿って、規則正しく並んでいるのがわかります。

基本的にメインのモノグラム「A」1つに対して、図形「B1」と「B2」を1つずつ並べることでモノグラムを構成します。

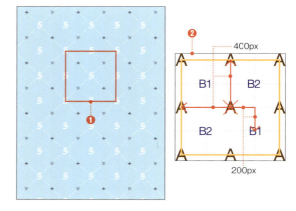

step 1

パターンの最小構成サイズと同じ、800×800ピクセルの画像を新規作成して[べた塗り]レイヤーを作成し、任意の色で塗りつぶします❸(p.234)。
また、モノグラムにしたいテキストを作成します❹。

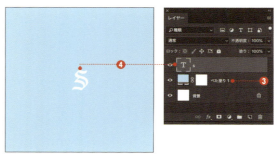

step 2

配置した文字を画像に変換します。[レイヤー]パネル上でテキストレイヤーを右クリックして、メニューから[テキストをラスタライズ]を選択します❺。

また、モノグラムになるレイヤーを画像の中心に配置しておく必要があるので、メニューから[選択範囲]→[すべてを選択]を選択してから、[レイヤー]→[レイヤーを選択範囲に整列]以下の[垂直方向中央]と[水平方向中央]を選択して、モノグラムのレイヤーを使用して画像の中心に配置します。

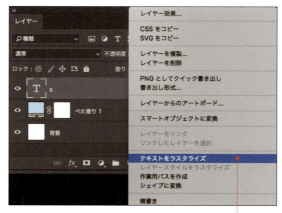

step 3

メニューから［レイヤー］→［新規］→［選択範囲をコピーしたレイヤー］を選択して、テキストを配置したレイヤーを複製します❻。

step 4

複製したレイヤーをアクティブにして、メニューから［フィルター］→［その他］→［スクロール］を選択して、［スクロール］ダイアログを表示します。
［水平方向：400］［垂直方向：400］に設定し❼、［ラップアラウンド（巻き戻す）］にチェックを入れて❽、［OK］ボタンをクリックします。
これで画面の四隅にモノグラムが作成されました。

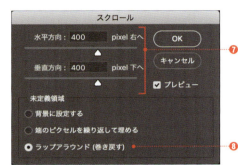

step 5

先ほど作成したレイヤーを複製して、［スクロール］フィルターでモノグラムの位置を変更します。
中央左右にあるモノグラムは［水平方向：400］［垂直方向：0］に設定します。また同様にstep4で作成したレイヤーを複製して、中央上下のモノグラムは［水平方向：0］［垂直方向：－400］に設定します❾。
これでモノグラムが均等に配置され、繰り返しが可能なパターンが作成されます。
モノグラムと同様の手順で2種類4点のシェイプも［スクロール］フィルターで配置します❿。ここでは以下の値で配置しています。

- 左上［水平方向：－200］［垂直方向：－200］
- 右下［水平方向：＋200］［垂直方向：＋200］
- 右上［水平方向：＋200］［垂直方向：－200］
- 左下［水平方向：－200］［垂直方向：＋200］

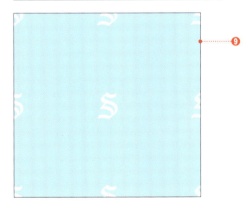

step 6

モノグラムと図形をつなぐ点線を作成します。
ツールパネルから［ペン］ツール を選択して画面左上と右下をそれぞれクリックして、パスを作成します⓫。

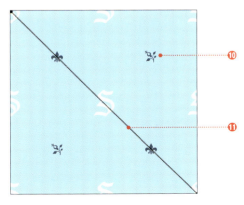

step 7

続いて、ツールパネルから[ブラシ]ツールを選択して⑫、[描画色:ホワイト]に設定します⑬。また、[ブラシ設定]パネルで[硬さ:100%][直径:10px][間隔:246%]に設定して⑭、等間隔の点線を描く準備をします。

step 8

新規レイヤーを作成して、[パス]パネルで先ほど作成した[パス1]を[ブラシでパスの境界線を描く]ボタンの上にドラッグ&ドロップします⑮。これで、対角線に沿った点線が片方に作成されます。
続いて、今作成した点線のレイヤーを複製して、メニューから[編集]→[変形]→[水平方向に反転]を選択して、複製したレイヤーを反転させます。これで、もう片方の対角線上にも点線が描かれ、右図のようになります⑯。

step 9

カンバスの外に画像やオブジェクトがはみ出していると、モノグラムを並べる際にトラブルになってしまうので削除します。
メニューから[選択範囲]→[すべてを選択]を選択してから、[イメージ]→[切り抜き]を選択します⑰。
これでカンバスの外にある画像やオブジェクトが完全に削除されました。

step 10

現状では点線がモノグラムや図形と重なっていているので、仕上げとして、重なっている部分をレイヤーマスクで隠します⑱(p.154)。
パターンを規則的に配置するとモノグラムの完成です。

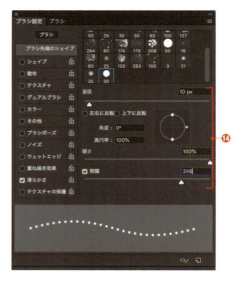

Sample_Data/181/

181 写真に白ふちをつけてポラロイド写真のようにする

写真に白ふちをつけてポラロイド写真のようにするには、[切り抜き]ツール  で切り抜きを行った後、[カンバスサイズ]で余白を作成します。

step 1

ツールパネルで[切り抜き]ツール  を選択して❶、画像を正方形に切り抜きます❷(p.35)。

> **Tips**
> 左右どちらかのハンドルを option (Alt)を押しながらドラッグすると、もう一方のハンドルも同様に移動します。

step 2

[レイヤー]パネルで画像が[背景]レイヤーになっていることを確認します❸。[背景]レイヤーではなく通常のレイヤーになっている場合はメニューから[レイヤー]→[新規]→[レイヤーから背景へ]を選択して、[背景]レイヤーに変換します。

step 3

メニューから[イメージ]→[カンバスサイズ]を選択して、[カンバスサイズ]ダイアログを表示します。[幅]と[高さ]にそれぞれ[108%]を設定し、[カンバス拡張カラー:ホワイト]に指定して❹、[OK]ボタンをクリックします。
もう一度[イメージ]→[カンバスサイズ]を選択して、今度は[高さ]のみを[112%]に設定して❺、[基準位置]を上部中央に設定します❻。
[OK]ボタンをクリックすると、下図のようにポラロイド写真風の余白が作成されます。仕上げに、手書き風のフォントで文字を打ち込むと、より雰囲気を出すことができます。

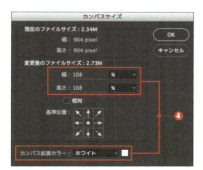
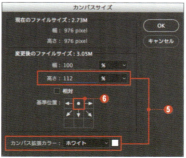

関連 カンバスサイズの変更:p.34　画像をトリミングする:p.35　テキストの入力:p.74

182 光が差し込んで輝くような効果

ここでは[ぼかし(移動)]フィルターと、[比較(明)]描画モードを組み合わて、光が差し込んで輝くような効果を作成します。

step 1

画像を開き、加工対象のレイヤーが1つであることを確認します❶。もし加工対象が複数のレイヤーで構成されている場合はメニューから[レイヤー]→[レイヤーを統合]などを実行して1つにまとめておいてください。

step 2

加工するレイヤーをアクティブにして、メニューから[レイヤー]→[レイヤーを複製]を選択して、レイヤーを複製します❷。ここでは複製したレイヤーに「輝き」という名前を付けました。
続いて、複製したレイヤーをアクティブにして[描画モード:比較(明)]に変更します❸。

[比較(明)]は上のレイヤーと下のレイヤーを比較して明るい部分を表示する描画モードです。そのため、同じ画像を重ねている場合、見た目に変化はありません。

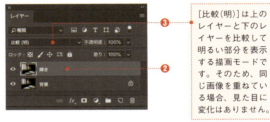

Short Cut レイヤーの複製
Mac ⌘ + J　　Win Ctrl + J

step 3

一方向に流れる光を作成します。
メニューから[フィルター]→[ぼかし]→[ぼかし(移動)]を選択します。
表示される[ぼかし(移動)]ダイアログで、画像を確認しながら[角度]と[距離]に数値を入力します❹。ここでは[角度:-57][距離:136]に設定しました。

Tips
[角度]には、みなさん自身が最適だと感じる数値を入力しても構いません。今回は窓から差し込む光と、床の輝きが一直線になるような角度を設定しました。

· step 4 ·

［ぼかし（移動）］フィルターを適用すると、右図のように光が一方向に流れているような画像になります❺。ただし、現状では光が上方向にも流れてしまっているのでこれを修正します❻。

· step 5 ·

ツールパネルで［移動］ツール を選択して❼、画像を右下に向かってドラッグし❽、光が下方向のみに差し込むようにします❾。

なお、この手順によって画像の端が不自然になることがありますが、そこは後ほど修正するので現時点では気にせず、自分の仕上げたい位置までレイヤーをドラッグしてください。

· step 6 ·

［輝き］レイヤーを部分的に隠すことで、画像内の不自然なエッジを修正します。

［輝き］レイヤーをアクティブにして、［レイヤー］パネル下部の［レイヤーマスクを追加］アイコンをクリックし❿、レイヤーマスクを追加します⓫。するとレイヤーマスクがアクティブになります。

· step 7 ·

レイヤーマスクを使用して不要な箇所を隠します。ツールパネルで［描画色：ブラック］に設定して⓬、［ブラシ］ツール を選択し⓭、［ソフト円ブラシ］を選択します⓮。今回は［直径：150 px］⓯、［不透明度：100%］［流量：100%］に設定します⓰。

ブラシを設定したら、画像内の明るい部分とそうでない部分の不自然なエッジ箇所や本来光が見えない箇所をドラッグします。すると、ドラッグした部分が消えてきれいな仕上がりになります⓱。

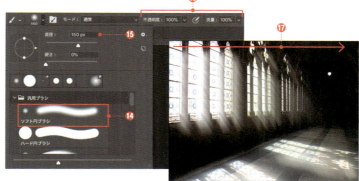

関連 フィルターの使い方：p.51 ［ブラシ］ツール：p.66 レイヤーマスクの操作：p.155

Sample_Data/183/

183 自然な炎を作成する

自然な炎を作成するには、[ブラシ]ツール で炎の元となるグラフィックを描き、[グラデーションマップ効果]をかけた後で[指先]ツール を使用します。

• **step 1**

メニューから[ファイル]→[新規]を選択して、1000×1500 pixel (300dpi)の、背景が黒の画像を作成します❶(p.23)。
ツールパネルから[ブラシ]ツール を選択して❷、描画色をホワイトにします❸。

• **step 2**

[ブラシ]パネルのパネルメニューから[レガシーブラシ]を選択します❹。すると、以下のダイアログが表示されるので[OK]をクリックします❺。

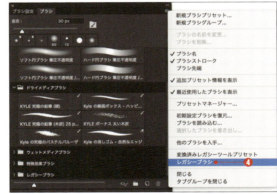

• **step 3**

ブラシの中から[レガシーブラシ]→[特殊効果ブラシ]→[野花(散乱)]を選択して❻、[直径:45px]に設定します❼。そのうえで、ドキュメント上をクリックして、画像の中に少しずつ炎の元となるグラフィックを描き込んでいきます❽。

• **step 4** •••••••••••••••••••••••••••••

炎の全体像が描けたら、[レイヤー]パネル下部の**[塗り潰しまたは調整レイヤーを新規作成]ボタン**をクリックして、メニューの中から[**グラデーションマップ**]を選択します❾。

• **step 5** •••••••••••••••••••••••••••••

[属性]パネルで**グラデーションピッカー**をクリックして❿、[グラデーションエディター]ダイアログを表示します。

• **step 6** •••••••••••••••••••••••••••••

[グラデーションエディター]ダイアログで、以下の通りに設定します。

- 左端の分岐点⓫
    [位置:0%、ブラック]
- 左から2番目の分岐点⓬
    [位置:35%、R:240、G:20、B:0]
- 左から3番目の分岐点⓭
    [位置:90%、R:255、G:250、B:40]
- 右端の分岐点⓮
    [位置:100%、ホワイト]

• **step 7** •••••••••••••••••••••••••••••

[OK]ボタンをクリックすると、先ほど書き込んだ模様の色が右図のようになります⓯。この後、より自然な炎に見えるよう[背景]レイヤーに手を加えていきます。

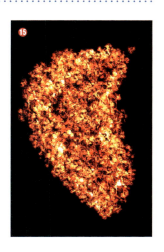

step 8

［レイヤー］パネルで、先ほどブラシで炎の元となるグラフィックを書き込んだレイヤーをアクティブにして、ツールパネルから［指先］ツール を選択します⓰。
ブラシを［ソフト円ブラシ］に変更して⓱、直径をひとまず65px程度に設定します⓲。

step 9

左右に大きく揺らしながらドラッグすると、ドラッグした部分が炎のように変わっていきます⓳。ブラシサイズを変えながら周辺部分を重点的にドラッグします。
周辺部分が炎のようになったら、中央部分を白く塗ります⓴。最初に背景に塗った白ブラシのパターンや、［指先］ツール 、仕上げの白ブラシの組み合わせ方次第で、さまざまな炎ができるので、色々試してください。

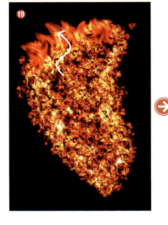
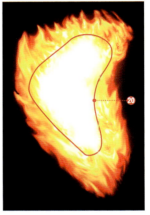

step 10

［レイヤー］パネルで2つのレイヤーをアクティブにして、パネルメニューから［画像を統合］を選択し㉑、画像を統合します。
レイヤーを他の画像にドラッグ＆ドロップして位置を調整し、［レイヤー］パネルからレイヤーの描画モードを［通常］から［スクリーン］に変更すると完成です(p.148)。

関連 ファイルの新規作成：p.23　［グラデーションエディター］の使い方：p.71　描画モード：p.148

Sample_Data/184/

184 フォトモザイク画像を作成する

フォトモザイク画像を作成するには、モザイク素材を画像に重ねてレイヤーの描画モードを変更し、[モザイク]フィルターを使用します。

step 1

フォトモザイクとは、小さな写真を敷き詰めて、1つの大きな画像にする画像の表現方法です。通常は膨大な時間をかけて手作業で画像を配置しますが、ここでは簡単で精度の高い画像の作り方を紹介します。
まず、フォトモザイクにしたい画像(ベース画像)と、モザイク素材の画像を開きます。

ベース画像　　　　　モザイク素材画像

> **Tips**
> フォトモザイクにしたい画像にレイヤーが含まれている場合は、[レイヤー]パネルのパネルメニューから[画像を統合]を選択しておきます(p.143)。これは後の作業で画像が意図せず動くのを防ぐためです。

step 2

モザイク素材の画像の[レイヤー]パネルに表示されているレイヤーを、そのままベース画像上にドラッグ&ドロップして、2つの画像を1つにまとめます。
モザイク素材の画像レイヤーを移動すると、移動先の画像のレイヤー構造は❶のようになります。

> **Tips**
> [移動]ツールを使用して、画像をドラッグ&ドロップすることでも、2つの画像を1つにまとめられます。

step 3

ツールパネルから[移動]ツールを選択して❷、モザイク素材のレイヤーをドラッグし、モザイクの境界をウィンドウの左上に合わせます❸。

step 4

ツールパネルから [**長方形選択**] **ツール**  を選択して❹、画面上をドラッグし、モザイクセル1つ分の選択範囲を作成します❺。

step 5

選択範囲を作成後、[情報] パネルでサイズを確認します❻。この際、表示単位はpixelにしてください (p.327)。これでモザイクのセルが一辺25pixelの正方形であることが確認できました。

> **Tips**
> 本書のダウンロードデータを利用している場合は、25 pixelになっているので確認する必要はありません。

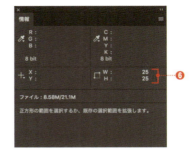

step 6

[レイヤー] パネルで、モザイク素材のレイヤーをアクティブにして❼、描画モードを [**ソフトライト**] に変更します❽ (p.148)。

これでモザイク素材のレイヤーが下のレイヤーと合成されてフォトモザイクらしくなります❾。

しかし、これではモザイク素材を透かして下の画像を表示しているだけなので、いわゆる「フォトモザイク」ではありません。より本物のフォトモザイクに近づけるために、[背景] レイヤーにフィルター効果を適用します。

> **Tips**
> このままのほうが、画像としては視認性が高いので、好みに合わせて以降のステップを一部飛ばしても構いません。

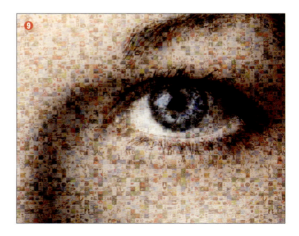

・ step 7 ・

［レイヤー］パネルの［背景］レイヤーをアクティブにして⓾、メニューから［フィルター］→［ピクセレート］→［モザイク］を選択します⓫。

・ step 8 ・

［モザイク］ダイアログが表示されるので、［セルの大きさ］にstep5で調べた値を入力します⓬。今回は［25］を入力して、［OK］ボタンをクリックします。これで、背景に対してかけたモザイク効果とモザイク素材のセルの大きさが一致して右図のようなフォトモザイクが完成します。

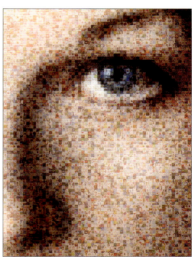

❦ Variation ❦

本項では、モザイク素材の描画モードを変更したので、元画像の仕上がりの色が変わっています。もし、画像の濃度やコントラストを調整したい場合は、背景画像とモザイク素材画像の間に調整レイヤー（p.175）を作成して、色調を補正してください⓭。
より簡単に濃度やコントラストを調整したい場合は、［背景］レイヤーを複製してレイヤーの描画モードを［ハードライト］などに変更することでも、仕上がりを調整できます。

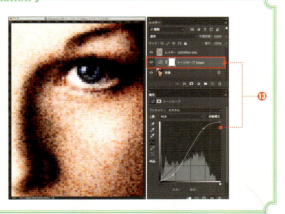

関連 フィルターの適用：p.51　選択範囲の作成：p.89　描画モード：p.148

Sample_Data/185/

185 ソフトフォーカスの再現

ここでは「ソフトフォーカス」をデジタル的に再現します。レイヤーの描画モードと[ぼかし(ガウス)]フィルターを使用します。

概要

ソフトフォーカスとは、画像全体が明るくなり、明るい部分が暗い部分ににじみ出す現象です。ここでは右の画像に対して、Photoshopの機能を使用してソフトフォーカス風の加工を行います。ここで解説する方法を用いると、レイヤーの組み合わせと不透明度の変更のみでソフトフォーカスの効果を強めたり、弱めたりすることが可能です。

step 1

画像を開き、加工対象のレイヤーが1つであることを確認します❶。もし複数のレイヤーで構成されている場合はメニューから[レイヤー]→[画像を統合]などを実行してレイヤーを1つにまとめておきます。

step 2

加工するレイヤーをアクティブにして、メニューから[レイヤー]→[レイヤーを複製]を選択し、レイヤーを複製します❷。ここではレイヤー名を「ソフトフォーカスレイヤー」として複製しました。

step 3

複製したレイヤーをアクティブにして❸、[描画モード:スクリーン]に変更します❹。

step 4

現状では画像が明るくなっただけなので、フィルターを使用してぼかしを加えます。

メニューから［フィルター］→［ぼかし］→［ぼかし（ガウス）］を選択し、［ぼかし（ガウス）］ダイアログを表示します。

画像を確認しながら［半径］にぼかすサイズを入力します❺。ここでは［半径：8］に設定しましたが、この数値は画像によって調整してください。

step 5

これで完成です❻。全体的に明るすぎる場合はフィルターを適用したレイヤーの［不透明度］を変更して調整します❼。

✦ Variation ✦

ソフトフォーカスの効果をさらに強めたい場合は、フィルターを適用したレイヤーの不透明度を［100%］に戻したうえで、本項と同様にレイヤーを複製します❽。すると、フィルターが適用されているレイヤーが2重になるため、フィルターの効果が200%に強まります❾。

レイヤーをさらに複製して重ね合わせたり、各レイヤーの不透明度を変更することで、ソフトフォーカスの効果を微調整することができます。

右図では2つめのレイヤーの不透明度を［50%］にしました。そうすることで、効果の強さは150%になります。

関連　フィルターの使い方：p.51　レイヤーの複製：p.134　描画モード：p.148　ソフトフォーカスレンズ：p.226

Sample_Data/186/

186 輝く柔らかな線を描く

パスやブラシ、レイヤースタイルなどの機能を使用して、輝く柔らかな線を描く方法を解説します。基本を理解すれば、さまざまな線を描画できます。

概要

[パス]ツール を使用して、作成したい形の線を描画します。ここでは、右図のような螺旋状のパスを使用します。このパスに柔らかい輝きを加えていきます。

step 1

[レイヤー]パネル下部の[新規レイヤーを作成]ボタンをクリックして❶、パスを作成するためのレイヤーを作成します。

step 2

ツールパネルで[ブラシ]ツール を選択して❷、[描画色：ホワイト]に設定します❸。
そのうえで、[ブラシ]パネルのパネルメニューからレガシーブラシを追加し(p.304)、[レガシーブラシ]→[初期設定ブラシ]→[はね(24 pixel)]を選択します❹。

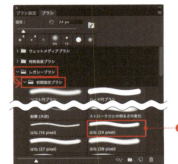

step 3

[ブラシ設定]パネルの[シェイプ]エリアを選択して❺、[コントロール]プルダウンで[筆圧]を選択し❻、その他の設定をすべて[0]にします。

step 4

使用するパスレイヤーをアクティブにして、パネルメニューから[パスの境界線を描く]を選択し❼、[パスの境界線を描く]ダイアログを表示します。

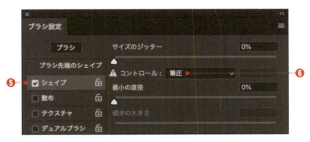

step 5

［ツール］プルダウンに［ブラシ］を選択して❽、［強さのシミュレート］にチェックを入れます❾。［OK］ボタンをクリックすると、選択したパスがブラシで描画されます。

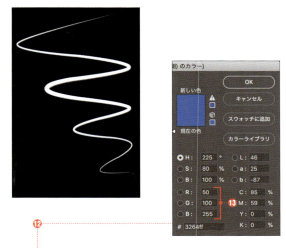

step 6

描画した線に輝きを加えます。
［レイヤー］パネル下部の**［レイヤースタイルを追加］ボタン**をクリックして、［光彩（外側）］を選択し❿、［レイヤースタイル］ダイアログを表示します。
［不透明度：100］［サイズ：25］に設定し⓫、［光彩のカラーを設定］からカラーピッカーで色を設定します⓬。ここでは［R:50、G:100、B:255］に設定します⓭。

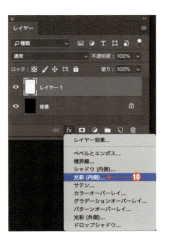

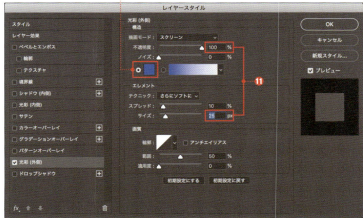

step 7

［OK］ボタンをクリックすると、パスにそって輝くような線が描かれます。右図は上記のテクニックを応用した作例です。
右の画像では、ここで作成したレイヤーを人物に重ねて、人物の後ろに回り込んでいる箇所は、前面のパスをレイヤーマスクで隠すことで実現しています。

関連 レイヤーの基本操作：p.132　レイヤースタイル：p.159

187 ［パペットワープ］でオブジェクトを変形する

［パペットワープ］機能を利用すると、レイヤーの外形そのものを変形することができます。人物のポーズや、動物の形状を撮影後に変更できる便利な機能です。

概要

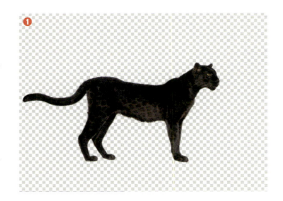

［自由変形］機能や［ゆがみ］フィルターなどはレイヤー内の画像を変形しますが、**［パペットワープ］**は、基本的には、透明部分で囲まれたレイヤーの外形を変形します。変形する際にレイヤー内の画像のパターンを自動的に読み取り、違和感なく変形させるため、［ゆがみ］フィルターでは不可能だった大きな変形も可能です。撮影後に人物のポーズを変えたり、動物の形を変更したりできます。

なお、パペットワープを使用するときは、変形させたいレイヤーが透明部分で囲まれている必要があります。そのため多くの場合、事前に変形させたい部分のみを切り抜いて、別レイヤーにしておく必要があります❶。

step 1

パペットワープを使用するには、［レイヤー］パネルで変形するレイヤーをアクティブにして、メニューから［編集］→［パペットワープ］を選択します❷。すると、アクティブにしたレイヤーがメッシュで覆われます。

変形の基点となる箇所をクリックして❸、**［ピン］**と呼ばれるポイントを配置します。

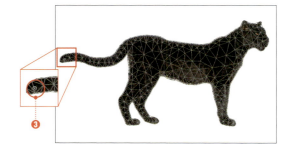

step 2

ここでは意図しない箇所が移動しないように、右図のように［ピン］を配置します。

この状態で［ピン］をドラッグすると、ドラッグに合わせて画像が変形します❹。2箇所以上を同時に移動させる場合は、Shift を押しながら順に［ピン］をクリックします。

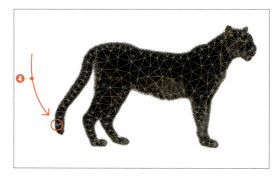

step 3

また、option（Alt）を押すことで、選択している
［ピン］を回転させることができます❺。
部分的に回転させる必要がある場合はこの方法が
便利です（［ピン］の回転はマウス操作だけではく、
オプションバーから行うこともできます）。

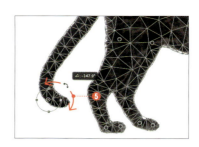

step 4

変形によって画像が右図のように他の箇所と重なる
場合は❻、オプションバーの［**ピンの深さ**］ボタンで
❼、ピンのある箇所を前後させることができます❽。

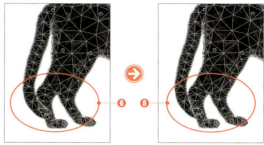

step 5

ここでは、上記の操作を繰り返すことで普通に立っ
ていたヒョウの画像を、動きのある画像に変形しま
した。

Tips

［パペットワープ］の動きは、オプションバーで細かく設定することができます。

◉ ［パペットワープ］のオプションバーの設定項目

項目	内容
モード	［標準］：デフォルトの設定です。ピンを動かした方向にレイヤーが移動して変形します。 ［厳密に］：標準と同じ動作をしますが、より緻密にピクセルを制御して変形させます。 ［変形］：ピンを移動させると、移動と同時にピンを中心にレイヤーが拡大します。
密度	［ポイント数を増加］：画像を変形させるときの精度は向上しますが、処理が重くなります。 ［ポイント数を減少］：メッシュの密度が低くなるため変形の精度は下がりますが、処理が軽くなります。
拡張	メッシュの外枠のサイズを指定します。デフォルト値は［2px］です（レイヤーサイズよりも2px大きい）。通常は0～2pxの間で設定しますが、本項目ではピンの前後関係を分かりやすくするために［3px］に設定しています。
メッシュを表示	チェックを外すとメッシュが非表示になります。ただし、ピンは常に表示されます。

関連　［自由変形］：p.62　［ゆがみ］フィルター：p.214

Sample_Data/188/

188 特定のオブジェクトを画像から消す

ここでは、［コンテンツに応じた塗りつぶし］機能を使用して、画像内で大きな面積を占める不要なオブジェクトを消す方法を解説します。

 概要

［**コンテンツに応じた塗りつぶし**］**機能**を使用して、右の画像から中心にいる女の子だけを削除します。

なお、画像の中で大きな面積を占める不要なオブジェクトを消す方法には、［**スタンプ**］**ツール**や［**パッチ**］**ツール**、［**修復ブラシ**］**ツール**などを使用する方法もあります。しかし、これらの方法では各作業を手作業で行うため、作業する人のスキルによって結果画像や作業時間に大きな差が出ます。

一方で、ここで紹介する［コンテンツに応じた塗りつぶし］機能を使用すると、容易に目的の画像を作成することができます。

step 1

削除する部分を囲うように選択範囲を作成します❶。ここでは［**クイック選択**］**ツール**で人物を選択してから（p.108）、Shift を押しながら［**多角形選択**］**ツール**で影の部分の選択範囲を追加しました（p.102）。

また、選択範囲がぎりぎりの大きさではトラブルの元になるので、選択範囲を［2px］ほど拡張します。メニューから［選択範囲］→［選択範囲を変更］→［拡張］を選択して［選択範囲を拡張］ダイアログを表示し、［2px］を指定して［OK］ボタンをクリックします。

step 2

選択範囲が完成したら、メニューから［編集］→［塗りつぶし］を選択して❷、［塗りつぶし］ダイアログを表示します。

［**内容：コンテンツに応じる**］を選択して❸、［OK］ボタンをクリックします。

このとき［コンテンツに応じる］以外は変更せず、［描画モード：通常］［不透明度：100%］にしておきます❹。設定したら［OK］ボタンをクリックします。

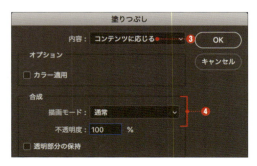

step 3

これで、不要な人物を消すことができました。
なお、すべての画像において、右図のように不要なオブジェクトを消せるわけではありません。
この方法できれいに消せない場合は、**[スタンプ]ツール** などを使用して修正してください。また、選択範囲のサイズが小さすぎたり、大きすぎたりする場合も失敗することがあるので選択範囲のサイズを調整してみてください。

❖ Variation ❖

[スポット修復ブラシ]ツール のオプションバーに[コンテンツに応じる]という項目が用意されています。この機能を使用することでも、本文と同様の作業を行えます。

step 1

ツールパネルで**[スポット修復ブラシ]ツール** を選択して❺、オプションバーの[コンテンツに応じる]を選択します❻。

step 2

消去したい箇所をドラッグして、ブラックで塗りつぶします❼。

step 3

目的のオブジェクトを塗りつぶしたら、ドラッグを止めます。ドラッグを止めた時点で、塗りつぶされている箇所が消去されます❽。

このように、この機能を使用することでも、[コンテンツに応じた塗りつぶし]と同様の作業を実行できます。ただし、画像によっては、これらの2つの機能の結果が異なる場合もあるので注意が必要です。

そのため、最初は**[スポット修復ブラシ]ツール** を使用する方法を試してみて、仕上がりに満足できない場合だけ、[コンテンツに応じた塗りつぶし]を行うことをお勧めします。

関連 [クイック選択]ツール：p.108　[多角形選択]ツール：p.102　不要なオブジェクトを消す：p.204

Sample_Data/189/

189 風景写真をミニチュア画像に加工する

斜め上部から撮影された風景写真をミニチュア画像にするには、[色相・彩度]調整レイヤーや[ぼかし(表面)]フィルター、[ぼかし(レンズ)]フィルターを使用します。

- **概 要**

ここでは、右図のような通常の風景画像をミニチュア風に加工します。
ミニチュア画像に見せるコツは、画像のヌケを良くして彩度を高め、おもちゃっぽい感じを出し、画像の上下をぼかすことです。また、画像の細部を甘く見せることでおもちゃっぽい感じを強調します。

- **step 1**

メニューから[レイヤー]→[新規調整レイヤー]→[色相・彩度]を選択して、[新規レイヤー]ダイアログを表示します。
ここでは何も変更せず、そのまま[OK]ボタンをクリックします❶。

- **step 2**

[属性]パネルで、[彩度]スライダーを動かすか、数値を直接入力して、[マスター]の彩度を上げます❷。
なお、明らかにおかしな画像にならないように、画像を見ながら彩度を上げてください。ここでは[彩度:＋50]に設定します。

- **step 3**

続いて、画面の中で大きな面積を占めている色の彩度を上げます。
この画像の場合は、明るめの植物が多いため、[イエロー系]を選択して❸、[彩度:＋30]に上げます❹。
なお、彩度を上げすぎてしまうと、画面が荒れることがあるので、画像を見ながら注意して作業を進めてください。また、画像によっては[グリーン系]のほうが適している場合があります。画像に応じて使い分けてください。

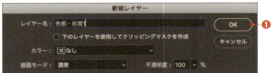

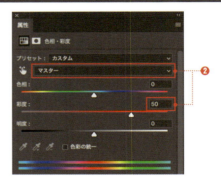

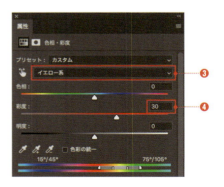

• step 4 •

画面の中で面積が少なくても目を引きそうな色を選択して彩度を上げます。

ここでは、[シアン系]を選択して[彩度：＋30]に設定します❺。先程と同様に色合いを画像で確認しながら作業してください。

部分的に彩度を上げると、それだけでミニチュア感が出てきます。

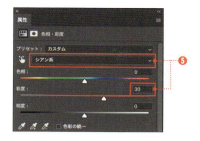

• step 5 •

ここまでの作業で右図のような仕上がりになっています。元の画像と比べ、緑色や赤色、旗などのシアンが鮮やかになった分だけ、ポップな感じが強くなり、おもちゃっぽくなっていることがわかります。

• step 6 •

続いて、画像にフィルターを適用します。

[レイヤー]パネルで[背景]レイヤーをアクティブにして❻、メニューから[フィルター]→[ぼかし]→[ぼかし（表面）]を選択し、[ぼかし（表面）]ダイアログを表示します。

設定値を調節しながらアスファルトのような細かい模様を消します。ここでは[半径：1][しきい値：20]に設定します❼。

> **Tips**
> [ぼかし（表面）]フィルター以外に、[ダスト＆スクラッチ]や[ノイズを低減]フィルターを使用することでも同様の効果を得ることができます。

• step 7 •

使用するフィルターのマスクを作成します。

ツールパネルから**[グラデーション]ツール**　を選択して❽、グラデーションサンプルのボックスをクリックし❾、[グラデーションエディター]を表示します。

● 319

· step 8

［グラデーションエディター］で次の設定を行います。

- 左端の分岐点
    ［R:255、G:255、B:255］❿
- 中央の分岐点
    ［位置:25%、R:0、G:0、B:0］⓫
- 右端の分岐点
    ［R:255、G:255、B:255］⓬

設定が完了したら［OK］ボタンをクリックして戻ります。

· step 9

［チャンネル］パネル右下の**［新規チャンネルを作成］ボタン**をクリックして⓭、新しくアルファチャンネルを作成します。

· step 10

新規作成したアルファチャンネルをアクティブにして、**［グラデーション］ツール**■で下から上までドラッグし⓮、右図のようにグラデーションを作ります。

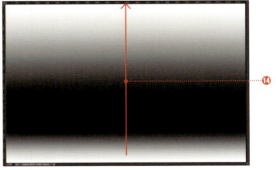

· step 11

グラデーションが完成したら、元の状態に戻すために、［チャンネル］パネルで［RGB］をクリックして⓯、アクティブにします。

step 12

メニューから[フィルター]→[ぼかし]→[ぼかし(レンズ)]を選択して、[ぼかし(レンズ)]ダイアログを表示します。
[深度情報]エリアの[ソース]プルダウンから先程グラデーションを描き込んだ[アルファチャンネル1]を選択して⓰、[虹彩絞り]エリアで[半径：20]に設定します⓱。また、[スペキュラハイライト]エリアで[しきい値：255]に設定します⓲。
[ソース]にアルファチャンネルを選択しているため、画面の上下だけがぼけて表示されます。プレビュー画面には彩度を上げる前の画像が表示されていますが、画像には調整レイヤーの内容が反映されます。

◎［ぼかし(レンズ)］ダイアログの設定項目

項目	内容
プレビュー	プレビューの精度を[高速]と[精細]から選択できます。
[深度情報]エリア	[ソース]で指定したアルファチャンネルと[ぼかしの焦点距離]を組み合わせて、ぼかさない範囲を設定します。[ぼかしの焦点距離]で指定したアルファチャンネルの「明るさの部分」を中心にぼけなくなります。
[虹彩絞り]エリア	画像のぼけ具合を設定します。[形状]プルダウンと[絞りの円形度]、[回転]で、レンズの絞りの形状によるぼけの違いを設定します。よくわからない場合は[半径]だけ設定します。
[スペキュラハイライト]エリア	ぼけた部分を輝かせる効果を設定します。[明るさ]でぼけた部分の明るさを設定し、[しきい値]で輝く範囲を指定します。[しきい値]の数値が小さいほど輝く範囲が広くなります。
ノイズ	画像がぼけたことによって立体感が損なわれる場合に、ノイズを使用することで自然に仕上げることが可能です。

step 13

設定が終わったら[OK]ボタンをクリックしてフィルター効果を画像に反映させます。これで完成です。

Tips
今回は、画像の手前側と後ろ側をぼかすときに、手前から35%の位置にピントの中心がくるように設定しました。これはモチーフの位置によって決まることですが、カメラの場合も、ピントの合わない範囲は手前側よりも後ろ側のほうが広くなるので、今回のように被写体が手前にある場合は後ろ側のぼけの距離を長くすることで、ミニチュア感を強調することができます。

関連 オリジナルのグラデーションを作成する：p.71　画像の彩度を上げる：p.188

Sample_Data/190/

風景にシャボン玉を追加する

レイヤーの描画モードの1つ「スクリーン」を使用して、風景写真にシャボン玉を合成します。半透明のオブジェクトを画像合成したい場合に有効な手段の1つです。

・**解説**

右の画像にシャボン玉の画像を合成します。

・**step 1**

最初に、画像の雰囲気をシャボン玉が飛んでいる風景に合わせるために、画像全体を薄く淡い、さわやかな感じに変更します。

メニューから［レイヤー］→［新規塗りつぶしレイヤー］→［べた塗り］を選択し、［新規レイヤー］ダイアログを表示します。

［描画モード：覆い焼き（リニア）－加算］を選択して❶、［OK］ボタンをクリックします。

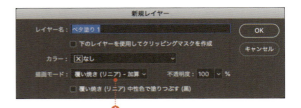

［覆い焼き（リニア）－加算］を選択すると、［べた塗り］レイヤーの色に沿って画像全体が明るくなります。

・**step 2**

［べた塗り］レイヤーは、カラーピッカーで指定したカラーで全体が塗りつぶされます。ここでは［R:30、B:40、G:90］に指定します❷。

> **Tips**
> 色合い（色相）だけを調整したい場合はHSBの［H］を変更し、鮮やかさ（彩度）だけを調整したい場合は［S］を変更します。また、明るさ（明度）だけを調整したい場合は［B］を変更します。

322

step 3

［カラーピッカー］ダイアログの［OK］ボタンをクリックすると、右図のように画像全体が薄く淡い、さわやかな感じになります❸。

> **Tips**
> ここでは［べた塗り］レイヤーと［描画モード：覆い焼き（リニア）－加算］を組み合わせることで画像のカラーを変更しましたが、より細かく調整したい場合は［トーンカーブ］を使用します（p.276）。

step 4

背景がブラックのシャボン玉の画像を、合成するレイヤー（風景写真）にドラッグします❹。このとき Shift を押しながらドラッグすると、シャボン玉のレイヤーが画像の中央に配置されます。

step 5

現状では背景の画像が見えなくなるだけなので、シャボン玉のレイヤーをアクティブにして❺、［描画モード：スクリーン］に変更します❻。
すると、シャボン玉の背景にあるブラックの部分が透明になり、シャボン玉だけが見えるようになります。

> **Tips**
> シャボン玉のような半透明の画像を他の画像と合成する場合は、上記のように背景がブラックの画像を使用します。今回指定している［スクリーン］は、画像内のブラックの箇所を透明として扱う描画モードです。シャボン玉自体は明るい部分しかないので、［描画モード：スクリーン］を選択することで、画像内のブラックの部分のみ透明になり、ブラックよりも明るいシャボン玉だけが表示されるようになります。

step 6

これで風景写真にシャボン玉を合成することができました❼。最後に、シャボン玉の位置やサイズを調整します。

シャボン玉のレイヤーをアクティブにして、メニューから［編集］→［自由変形］を選択します。すると、画像を囲むようにバウンディングボックスが表示されるので、四隅のハンドルをドラッグして位置やサイズを変形します❽。［Shift］を押したままハンドルを操作すると、レイヤーの縦横比率を保ったままサイズを変更できます。丁度良い大きさやサイズになったら変形を確定します。これで完成です❾。

Tips

画像の色情報は［情報］パネルで確認できます（p.42）。シャボン玉の背景が完全なブラック（R:0、G:0、B:0）でない場合❿、うっすらとその部分が見えてしまう場合があります。
そのような場合は［トーンカーブ］を表示し、トーンカーブの左下のポイントを右方向に移動させて、ブラックでない部分を［R:0、B:0、G:0］の完全なブラックに変更してください⓫。
なお、ブラックの部分さえ変更されなければ、シャボン玉の明るさは変更可能です。その場合もトーンカーブを操作して明るさを調整してください。

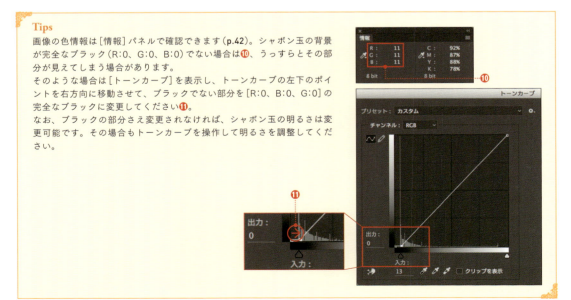

第 7 章

環境設定・カラーマネジメント

191 ワークスペースを保存する

パネルやショートカット、メニューなどを作業内容によって使い分けたり、保存することでより快適な作業が実現できます。

step 1

メニューから［ウィンドウ］→［ワークスペース］→［新規ワークスペース］を選択して❶、［新規ワークスペース］ダイアログを表示します。

step 2

任意の名前を入力して❷、必要なところにチェックを入れます❸。設定後、［保存］ボタンをクリックしてワークスペースを保存します。

◎［新規ワークスペース］ダイアログの設定項目

項目	内容
キーボードショートカット	チェックを入れると、キーボードショートカットの設定が保存されます。
メニュー	チェックを入れると、メニューの設定が保存されます。
ツールバー	チェックを入れると、ツールバー（ツールパネル）の設定が保存されます。

step 3

ワークスペースを切り替えるには、メニューから［ウィンドウ］→［ワークスペース］を選択して、保存したワークスペースを選択します❹。
なお、Photoshopには、［モーション］や［ペイント］、［写真］といった、それぞれの作業に適したワークスペースがデフォルトで用意されています❺。これらを使用することも可能です。

> **Tips**
> ワークスペースの切り替えに関するダイアログが表示された場合は［はい］ボタンをクリックします❻。
> また、現在のキーボードショートカットを再度保存するかを確認するダイアログが表示されるので、［保存］、または［保存しない］のいずれかのボタンをクリックします。作業中に変更していない場合や保存する必要がない場合は［保存しない］を選択して構いません。

192 単位を変更する

単位は［ウィンドウ］→［情報］を選択して、［情報］パネルから変更できます。作業内容に合わせて単位を使い分けることで、効率よく作業を進めることができます。

step 1

メニューから［ウィンドウ］→［情報］を選択して❶、［情報］パネルを表示します。

step 2

［情報］パネルの右下にある、［X］と［Y］の間の印をクリックして単位を選択します❷。ここでは［cm］を選択しています❸。
これで、単位が［cm］に変更されましたが、単位は見える部分に表示されていないので注意してください。

> **Tips**
> 単位は、メニューの［Photoshop CC］（Windowsは［編集］）→［環境設定］→［単位・定規］からも変更できますが、［情報］パネルから変更するほうが素早くできて、簡単です。

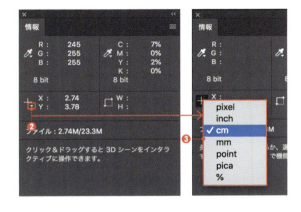

step 3

単位と同様に画像の［色情報］に表示するカラーモードも変更できます。
色情報にあるスポイトをクリックします❹。ここでは画像に合わせて［RGB］表示されていたものを［Webカラー］に変更しています❺。

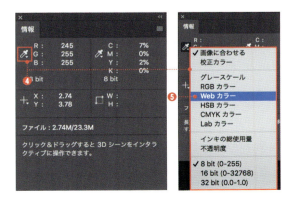

関連　カンバスサイズを変更する：p.34　画像の解像度を変更する：p.33

Sample_Data/193/

193 操作のやり直し可能回数を増やす

初期設定のヒストリー数は「20」です。その数を超えると自動的にヒストリーリストから消えてしまいます。細かい作業が多い場合はヒストリー数を増やして効率よく作業を行いましょう。

概要

通常、ヒストリーは[開く]からはじまりますが、右図はヒストリー数が20を超えているので、途中の作業までしか戻れなくなっています❶。
この問題は、新規スナップショットを保存すれば回避できますが(p.49)、それだけでは有効ではない場合もあります。例えば、ブラシを多用する場合や細かな作業が多い場合は、ヒストリー数を増やすことが最も有効な手段となります。

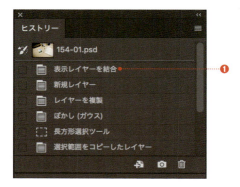

step 1

ヒストリー数を増やすには、メニューから[Photoshop CC](Windowsは[編集])→[環境設定]→[パフォーマンス]を選択して、[環境設定]ダイアログの[パフォーマンス]を開きます。
[ヒストリー&キャッシュ]エリアの[ヒストリー数]に1～1000の任意の値を入力します❷。ここでは[ヒストリー数:80]に設定しましたが、場合によってはPhotoshopで使用するメモリの設定も変えてください❸。
ヒストリー数を増やすと、20以上の作業を行ってもすべてのヒストリーは指定した数の分まで記録することができます❹。

Tips

ヒストリー数を増やすと、古い処理履歴まで戻れますが、その分、メモリも多く消費します。また、ヒストリーの数が多くなるため、作業の分岐や特定のヒストリーを素早く探し出したい場合は不便な場合もあります。このような場合は、スナップショットから新規ファイルを作成する方法(p.49)などと併用してください。

328

関連 ヒストリーで操作をやり直す：P.47 操作画像を開いたときの状態に戻す：p.48

194 メモリの容量と画面の表示速度を設定する

メモリの割当や画像キャッシュの設定は[環境設定]→[パフォーマンス]から行います。これらの設定を変更すると、Photoshopのパフォーマンスを向上させることが可能です。

step 1

メニューから[Photoshop CC]（Windowsは[編集]）→[環境設定]→[パフォーマンス]を選択して❶、[環境設定]ダイアログを表示します。

step 2

[メモリの使用状況]エリアの[Photoshopで使用する容量]に直接数値を入力するかスライダーを移動します❷。なお、有効な割当量はOSや他のアプリケーション、処理する画像の容量などによって異なります。
また、[ヒストリー&キャッシュ]エリアの[キャッシュレベル]を4〜8以上に設定すると、スクリーンの再描画が高速化されます❸。初期設定値は「4」です。Web用などの小さな画像を扱う場合は「1」か「2」に設定すると無駄なメモリの消費を抑えられます。
設定を有効にするには、[OK]ボタンをクリックして❹、Photoshopを再起動します。

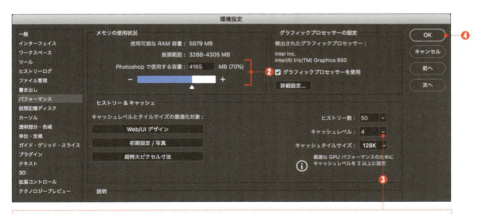

> キャッシュレベルを上げると再描画が高速化されますが、画像を開くスピードが遅くなります。また、キャッシュを使用したスクリーンの表示は1pixel程度ずれて表示されるなど、実データとわずかな違いが発生することがあります。そのときは画面を100%表示することで正確な画像を表示することが可能となります。

> **Tips**
> 一般的なメモリの割当量は以下の式で求めることができます。
>
> （[全メモリ]−[OSに必要なメモリ]−[他のアプリケーションメモリ]）× 0.8
>
> 多くのメモリを使用すれば快適な作業が可能ですが、メモリを割り当てすぎるとOSが使用できるメモリが少なくなりシステムが不安定になります。

関連 操作をやり直せる回数を増やす：p.328　不要なメモリをクリアする：p.331

195 カーソルの形状を変更する

カーソルの形状は[Photoshop]（Windowsは[編集]）→[環境設定]→[カーソル]から変更することができます。自分の作業に合った設定にしてみましょう。

step 1

メニューから[Photoshop CC]（Windowsは[編集]）→[環境設定]→[カーソル]を選択して❶、[環境設定]ダイアログを表示します。

step 2

[ペイントカーソル]エリアと[その他カーソル]エリアに分かれています。
[ペイントカーソル]エリアで[ブラシ先端（標準サイズ）]か[ブラシ先端（フルサイズ）]を選択すると❷、ペイント系の作業で直感的な操作が可能となります。[ブラシ先端に十字を表示]にチェックを入れると❸、ブラシの中心部分が見えやすくなります。上下左右が非対称のブラシを使用する際に中心がわかりやすくなる効果もあります。どちらにすればよいかわからない場合は[ブラシ先端（標準サイズ）]を使用します。
[その他カーソル]エリアで[精細]を選択すると❹、正確な作業が可能になります。特に理由がない場合は[精細]を選択してください。

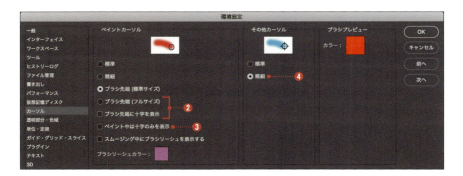

step 3

❺は[ペイントカーソル]エリアで[ブラシ先端（標準サイズ）]を選択してブラシを実際に使用した例です。ブラシのサイズがわかりやすくなり、直感的に作業できるようになっています。
❻は[その他カーソル]エリアで[精細]を選択して選択範囲を作成している例です。選択範囲のエッジがわかりやすく、作業を進めやすくなっています。

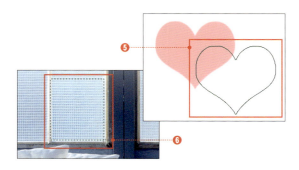

196 不要なメモリをクリアする

Sample_Data/196/

割り当てた以上のメモリが必要になると、メモリの代わりに仮想記憶ディスク（ハードディスク）が使用されるため、Photoshopの処理速度が大幅に遅くなります。

step 1

現在作業しているファイルが仮想記憶ディスクを使用しているかを確認します。開いているファイルのドキュメントウィンドウ下部の［ステータス表示］から［効率］を選択します❶。このとき、［効率］が90％以下になっている場合はメモリの割当を増やすなどの対応が必要です❷。

step 2

メモリの割り当てを増やす場合は、メニューから［Photoshop CC］（Windowsは［編集］）→［環境設定］→［パフォーマンス］を選択して［環境設定］ダイアログを表示し、メモリの割当を変更します❸。
なお、メモリの割当量を増やせばPhotoshopの操作性は向上しますがOSや他のアプリケーションに影響を及ぼします。一般的には、Photoshopには最大で80％程度のメモリを割り当てることが可能です。

step 3

メモリの使いすぎが原因でパフォーマンスが落ちている場合は、不要なメモリをクリアします。メニューから［編集］→［メモリをクリア］以下の任意の項目を選択します❹。ただし、メモリをクリアすると、［ヒストリー］や［クリップボード］の内容が消去されるので注意してください。

◎［メモリをクリア］以下の選択項目

項目	内容
取り消し	直前の操作をメモリから解放します。［編集］→［○○の取り消し］が使用できなくなります。ただし、［ヒストリー］パネルから直前の作業に戻ることができます。
クリップボード	クリップボードの内容を消去します。Photoshop内での［コピー＆ペースト］ではなく、［レイヤーの移動］や［レイヤーを複製］を使用すれば、この項目を利用する必要はありません。
ヒストリー	ヒストリーの内容を消去します。ただし、スナップショットは消去されません。
すべて	上記の3項目すべてのメモリがクリアされます。
ビデオキャッシュ	ビデオのヒストリーがクリアされます。

関連 メモリの容量と画面の表示速度を設定する：p.329　操作をやり直せる回数を増やす：p.328

197 キーボードのショートカットを変更する

キーボードのショートカットはメニューの[編集]→[キーボードショートカットキー]から変更できます。各パネルのショートカットの追加・変更も行えます。

step 1

メニューから[編集]→[キーボードショートカット]を選択して❶、[キーボードショートカットとメニュー]ダイアログを表示します。

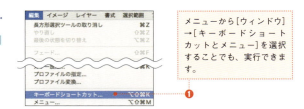

メニューから[ウィンドウ]→[キーボードショートカットとメニュー]を選択することでも、実行できます。

step 2

[キーボードショートカット]タブを選択して❷、[エリア]プルダウンで設定対象を選択します❸。ここでは[アプリケーションメニュー]を選択しています。
中央に対応するリストが表示されるので必要なグループを選択して詳細を表示します❹。
続いて、ショートカットを追加/変更したいコマンドのリストをクリックして❺、任意のショートカットを入力します。もし、入力したショートカットが他のショートカットと重複している場合は警告が表示されますが❻、そのまま作業を進めれば自動的に元々あるショートカットは消去されます。

チャンネルに関するショートカット関連の項目を変更する方法はありませんが、[従来方式のチャンネルショートカットを使用]にチェックを入れると、チャンネルに関するショートカットが、CS3以前の設定になります。

◎ [エリア]プルダウンの設定項目

項目	内容
アプリケーションメニュー	アプリケーションメニューを選択すると、メニューバーに表示されている項目のショートカットを設定できます。
パネルメニュー	パネルオプションのショートカットを設定できます。
ツール	ツールパネルのショートカットを設定できます。

step 3

設定したキーボードショートカットを保存するには**[現在のショートカットセットの変更内容を保存]**ボタンをクリックします❼。保存しなくても自動的にショートカットは変更されますが、保存すると別のPCなどへ簡単に反映させることが可能です。

また、[現在のショートカットセットを基に新規セットを作成]ボタンをクリックすることで❽、オリジナルのショートカットセットを作成することができます。

step 4

[ショートカット一覧]ボタンをクリックすると❾、ショートカットの一覧データをHTMLとして書き出すことができます❿。HTMLに書き出すとPhotoshopを使用中でも変更した内容などを容易に確認できます。

> **Tips**
> **[メニュー]タブ**をクリックすると⓫、アプリケーションメニューなどの表示/非表示やカラーなどを設定することができます。
> この機能を利用すると、キーボードショートカットとメニューの表示などを組み合わせることで、不要な機能に制限をかけることができます。例えば、画面上で出力時のカラーシミュレーションを行う[色の校正]機能は多くの場合[オン]か[オフ]のどちらかに固定して作業を行います。事前にショートカットを消去しておけば、不用意に設定が変わってしまうミスをなくすことができます。

関連　ワークスペースを保存する：p.326　メモリの容量と画面の表示速度を設定する：p.329

Sample_Data/198/

198 チャンネルの表示色を変更する

アルファチャンネルは、デフォルトでは半透明の赤で表示されます。アルファチャンネルの表示色を変更するには、[チャンネルオプション]を設定します。

概要

アルファチャンネルは、デフォルトでは半透明の赤で表示されるため、赤い画像(左図)を扱っている場合に、アルファチャンネル表示にすると(右図)、元画像とアルファチャンネルの区別がつきにくいため、非常に使いにくくなります。
このような場合は、画像に合わせてアルファチャンネルの表示色を変更するようにしましょう。

元画像　　　　　　　　　　アルファチャンネル表示時

step 1

アルファチャンネルの表示色を変更するには、[チャンネル]パネルで表示色を変更するチャンネルをアクティブにして❶、チャンネルパネルメニューから[チャンネルオプション]を選択して❷、[チャンネルオプション]ダイアログを表示します。

step 2

[表示色]エリアのカラーピッカーを選択して❸、表示色を変更します。
表示色を設定後、[チャンネルオプション]ダイアログの[OK]ボタンをクリックすると、アルファチャンネルの表示色が変更されます。

step 3

ここでは水色を選択したので、右図のようにアルファチャンネルが水色で表示されるようになります。

関連 アルファチャンネル：p.113　クイックマスク：p.128　レイヤーマスク：p.154

199 画像を個別のウィンドウで開く

Mac版では、Photoshopの画面表示がデフォルトで[アプリケーションフレーム]表示になっています。表示方法を変更するには[アプリケーションフレーム]をオフにします。

step 1

Mac版のPhotoshopでは[アプリケーションフレーム]のオン・オフを簡単に切り替えられます（Windows版にはこの設定はありません）。

[アプリケーションフレーム]をオフにするには、メニューから[ウィンドウ]→[アプリケーションフレーム]を選択して❶、チェックを外します。チェックを外すと、Photoshopが画面全体に表示され、各画像が個別のウィンドウで開きます。

アプリケーションフレーム：オン

アプリケーションフレーム：オフ

Tips

最新のPhotoshopに旧バージョンの環境をそのまま移行する方法として[プリセットを移行]が用意されています。環境を移行するには、メニューから[編集]→[プリセット]→[プリセットを移行]を選択します❷。

すると、どのバージョンからプリセットを移行するかを確認するダイアログが表示されるので、そのまま[はい]を選択します。また、移行が正常に終了したことを知らせるダイアログが表示されます。

移行が終わったらPhotoshopを再起動します。再起動すると、メニューの[ウィンドウ]→[ワークスペース]の中に移行したワークスペースが表示されます。

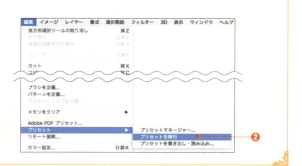

Sample_Data/200/

200 カラーマネジメントの全体像

画像を正しく扱うには「カラーマネジメント」の知識が必須です。カラーマネジメントを適切に行わないと、他者とデータをやり取りする中で目的のクオリティを実現することはできません。

各デバイス（モニターやプリンターなど）は固有の色を持っているため、**何も設定していない状況では、デバイスごとに表現される色が異なります**。例えば、最も鮮やかな緑色をモニターAとモニターBで表示させたとします。この際、モニターに表示される緑色は、各モニターの緑色の色材の色です。メーカーや機種ごとにモニターの持つ純粋な単色はすべて異なるので、結果としてモニターAとモニターBの色は異なる色で表示されます。これは、プリンターや商業印刷でも同じです。

カラーマネジメントとは、これらの問題を解決する手段です。

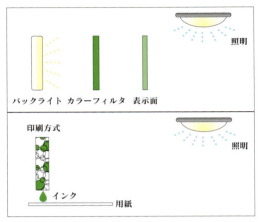

出力物の色は各デバイスのインクやカラーフィルターの色はもとより、照明などの外部閲覧環境にも影響を受けます。

色空間とは

カラーマネジメントでは、各機器で出力できる色を定量的に測るために、人間の目で見える色すべてを網羅できる「**CIE XYZ**」というカラースペースが使用されます。カラースペースとは、色を視覚的に表現した空間です。色を表すには［色相、明度、彩度］や［赤、緑、青］など、最低でも3つ数値を組み合わせることが必要であり、これをグラフで表すと3次元になることから「**カラースペース（色空間）**」といいます。

Photoshopでは主に「**sRGB**」や「**Adobe RGB**」などのカラースペースを使用します。sRGBは一般的なモニターで再現できる範囲を想定したカラースペースであり、Adobe RGBは印刷や色校正を想定したカラースペースです。プリンターなどの各機器が表現できる範囲をカラースペースとして記録することも可能です。なお、モニターやプリンターのカラースペースを記録したデータを「**ICCプロファイル**」と呼び、［Adobe RGB］などのPhotoshopで作業を行うためのカラースペースが記述されているデータを「**カラースペースプロファイル**」と呼びます。

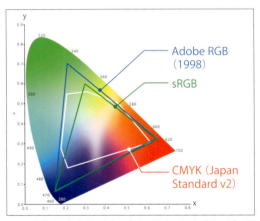

CIExy色度図。色空間は本来3次元の図式ですが、［明るさ］の要素を無視することで、色を2次元で表しています。

Tips

カラーマネジメントは理解しにくいものと思われがちですが、基本的な仕組みと手順さえ理解すれば、どのようなケースにも適切に対応できるようになります。本書でしっかりと基本を押さえましょう。

カラー設定

Photoshopでカラーマネジメントを行うには、画像処理を行う「**作業用のカラースペース**」の設定や、どのような場合にICCプロファイルを変更・変換するかを決めておく必要があります。これら設定を行うのが「**カラー設定**」です(p.338)。

カラー設定で行う基本となるカラースペースのことを「**作業用スペース**」といい、カラースペースが異なる場合などにどう振る舞うかを設定することを「**カラーマネジメントポリシー**」といいます(p.340)。

ICC プロファイルの変換・変更

ICC プロファイルは、プリンターやモニターがどのような色を再現できるかを記述したデータです。ICCプロファイルにはカラースペースの情報が含まれています。

カラースペースを別のカラースペースに変換することを「**プロファイル変換**」と呼びます(p.341)。プロファイルの変換では、画像の見た目を維持するために、画像のRGB値が変換されます。

キャリブレーション

特定のモニターが出力できるカラースペースを測定・記録して、モニターのICCプロファイルを作成することを「**キャリブレーション**」といいます。
キャリブレーションを行う方法には次の2つがあります。

- 専用の機器を使う方法(p.347)
- OS標準の機能を使う方法(右のTips参照)

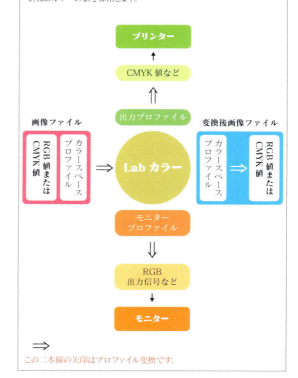

カラーマネジメントでは、「Labカラー」と呼ばれるカラースペースを経由することで、異なるカラースペース間での色の変換処理を行います。Labカラーは、前ページの「CIE xy色度図」と同等の色を扱うことができるカラースペースです(すべての色を扱うことができます)。Photoshopにおいては、画像のRGB値と画像に設定されているカラースペースを掛け合わせて、Labカラーの値を算出します。

⇒ この二本線の矢印はプロファイル変換です。

Tips
キャリブレーションをOSの標準機能を使って行う場合、その方法はOSごとに異なります。Windowsの場合は、[コントロールパネル]→[色の調整]([色の調整])を選択します。また、Macの場合は[システム環境設定]→[ディスプレイ]→[カラー]を選択します。

◎ カラーマネジメントの作業項目

項目	内容
①カラースペースの理解	画像に設定されているカラースペース(色空間)を把握すること。また、作業中にカラースペースが変換されないように注意して作業を進めること。
②カラー設定	Photoshopの[カラー設定]ダイアログで「ICCプロファイル」を指定することで、画像が使用するカラースペースを設定すること。また、他者から入稿された画像の色情報に関する扱いを決めること(p.338、p.339)。
③ICCプロファイルの変換・変更	作業用のカラースペースの変換や変更を行ったり、キャリブレーションによって作成されたプロファイルを使用すること(p.341、p.342、p.343)。
④キャリブレーション	モニターやプリンターなどが、データで指示した色を発色するように各機器を調整し、その機器が持つ独自のカラースペースを記録する作業。正確に作業するには専用の機材が必要(p.347)。

関連 [埋め込まれたプロファイルの不一致]ダイアログ:p.344　[プロファイルなし]ダイアログ:p.346

201 RGB作業用スペースの設定方法

通常、色の正確さを保つために画像のカラーマネジメントを行う必要があります。そのカラーマネジメントを行うためには RGB 作業用スペースを設定する必要があります。

step 1

RGB 作業用スペースを設定するには、メニューから［編集］→［カラー設定］を選択して、［カラー設定ダイアログ］を表示します。

［設定］プルダウンであらかじめ用意されている環境を選択すると、作業スペースがすべて設定されます。下図のように［Web －インターネット用－日本］を選択すると❶、［RGB］に標準的なカラースペースである［sRGB IEC61966-2.1］が設定されます❷（なるべく色の劣化を抑えて作業したい場合は［RGB］に［Adobe RGB（1998）］を選択してください）。

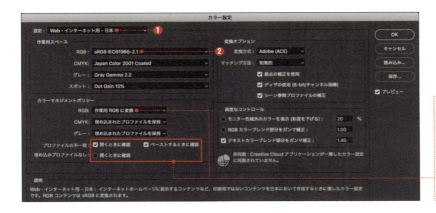

［カラーマネジメントポリシー］エリアの［RGB］に［作業用 RGB に変換］を選択して、［埋め込みプロファイルなし］以外のチェックをすべて外すと、プロファイルのある RGB 画像はすべて［Adobe RGB］に変換されます

◎ ［作業スペース］エリアの［RGB］の設定項目

項目	内容
Adobe RGB（1998）	高品質向けのカラースペースです。再現可能な範囲が広く、現在市販されているプリンターやモニターでハイエンドの製品ならほぼ［Adobe RGB］を再現できます。
sRGB IEC61966-2.1	最も一般的に使用されるカラースペースであり、どのような環境でもほぼ 100％色を再現できます。ただし、鮮やかな緑や赤の再現性がよくないため、高品質なプリントには向いていません。
Pro Photo RGB	高品質向けのカラースペースですが、このカラースペースを表示できる環境が少ないので、広いカラースペースが必要なら［Adobe RGB（1998）］を選択します。
その他	上記のカラースペース以外のものは、特別な理由がない限り指定しません。

202 CMYK作業用スペースの設定方法

CMYK作業用スペースはオフセット印刷などの商業印刷用の設定です。RGB作業用スペースとは異なり、出力先である印刷所の環境によって大きく変わります。

概要

オフセット印刷の環境では、CMYK作業用スペースは出力先に大きく依存します。

下図を見てください。一般的なCMYKの出力プロファイルと印刷所が独自に配布しているCMYKの出力プロファイルを比べると大きく異なることがわかります。そのため、印刷用のデータを作成する場合は、必ず使用するカラースペースを事前に確認しておくことが必要です。

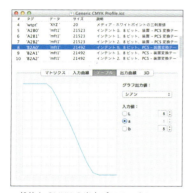
一般的な CMYK の出力プロファイル

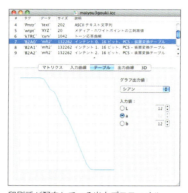
印刷所が配布している出力プロファイル

> CMYKのプロファイルは印刷所から入手できる場合もありますが、日本国内では多くの場合[Japan Color 2001 Coated]が使用されます。

step 1

メニューから[編集]→[カラー設定]を選択して、[カラー設定]ダイアログを表示します。
[設定]ポップアップメニューにあらかじめ用意されている環境を選択すると、自動的に作業スペースが設定されます❶。
日本国内で使用されることのあるプロファイルを下表に掲載します。

◎ [作業スペース]エリアの[CMYK]の設定項目

プロファイル名	用紙	インク	印刷機	備考
Japan Color 2001 Coated	コート紙	日本の標準インキ	枚葉オフセット印刷機	Japan Color色再現印刷2001に準拠
Japan Color 2001 Uncoated	上質紙	日本の標準インキ	枚葉オフセット印刷機	Japan Color色再現印刷2001に準拠
Japan Color 2002 Newspaper	標準新聞紙	日本の標準インキ	新聞輪転機	Japan Color 2002 新聞用に準拠
Japan Color 2003 Web Coated	軽量コート紙	日本の標準インキ	輪転オフセット印刷機	Japan Color色再現印刷2001に準拠
Japan Web Coated (Ad)	コート紙		輪転オフセット印刷機	(社)日本雑誌協会、雑誌広告基準カラーを参考に作成

203 カラーマネジメントポリシーの設定

カラーマネジメントポリシーは[カラー設定]ダイアログの[カラーマネジメント]エリアで設定します。作業前に必ず確認するようにしましょう。

step 1

カラーマネジメントポリシーとは、作業用のカラースペースと画像のカラースペースが異なる場合に、**その違いをどのように処理するのか**を決めておくものです。カラーマネジメントポリシーを設定しておけば、作業用のカラースペースと異なるカラースペースの画像を開くときに、自動的に変換されるので、毎回設定する必要がなくなります。
カラーマネジメントポリシーを設定するには、メニューから[編集]→[カラー設定]を選択して❶、[カラー設定]ダイアログを表示します。

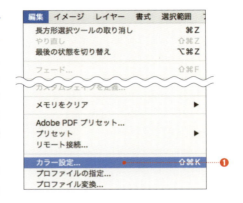

step 2

[プロファイルの不一致]のチェックを両方とも外して❷、[カラーマネジメントポリシー]エリアの[RGB][CMYK][グレー]の各カラーモードのプルダウンで処理方法を選択します❸。
また、[埋め込みプロファイルなし：開くときに確認]にチェックを入れます❹。ここにチェックを入れておかないと、カラーマネジメントされない状態で画像が開いてしまうので、必ずチェックを入れてください。

◎ [カラーマネジメントポリシー]の設定項目

項目	内容
オフ	カラーマネジメントポリシーを設定しない場合に選択します。
埋め込まれたプロファイルを保持	プロファイルが不一致の際に、元々画像に埋め込まれているカラースペースを使用する場合に選択します。
作業用RGBに変換	プロファイルが不一致の際に、自動的にカラースペースを作業用スペースと一致させる場合に選択します。CMYKでは[作業用CMYKに変換]、グレーでは[作業用グレーに変換]を選択します。色調を操作する場合はこれを使用します。
プロファイルの不一致	チェックを入れると、画像を開くときや、別の画像からレイヤーをコピーする際にプロファイルが不一致の場合、プロファイルをどのようにするかを確認するダイアログが表示されます。
埋め込みプロファイルなし	チェックを入れると、画像を開くときにプロファイルが埋め込められていない場合、プロファイルをどのようにするかを確認するダイアログが表示されます。

204 プロファイルを変換する

プロファイルの変換を行うには、メニューから[編集]→[プロファイル変換]を実行します。この操作ではプロファイルに合わせて画像のRGB値が変更されるため、多くの場合画像の表示色は変わりません。

step 1

プロファイルを変換するには、メニューから[編集]→[プロファイル変換]を選択して、[プロファイル変換]ダイアログを表示します。
最初に[変換後のカラースペース]エリアの[プロファイル]から変更したいプロファイルを選択して❶、各種設定を行います。
なお、[プロファイル変換]を行うと、プロファイル変換エンジンが画像のRGB値を変更するので、表示色は変わりませんが、同じ表示色でもカラースペースによってRGB値が大きく異なることがあります。

◎ [プロファイル変換]の設定項目

項目	内容
変換後のカラースペース	変換するプロファイルを指定します。よくわからない場合は[Adobe RGB]を使用してください。
変換方式	変換方式を選択します。どの方式を選択しても差がないといわれていますが、基本的にはOSなどに影響されない[Adobe (ACE)]を選択します。
マッチング方法	色空間を変換する際の計算方法を指定します。 [知覚的]は、変換後も人間の視覚に自然に見えるように、各色同士の色差に重点を置いた方式です。写真などのさまざまな色が含まれた画像に適しており、標準的な変換方式です。よくわからない時はこの方式を選択します。 [彩度]は、変換後の色空間で彩度が高くなることを重視した変換方式です。グラフのような書類に添付するような画像に使用します。 [相対的な色域を維持]は、変換前の最も明るい部分と変換後の最も明るい部分の差を比較して、その差の分だけ色をシフトします。[知覚的]に近い結果になりますが、[知覚的]よりもオリジナルのカラーを維持しやすい方式です。 [絶対的な色域を維持]は絶対的な色を極力維持し、色域外の色は近い色に設定されます。企業のロゴなど、色を固定する必要がある場合に使用します。
黒点の補正を使用	色変換後に最も暗い部分が、最も暗い部分とならない場合に、自動的に最も暗くして、最高濃度を保つ機能です。特別な理由がない限り、チェックを入れておきます。
ディザの使用	色空間を変換した後に再現できない色を、ディザを使用して再現します。よくわからない時はチェックを入れておきます。
画像を統合して外観を保持	レイヤーを統合してカラースペースを変換することで、より正確な色変換を行います。変換後は自動的にレイヤーが統合されます。 このオプションを選択しても、大きく色が変わることはないので、特に必要がなければチェックは入れません。

205 プロファイルを変更する

Sample_Data/205/

画像に設定されているプロファイルを変更するには、[プロファイルの指定]から使用するプロファイルを指定します。プロファイルの変換(p.341)と異なり、多くの場合、表示色は変わります。

step 1

プロファイルを変更するには、メニューから[編集]→[プロファイルの指定]を選択して、[プロファイルの指定]ダイアログを表示します。
警告ダイアログが表示されることがありますが、気にしないで[OK]ボタンをクリックします❶。
[プロファイル]から差し替えたいプロファイルを選択します❷。

step 2

[OK]ボタンをクリックするとファイルが開きます。ウィンドウ下部の[ステータス]でプロファイルが指定したものに変わっていることを確認します❸。

Tips

カラーマネジメントされている画像の色は、右図のように画像データとプロファイルを掛け合わせて表現されています。そのため、プロファイルを差し替えるとほとんどの場合、表示される色が変わります。例えば、右図では表現できる色域が狭い「sRGB」を最も色域の広い「ProPhoto RGB」に変更しているので、全体が鮮やかな色になっていることがわかります。
ただし、[プロファイルの指定]では画像データ自体は変更されないので、実際のRGB値やCMYK値は変化していません。この点が、「プロファイルの変換」(p.341)と大きく異なります。

206 プロファイルを削除する

プロファイルを削除するには[プロファイルの指定]ダイアログでカラーマネジメントを行わない設定を選択します。

step 1

カラーマネジメントされた環境でプロファイルを削除することはほとんどありません。しかし、最新ではない環境で印刷する場合など、プロファイルを削除したデータを要求された場合はプロファイルを削除する必要があります。

プロファイルを削除するには、メニューから[編集]→[プロファイルの指定]を選択して、[プロファイルの指定]ダイアログを表示します。

警告ダイアログが表示されることがありますが、気にしないで[OK]ボタンをクリックします❶。

ここで[このドキュメントのカラーマネジメントを行わない]を選択します❷。

step 2

[OK]ボタンをクリックすると、ファイルが開きます。ウィンドウ下部の[ステータス]でプロファイルが削除されていることを確認してください❸。

なお、表示される画像を確認すると、プロファイルを変更した場合(p.342)と同様に、色が変わることがありますが、プロファイルを削除しただけなので、RGB値やCMYK値は変更されません。

> **Tips**
> カラーマネジメントでは、画像のRGB値とプロファイルを掛け合わせて正しい色を表現するので、プロファイルがないと正確な色を再現することができません。
> プロファイルがわからなくなった場合や、プロファイルを削除後に画像を加工した場合は、再度[プロファイルの指定]を実行して(p.342)、[作業用RGB]や[作業用CMYK]を選択してください❹。[作業用RGB]や[作業用CMYK]は、[カラー設定]の[作業用スペース]エリアで指定されているプロファイルと同じものです。

207 [埋め込まれたプロファイルの不一致]ダイアログでの設定方法

Sample_Data/207/

[埋め込まれたプロファイルの不一致]ダイアログが表示され、設定方法がわからない場合は[ドキュメントのカラーを作業スペースに変換]を選択します。

step 1

[埋め込まれたプロファイルの不一致]ダイアログは、メニューから[編集]→[カラー設定]を選択すると表示される[カラー設定]ダイアログにある[プロファイルの不一致：開くときに確認]にチェックが入っていると表示されます。

[埋め込まれたプロファイルの不一致]ダイアログが表示された場合、次の3つの中から処理する内容を選択する必要があります。

- 作業用スペースの代わりに埋め込みプロファイルを使用
- ドキュメントのカラーを作業スペースに変換
- 埋め込まれたプロファイルを破棄

通常は最も忠実な再現が期待できる[ドキュメントのカラーを作業スペースに変換]を選択します❶。

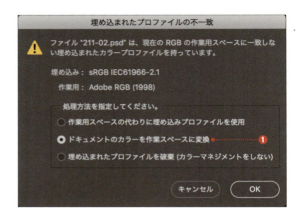

◎ [埋め込まれたプロファイルの不一致]ダイアログの設定項目

項目	内容
作業用スペースの代わりに埋め込みプロファイルを使用	埋め込まれたプロファイルのままファイルを開きます。この方法は元の画像をなるべく変更しない方法です。色を一切変更したくない場合はこれを選択してください。ただし、モニターや設定によっては正しい色を表示できないので注意が必要です。
ドキュメントのカラーを作業スペースに変換	埋め込まれたプロファイルに基づいてカラー変換を行います。最も一般的な設定です。よくわからない人はこれを選択してください。
埋め込まれたプロファイルを破棄	カラーマネジメントを一切しないで画像を開きます。特別な理由がない場合は選択しません。

step 2

[OK]ボタンをクリックすると、ファイルが開きます。ウィンドウ下部の[ステータス]でプロファイルが変換されていることを確認します❷。

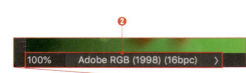

step 3

ドキュメントのプロファイルを維持したい場合は、[作業用スペースの代わりに埋め込みプロファイルを使用]を選択します❸。これで埋め込まれたプロファイルの画像としてファイルを開くことができます。

ここでは、作業用スペースの［Adobe RGB］ではなく、画像に元々埋め込まれている［sRGB］の画像としてファイルを開きます❹。

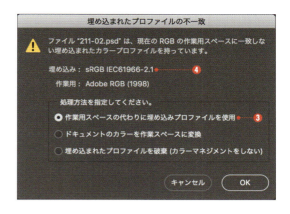

step 4

ウィンドウ下部の［ステータス］を確認すると、作業用のカラースペースではなく、画像に埋め込まれていたプロファイルが使用されていることがわかります❺。

❖ Variation ❖

［埋め込まれたプロファイルの不一致］の警告を出さないようにするには［編集］→［カラー設定］を選択して❻、［カラーマネジメントポリシー］エリアの［プロファイルの不一致：開くときに確認］のチェックを外します❼。チェックを外すと［カラーマネジメントポリシー］の設定に従います。ただし、［カラーマネジメントポリシー］の設定が［オフ］の場合は［作業用RGB］に変換されます。

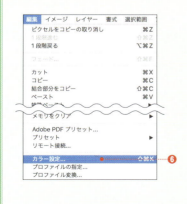

関連 カラーマネジメントの全体像：p.336　RGB作業用スペース：p.338　「プロファイルなし」ダイアログの設定方法：p.346

208 ［プロファイルなし］ダイアログの設定方法

［プロファイルなし］ダイアログが表示された際に、設定方法がわからない場合は［作業用RGBを指定］を選択します。

step 1

メニューから［編集］→［カラー設定］を選択すると表示される［カラー設定］ダイアログにある［埋め込みプロファイルなし：開くときに確認］にチェックが入っていると、プロファイルが埋め込まれていない画像を開いた際に、右図のような［プロファイルなし］ダイアログが表示されます。
このダイアログが表示された場合は、［そのままにする］［作業用RGBを指定］［プロファイルの指定］の3つの中からいずれかを選択する必要があります。
通常は**［作業用RGB］**を選択します❶。
なお、右図では［作業用RGB：Adobe RGB (1998)］とありますが、コロン以下の名称は現在の作業用スペースによって変わります。

step 2

［OK］ボタンをクリックするとファイルが開きます。ウィンドウ下部の［ステータス］を確認すると、指定したプロファイルでファイルが開かれていることがわかります❷。

Variation

［埋め込みプロファイルなし］は［プロファイルの不一致］とは異なり、チェックを入れておかないとプロファイルが変換されずに開いてしまうので注意してください。
［カラー設定］ダイアログの［埋め込みプロファイルなし：開くときに確認］を確認して❸、チェックが入っていない場合は、チェックを入れることをお勧めします。

209 モニターのキャリブレーション方法

モニターのキャリブレーションを行うには、専用のモニターキャリブレーションツールを使用します。

step 1

キャリブレータは機種によって「**フィルタ方式**」や「**スペクトル方式(分光光度計)**」など、いろいろな方式を採用していますが、予算が許すのであればスペクトル方式(分光光度計)の製品をお勧めします。ここでは「i1Design LT」という製品を使用して、キャリブレーションを行います。設定画面や用語は製品ごとに異なるので、それぞれのマニュアルを参考に読み進めてください。

まず、キャリブレーションソフトの指示に従って[白色点(色温度)][ガンマ][輝度]を設定します❶。

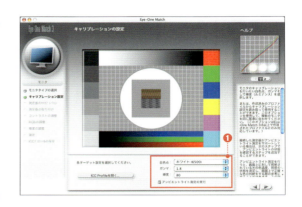

◉ キャリブレーションソフトの設定項目

項目	内容
白色点(色温度)	白色点とは、最も明るい部分のカラーバランスのことです。一般的には「色温度」と呼ばれます。Web用やsRGBに対応させたい場合は6500、印刷物に対応させたい場合は5000～6500に設定します。
ガンマ	ガンマとは入力に対してモニターがどれくらいの明るさで表示するかを表す値です。ガンマ値はカラーマネジメントで吸収されるので、OSによって決まった値を設定してください。もし、不明な場合は[2.2]に設定してください。
輝度	モニターをどれくらいの明るさで表示するかを設定します。ここの値を変えても、見た目の濃度は目が自動的に調節するので部屋の明るさと好みで設定します。部屋を暗くして使用する場合は80以下に設定し、明るい部屋で使用する場合は少なくとも120以上を使用することをお勧めします。

step 2

キャリブレーションソフトの指示に従ってキャリブレーターをモニターに取り付けます。

作業が終了すると、モニターを計測した結果が表示されます。そのプロファイルを保存することもできます。

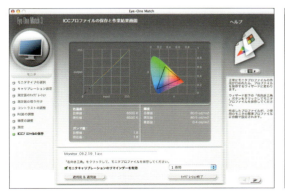

関連　カラーマネジメントの全体像：p.336　　カラー設定：p.338

レンズのゆがみを自動的に修正する

広角レンズやズームレンズで撮影すると、どうしてもゆがみが出てしまいます。また、ゆがみが少なく見えるレンズでも「色収差」と呼ばれる色のズレが画面の四隅に出ることがあります。以前は、このゆがみや色収差を修正することはできませんでしたが、最新のPhotoshopでは**[レンズ補正]フィルター**を使用することで、ゆがみや色収差を自動的に修正できます（[Camera Raw]フィルターでも同様の操作を実行できます）。

修正前

修正後

[レンズ補正]フィルターの使い方

[レンズ補正]フィルターには、「**レンズプロファイル**」と呼ばれる、市販レンズのレンズ固有のゆがみ情報などが多数登録されており、Photoshopはこの情報をもとにして自動修正を行います。

メニューから**[フィルター]→[レンズ補正]**を選択して[レンズ補正]ダイアログを表示します。[補正]エリアのすべてにチェックを入れて❶、[エッジ]プルダウンに**[端のピクセルを拡張]**を選択します❷。ほとんどの場合で、この時点で[レンズプロファイル]エリアに使用レンズが表示されます❸。使用レンズがPhotoshopに登録されていない場合はメニューの**[ヘルプ]→[アップデート]**を選択してPhotoshopを最新版にしてみてください。なお、この機能を利用するには画像にレンズの情報が含まれていることが必要なので、トリミングされた画像や新たに作成した画像に対しては使用できません。

第 8 章

印刷・Web

Sample_Data/210/

210 画像をプリントする

画像をプリントするには、メニューから[ファイル]→[プリント]を選択し、表示される[プリント設定]ダイアログで各種設定を行います。

・step 1

メニューから[ファイル]→[プリント]を選択して❶、[プリント設定]ダイアログを表示します。
[プリント設定]ダイアログで各種設定を行い、[プリント]ボタンをクリックします。

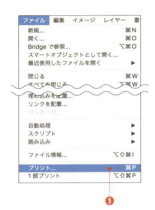

[プリント設定]ダイアログの項目名や記載場所は、Photoshopのバージョンによって多少異なりますが、設定できる内容は基本的に同じです。下表の解説を参考に、適宜お使いのバージョンの項目名などに読み替えてください。

◎[プリント設定]ダイアログの設定項目

番号	項目	内容
❷	プリンター	出力に使用するプリンターを選択します。
❸	用紙の方向とサイズ	用紙の方向とサイズを設定します。用紙方向だけなら[レイアウト]ボタンでも設定できますが、用紙サイズなどを設定する場合は[プリント設定]ボタンをクリックします。
❹	カラーマネジメント	プリント時のカラーマネジメントの設定を行います(p.336)。マッチング方法についてはp.341を参照してください。
❺	プリントサイズと位置	出力する画像のサイズと位置を設定します。左側のプレビューエリアで画像を直接操作することもできます。用紙いっぱいにプリントしたい場合は[メディアサイズに合わせて拡大・縮小]にチェックを入れます。ただし、用紙方向は再設定されないので注意してください。
❻	[プリント]ボタン [完了]ボタン	[プリント]ボタンをクリックするとプリンタードライバの操作から出力を実行します(設定が終わっていない場合や、ドライバによっては[プリント設定]ダイアログが表示されます)。出力しないで設定を保存したい場合は[完了]ボタンをクリックします。

関連 見た目のきれいさを優先して印刷する：p.351　忠実な色再現で印刷する：p.352

211 見た目のきれいさを優先して印刷する

正確な出力よりも、見た目の美しさを優先して印刷したい場合は、プリンタードライバでメーカーの用意した自動設定を利用するか、またはユーザー設定を行います。

step 1

見た目のきれいさを優先して印刷するには、メニューから[ファイル]→[プリント]を選択して、[プリント設定]ダイアログを表示し、[プリンターによるカラー管理]を選択します❶。このダイアログはPhotoshopのダイアログなので、[プリンターによるカラー処理]を選択した時点でカラーマネジメント (p.336) に関する項目が選択できなくなる場合もありますが、通常は何も設定を変更しないでそのまま進みます。

次の設定項目に進むには[プリント設定]か[プリント]をクリックします❷。

step 2

ここからはプリンター独自のダイアログになるので、環境によって設定が異なる場合があるので注意してください。

ダイアログ中央部のプルダウンから、印刷に関する設定を選択します。ここでは、[印刷設定]を選択しました❸。

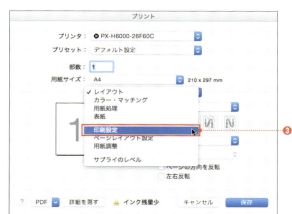

step 3

次に、先ほどと同様に印刷のカラー調整に関する設定を選択します。ここでは、[カラー調整]にメーカーの自動設定用の項目を選びます❹。

また、明るさや色合いなどをより細かく設定する場合は[詳細設定]を選択します❺。

> **Tips**
> デジタルカメラで撮影した画像の場合は、撮影時のExifデータが残っていれば画像の濃度や色合いだけでなくExifデータを参照して、プリンタードライバで自動的に色を補正することもできます。

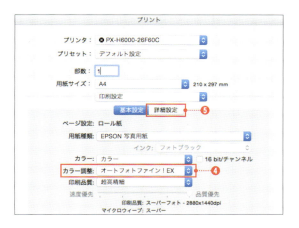

351

212 忠実な色再現で印刷する

カラーマネジメントされた画像を忠実な色再現で出力するには、プリント時に適切なプロファイルを選択します。印刷物を扱ううえでは必須の基礎知識です。

step 1

プリンターで忠実に色を再現するには、**カラーマネジメントされた画像**と**モニター**、そして**プリンターのプロファイル**が必要です。プリンターのプロファイルはプリンターメーカーや用紙メーカーから入手してください。

カラーマネジメントされた画像を開き、メニューから[ファイル]→[プリント]を選択して、[プリント設定]ダイアログを表示し、[Photoshop によるカラー管理]を選択します❶。

また、[プリンタープロファイル]にプリンタープロファイルを選択して❷、マッチング方法（p.341）を選択します。ここでは[知覚的][黒点の補正]を選択しています❸。

多くの場合、プロファイルはプリンターと用紙の組み合わせごとに作成されています。

設定が完了したら[プリント設定]❹か[プリント]❺をクリックして印刷に関する設定を行います。

step 2

ここからはプリンター独自のダイアログになるため、環境によって設定が違うので注意してください。ダイアログ中央部のプルダウンから、印刷に関する設定を選択します❻。ここでは[印刷設定]を選択しました。

step 3

ダイアログの[詳細設定]や[カラー調整]を選択して、出力時の色補正の設定を表示させます。

最初に、[用紙種類]に先ほど設定したプロファイルと同じ用紙を選択して❼、色補正に関する項目で、[色補正なし]や[オフ]を選択します❽。

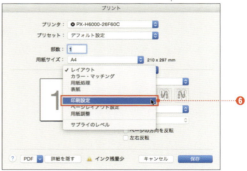

関連 画像をプリントする：p.350　見た目のきれいさを優先して印刷する：p.351　マッチング方法：p.341

Sample_Data/213/

213 モニターで印刷時のシミュレーションを行う

印刷の色をモニター上でシミュレーションするには[色の校正]機能と[校正設定]機能を使用します。これらの機能を使用しておくと、印刷時のトラブルをある程度未然に防ぐことができます。

step 1

メニューから[表示]→[色の校正]を選択して❶、チェックを入れます。

[色の校正]をオンにすると、モニターの表示が変更されますが、[表示]→[校正設定]からOS別のモニターや作業用の色空間またはプロファイルを直接指定する必要があります。

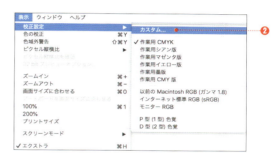

step 2

ここではプリンターの印刷をシミュレーションするので、[表示]→[校正設定]→[カスタム]を選択して❷、[校正条件のカスタマイズ]ダイアログを表示します。

step 3

[校正条件]エリアで以下の設定を行います❸。

- [シミュレートするデバイス]に使用するプリンターを選択する
- [RGB値を保持]のチェックを外す
- [マッチング方法]に[知覚的]を選択する
- [黒点の補正]にチェックを入れる

[OK]ボタンをクリックすると、画像が印刷の色に近い状態で表示されます。

◎[校正条件のカスタマイズ]ダイアログの設定項目

項目	内容
シミュレートするデバイス	使用するプリンターを指定します。多くの場合、[シミュレートするデバイス]に表示されるプリンターの名称の後に用紙の名前が追加されています。特に理由がない場合は[値を保持]のチェックは外します。
マッチング方法	通常はプリントまたはCMYK変換時のマッチング方式と同じ設定にしますが(p.341)、よくわからない場合は[知覚的]にします。[黒点の補正]にチェックを入れると、最も暗い部分を変換先でも最も暗くなるようにします。通常はチェックを入れます。
表示オプション(画面上)	実際と近い見た目にするには[紙色をシミュレート]にチェックを入れます。用紙の設定がされているプロファイルでは上図のように用紙を選べます。オフセット用のプロファイルなどでは[黒インキをシミュレート]にチェックを入れるだけでも大丈夫です。

関連 カラーマネジメントの全体像:p.336　忠実な色再現で印刷する:p.352

353

214 キャプション付きでプリントする

[ファイル]→[ファイル情報]で表示されるダイアログの[説明]に文章を入力しておくと、簡単に画像にキャプションをつけてプリントすることができます。

step 1

プリントする画像を開き、メニューから[ファイル]→[ファイル情報]を選択して、ファイルの情報ダイアログを表示します。
[説明]にキャプションにしたい文章を入力します❶。
入力できる文字数は最大150文字です。
入力を終えたら、[OK]ボタンをクリックします。

step 2

メニューから[ファイル]→[プリント]を選択して、[プリント設定]ダイアログを表示します。
[トンボとページ情報]エリアの[説明]にチェックを入れます❷。

step 3

[プリント]ボタンをクリックすると画像の下部中央に[説明]に入力した文章もいっしょにプリントされています❺。

> **Tips**
> [トンボとページ情報]エリアにある[編集]ボタンをクリックすることで、プリントの直前に説明文を入力することもできます。また、このエリアには[説明]以外に、[ラベル]や[コーナートンボ][センタートンボ][レジストレーションマーク]などが用意されています。[ラベル]にチェックを入れるとファイル名が表示されます。また、各トンボやレジストレーションマークにチェックを入れると、商用印刷に必要なトンボや記号が表示されます。

215 画像を一覧にして印刷する

Photoshopに用意されている[コンタクトシートⅡ]機能を使用すると、簡単な設定を行うだけで、複数の画像を一枚の用紙に一覧形式で印刷できます。

step 1

画像を一覧にして印刷するには、メニューから[ファイル]→[自動処理]→[コンタクトシートⅡ]を選択します❶。

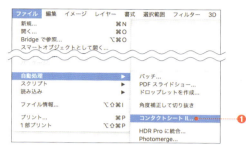

step 2

[選択]ボタンを押して、画像を選択します❷。[使用: フォルダー]を選択しておくと❸、特定のフォルダに含まれているすべての画像を一括で指定できます。

続いて、[ドキュメント]エリアで出力サイズや解像度、カラーモードなどを指定します❹。ここではA4サイズ(横)を指定しています。

[サムネール]エリアでは、画像の並べ方を指定します。[配置][縦列][横列]を指定します❺。

[回転して最適サイズに合わせる]❻や、[自動間隔を使用]❼にチェックを入れると、自動的に写真をきれいに配置してくれます。

すべての項目を設定したら、[OK]ボタンをクリックします❽。

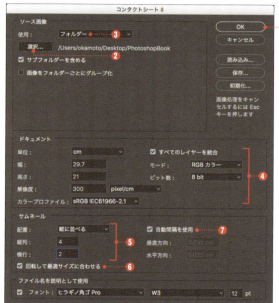

step 3

自動処理が完了すると、設定した形式で指定した画像が表示されます❾。

この機能を使えば、コンタクトシートをすぐに作成できるため、とても便利です。

関連 画像をプリントする：p.350　キャプション付きでプリントする：p.354

Sample_Data/216/

216 画像サイズをプリント用のサイズに揃える

画像を特定のサイズにトリミングしてリサイズするには[切り抜き]ツール を使用します。オプションバーでサイズを指定することで、任意のサイズに画像を揃えることができます。

概要

ここでは、右の画像をL版プリント（サービス版）の標準的なサイズである89mm×127mmに切り抜く方法を説明します。このサイズはPhotoshopにも標準で登録されており、インクジェット用紙やDPEショップの標準的なサイズとしても扱われている汎用性の高いものです。

step 1

ツールパネルで[切り抜き]ツール を選択して❶、オプションパネルのプルダウンで[幅×高さ×解像度]を選択し❷、[幅:89mm][高さ:127mm][解像度:300 px/in]に設定します❸。

Tips

[切り抜き]ツール のオプションプルダウンでは、上記で選択した[幅×高さ×解像度]以外に、右図のようにさまざまなオプションが用意されています。幅や高さといった固定数値ではなく、比率を指定したい場合は[比率]を選択後、任意の数値を指定します❹。
また、[角度補正]アイコンをクリックして❺、画面上をドラッグすると、簡単な操作で画像の傾きを補正できます。画像が傾いている場合は印刷前に修正しておいてください。

✦ Variation ✦

切り抜きの追加オプションの[切り抜きシールドを有効にする]にチェックを入れると❻、切り取られる周辺部が暗く表示されるようになり、切り抜きの範囲を確認しやすくなります。チェックが入っていない場合は、チェックを入れましょう。

· step 2 ·

表示される8つのハンドルを操作して切り抜く範囲を指定します❼。画像をドラッグして切り抜き範囲を移動することも可能です。

サイズを決めたら[現在の切り抜き操作を確定]ボタンをクリックして❽、切り抜きを確定します（切り抜きの確定は、切り抜きの範囲内をダブルクリックすることでも実行できます）。

> **Tips**
> [幅]や[高さ]には任意の単位を指定できます。指定できる単位は「px」（ピクセル）、「cm」（センチ）、「in」（インチ）、「pt」（ポイント）、「pica」（パイカ）です。「%」は指定できません。また、px以外の単位は近似値にまとめられるので注意して使用してください。

· step 3 ·

切り抜きを確定すると、設定したサイズにリサイズされて表示されます❾。

このように、[切り抜き]ツール を使用すると画像のトリミングとリサイズを同時に行うことができます。また、複数の画像に対して作業すると、すべて同じサイズに揃うので、レイアウトや印刷前の準備として有効です。

❖ Variation ❖

[切り抜き]ツール を使用すれば、傾いている画像を任意の角度に調整することもできます。

まず大まかにサイズを合わせてから、微調整の際に四隅のハンドルよりも外側をドラッグして❾、切り抜きを実行します。すると、傾きが修正されます❿。

Sample_Data/217/

217 写真をWeb用に保存する

写真をWeb用に保存するには、[Web用に保存]メニューからJPEG形式で保存します。[Web用に保存]ダイアログでは保存状況をプレビューで確認することができます。

step 1

Web用に画像を保存し直す場合は、画像に合わせてサイズや保存方式を設定します。
メニューから[ファイル]→[書き出し]→[Web用に保存(従来)]を選択して❶、ダイアログを表示します。

step 2

元画像と圧縮後の画像を比較するために、**[2アップ]タブ**をクリックして❷、[プリセット]エリアで[JPEG]を選択し❸、[最適化]と[カラープロファイルの埋め込み]の両方にチェックを入れます❹。
[画質]と[ぼかし]は、プレビュー画面で元画像と見比べながら最適な値を設定します❺。[画質]は0～100の間で設定します。
保存後のファイルサイズはダイアログ左下のエリアで確認できます❻。なお、ここでは[sRGBに変換]にチェックを入れてあります❼。
また、[画像サイズ]を設定することで、画像サイズを変更して保存することもできます❽。設定が完了したら[保存]ボタンをクリックします❾。
[保存]ボタンをクリックすると[最適化ファイルを別名で保存]ダイアログが表示されます。ファイル名と保存先を設定して、[フォーマット]プルダウンで[画像のみ]を選択し、[保存]ボタンをクリックすれば完了です。

関連　透過画像をWeb用に書き出す：p.360　　透過画像をGIF形式で保存する：p.359

Sample_Data/218/

218 透過画像をGIF形式で保存する

ここでは透過画像をPNG形式よりも容量の軽いGIF形式で保存する方法を説明します。GIF形式で保存する際は、[カラー]や[ディザ]を指定します。

step 1

メニューから[ファイル]→[書き出し]→[Web用に保存(従来)]を選択してダイアログを表示します。

元画像とフォーマット変更後の画像を比較するために、**[2アップ]タブ**をクリックして❶、[プリセット]エリアから[GIF]を選択します❷。また、[透明部分]にチェックを入れます❸。

その他のプルダウンはプレビューを確認しながら設定してください❹。設定を確認したら[保存]ボタンをクリックします❺。

> **Tips**
> GIF形式は[ファイル]→[別名で保存]からでも指定できますが、[Web用に保存]を選択したほうがさまざまな設定を行えます。

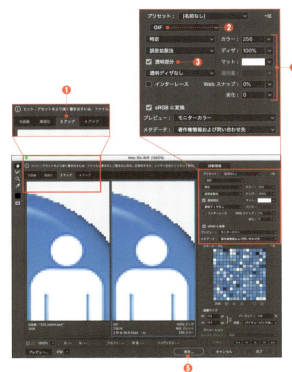

step 2

[保存]ボタンをクリックすると[最適化ファイルを別名で保存]ダイアログが表示されるので、ファイル名と保存先を設定して、[フォーマット:画像のみ]を選択します❻。

[保存]ボタンをクリックすると警告ダイアログが表示されることがありますが、気にせず[OK]ボタンをクリックして構いません。

関連 写真をWeb用に保存する：p.358　透過画像をWeb用に書き出す：p.360

Sample_Data/219/

219 透過画像をWeb用に書き出す

透過を扱えるWeb用のファイル形式にはPNG形式とGIF形式があります。ここではPNG形式で保存する方法を説明します。

step 1

メニューから[ファイル]→[書き出し]→[Web用に保存(従来)]を選択してダイアログを表示します。
元画像とフォーマット変更後の画像を比較するために、**[2アップ]タブ**をクリックして❶、[プリセット]プルダウンから[PNG-24]を選択します❷。また、[透明部分]にチェックを入れます❸。
マットのカラーの設定をしたい場合は[マット]をクリックしてカラーを設定してください❹。
なお、ここでは[sRGBに変換]にチェックを入れてありますが❺、これは標準的なPCのカラーマネジメントがsRGBになっているからです。設定を確認したら[保存]ボタンをクリックします❻。

> **Tips**
> Web用の画像では、特別な理由がない限り[sRGB]を使用します。

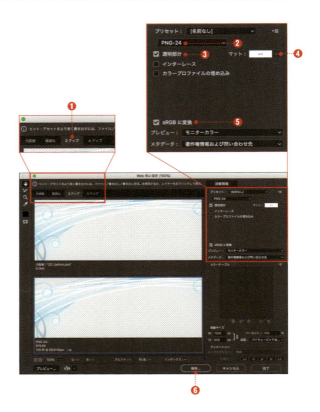

step 2

[保存]ボタンをクリックすると[最適化ファイルを別名で保存]ダイアログが表示されるので、ファイル名と保存先を設定して、[フォーマット:画像のみ]を選択します❼。
[保存]ボタンをクリックすると警告ダイアログが表示されることがありますが、これはファイル名だけでなく保存先のパスに日本語などが使われているだけで表示されるものです。警告ダイアログで出ても気にせず[OK]ボタンをクリックして構いません。

220 画像からスライスを作成する

[スライス]ツール を使用して、選択範囲を作成するのと同じ要領で画像上の任意の場所をドラッグすると、画像からスライスを作成できます。

step 1

メニューから[表示]→[表示・非表示]→[スライス]を選択して、スライスを表示する設定にします。
右の画像にはまだスライスが定義されていないので、スライスアイコンがグレーで表示されています❶。

step 2

ツールパネルから[スライス]ツール を選択して❷、選択範囲を作成するときと同じ要領で画像の任意の場所をドラッグします❸。ドラッグした範囲がユーザー定義スライスとなります。

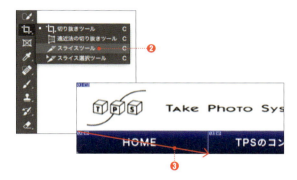

step 3

スライスを編集する場合は、[スライス選択]ツール を選択して❹、作成済みのスライスをクリックし、アクティブにします。自由変形と同様の操作で8つのハンドルをドラッグしてスライスを任意の形に変形します❺。
ここでは、上記の行程を繰り返し行い、画像に4つのスライスを作成します。

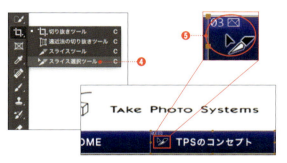

Tips

未定義のスライスをユーザー定義スライスに変更するには、画像ウィンドウ左上に表示されているスライスアイコンを右クリックして、[ユーザー定義スライスに変更]を選択します❻。

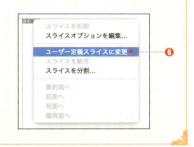

関連 レイヤーからスライスを作成する：p.362　スライスを保存する：p.363

221 レイヤーからスライスを作成する

画像がレイヤーに分かれている場合は、[レイヤーに基づく新規スライス]を選択するだけで簡単にスライスを作成することができます。

step 1

レイヤーからスライスを作成するには、[レイヤー]パネルでスライスにしたいレイヤーを、⌘（Ctrl）を押しながらクリックして、すべてアクティブにします❶。

step 2

メニューから[レイヤー]→[レイヤーに基づく新規スライス]を選択します❷。

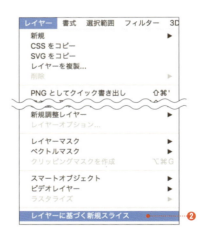

step 3

これで、自動的に選択したすべてのレイヤーからスライスが作成されます❸。

関連 画像からスライスを作成する：p.361　スライスを保存する：p.363

222　スライスを保存する

画像に作成したスライスを保存するには、[Webに保存]ダイアログで画像の画質などを選択して保存します。

step 1

メニューから[ファイル]→[書き出し]→[Web用に保存（従来）]を選択してダイアログを表示します。
[プリセット]エリアで、スライスの画像フォーマットと画質を用途に合わせて設定します❶。
ダイアログ左上の[スライス選択]ツール を選択して❷、プレビューに表示されている画像の中から任意のスライスを選択すれば、スライスごとにフォーマットや画質を設定することもできます。
設定したら、[保存]ボタンをクリックします❸。

Tips

[Web用に保存]ダイアログのツールパネルで[スライスの表示を切り替え]アイコンをクリックすると❹、スライスの表示・非表示を切り替えることができます。

スライスの表示　　　スライスの非表示

step 2

[保存]ボタンをクリックすると[最適化ファイルを別名で保存]ダイアログが表示されるので、ファイル名と保存先を設定して、[フォーマット：画像のみ]を選択します❺。
[保存]ボタンをクリックすると警告ダイアログが表示されることがありますが、気にせず[OK]ボタンをクリックして構いません。

関連　画像からスライスを作成する：p.361　レイヤーからスライスを作成する：p.362

Photoshop Index

◎ 英数字

Adobe Bridge	19, 355
Adobe RGB	336
Camera Raw	20, 203
Camera Raw フィルター	291
CIE XYZ	336
CMYK 作業用スペース	339
DNG	25
EPS	25
GIF 形式	359
HDR Pro	286
HDR 画像	284, 286
HDR トーン	284
ICC プロファイル	336
Japan Color 2001 Coated	339
JPEG 形式	358
Kuler	84
Lab カラー	196
Open GL	31
PDF 形式	26
PDF 出力	355
PDF スライドショー	28
Photomerge	288
Photoshop PDF	26
PNG 形式	360
RAW DATA	25
RAW ファイル	20
RGB 作業用スペース	338
sRGB	336
sRGB IEC61966-2.1	338
TIFF	25
Vanishing Point	260

◎ あ行

[明るさ・コントラスト]	184, 266
明るさの最大値	99
アクション	79
アプリケーションフレーム	335
アルファチャンネル	24, 113, 114
アレンジ	30
アンカーポイント	40
[アンカーポイント追加]ツール	302
[アンシャープマスク]フィルター	56
アンチエイリアス	107
[移動]ツール	44, 138
色あせたカラー写真	272
色域指定	109, 190
色かぶり補正	20
色空間	336
色の偏り	183
色の校正	353
印刷のシミュレーション	353
映り込み	252
エッジ光彩	285
エッジをシフト	111
遠近感の調整	229
エンボス	247
[覆い焼き]ツール	207, 220
オフセット印刷	339

◎ か行

カーソルの形状	330
解像度	23, 32, 33
[回転ビュー]ツール	31
ガイド	44
ガイドの色	46
ガウス分布	53
[カスタムシェイプ]ツール	50
画像解像度	32, 33
画像効果	296
画像合成の全体像	232
画像の再サンプル	32
画像の保存	24
画像を統合	143
[カットアウト]フィルター	290
画面の表示速度	329
カラー(描画モード)	150
カラーオーバーレイ	265
[カラーサンプラー]ツール	42
カラースペース	336

カラー設定 337
[カラーバランス] 194, 256, 273
カラーフィルタ効果 264
カラーマネジメント 336
カラーマネジメントポリシー 340
カラーモード 23
キャンバスカラー 23
キャンバスサイズ 34, 301
幾何学ゆがみの補正 289
基準点の相対位置を使用 95
輝度を保持 273
逆光 254
キャッシュレベル 329
キャプション 354
キャリブレーション 337, 347
境界線を調整 110
境界をぼかす 103
極座標 244
きらめくような効果 257
[切り抜き]ツール 35
切り抜きシールド 356
均等に分布 53
金のオーバーレイ 264
[クイック選択]ツール 108
クイックマスク 100, 128, 129
雲模様1 244
グラデーション 70, 237
[グラデーション]ツール 71
グラデーションエディター 305
グラデーションマップ 305
クリーン度 278
グリッド 45
クリッピングパス 41
グループを結合 143, 145
グレースケールノイズ 53
グレー点 181
黒マット削除 206
効果を拡大・縮小 164
光源 256
虹彩 221
光彩(外側) 159, 313
[光彩拡散]フィルター 225, 270
虹彩絞りぼかし 54
校正設定 353
黒点 181
[コピースタンプ]ツール 204
[コンテンツに応じた] 212
コンテンツに応じた塗りつぶし 316
コンテンツに応じて拡大・縮小 64

◎ さ行

作業用パス 76
差の絶対値(描画モード) 149
シールド 35
シェイプに変換 302
[色相・彩度] 188
色相ドミナント 84
色調補正の全体像 172
自動整列 250
自動選択 136
[自動選択]ツール 106
絞りのボケ 294
[シャープ]ツール 207
シャープネス処理 56
写真効果 264
シャドウ 193
自由変形 62, 247
定規 44
乗算(描画モード) 148
焦点距離 288
[情報]パネル 42
ショートカットキー一覧 262
ショートカットの変更 332
白マット削除 206
新規スナップショット 49
新規チャンネル 124
新規ファイル 23
新規レイヤー 132
新規ワークスペース 326
[水彩画]フィルター 293
垂直方向に反転 139, 252
水平方向に反転 139
スクリーン(描画モード) 149, 240
[スクロール]フィルター 298
[スタイル]パネル 162, 296
スナップショット 48
すべてのウィンドウをスクロール 30
[スポイト]ツール 216
スポットカラー 24
[スポット修正ブラシ]ツール 317
スマートオブジェクト 167
[スマートシャープ]フィルター 208
スライス 361
絶対的な色域を維持 341
全ウィンドウをズーム 30
選択範囲の移動 94
選択範囲の拡大・縮小 98
選択範囲の拡張 99

365

選択範囲の基本	88	ニアレスネイバー法	27, 33
選択範囲の境界線	101	［塗り］の不透明度	153, 163
選択範囲の追加・削除	93	野花（散乱）	304
選択範囲の反転	100		
選択範囲の変形	96	◎ は行	
選択範囲の保存	116	パースの調整	229
選択範囲の読み込み	117	ハードライト（描画モード）	149, 309
選択範囲を拡張	238	［ハーフトーンパターン］フィルター	60
選択範囲をコピーしたレイヤー	63	ハーモニールール	85
選択範囲を読み込む	238	バイキュービック自動	33
［前方ワープ］ツール	215	バイキュービック法	27
全レイヤーを対象	219	［背景］レイヤー	133
相対的な色域を維持	341	ハイライト	193
［属性］パネル	157	バイリニア法	27, 33
ソフトフォーカス	225, 226	バウンディングボックス	138
ソフトライト（描画モード）	308	白点	181
		波形	244
◎ た行		パス	40
ダウンサンプル	27	パスから選択範囲	92
［楕円形選択］ツール	89	［パスコンポーネント選択］ツール	302
［多角形選択範囲］ツール	102	パスを保存	76
［ダスト＆スクラッチ］フィルター	205	パターン	77
タブでドキュメントを開く	18	パターンオーバーレイ	297
単位	327	バッチ	81
知覚的	341	［パッチ］ツール	212
［チャンネル］パネル	126	パノラマ写真	288
チャンネルオプション	115, 334	パペットワープ	314
チャンネルの表示色	334	半透明の選択範囲	124
［チャンネルミキサー］	194	ピクセル縦横比	23
中間点	72	［ヒストグラム］パネル	184
調整レイヤー	175	ヒストリー	47
［長方形選択］ツール	89	ヒストリー数	328
［チョーク・木炭画］フィルター	293	ビデオキャッシュ	331
チルトシフト	54	ビビッドライト（描画モード）	61
ディザの使用	341	描画モード	148, 150, 234
［手のひら］ツール	29	表示レイヤーを結合	143
トイカメラ	274	ピンの深さ	315
透過画像	360	ピンボケ	275
トーンカーブ	127, 178	ファイル形式	25
トーンコントロール	21	フィールドぼかし	54
ドキュメントのサイズ	32	フィルター	51
トリミング	36	フィルターギャラリー	58, 280
ドロップシャドウ	160, 248	フィルムストリップ	19
トンネル効果	200	フィンガーペイント	209
		フォーマット	25
◎ な行		フォトモザイク	307
［なげなわ］ツール	90	不透明度	153
［ナビゲーター］パネル	29	不要なカラーの除去	111

［ブラシ］ツール	66, 216
［ブラシ］パネル	66
ブラシ先端のシェイプ	69, 330
ブラシでパスの境界線を描く	300
ブラシを定義	68
フリンジ削除	206, 238
プリント	350
フレーム	83
プロファイルなし	346
プロファイルの削除	342
プロファイルの指定	342
プロファイルの不一致	340, 344
平滑度	41
ベクトルマスク	40
［べた塗り］レイヤー	234
［ペン］ツール	40
変換方式	341
ぼかし（移動）	259
［ぼかし（ガウス）］フィルター	52, 223, 268, 259
［ぼかし（表面）］フィルター	319
［ぼかし（レンズ）］フィルター	210, 294, 321
［ぼかし］ツール	218
ぼかしギャラリー	54
ぼかしフィルター	52
ポラロイド写真	301
ホワイトバランス	20

◎ ま行

［マグネット選択］ツール	104
マスクを調整	156
マッチング方法	341
マッティング	206
ミニチュア画像	318
メタデータ	19
メモリのクリア	331
メモリの容量	329
［面修正］ツール	260
文字をパスに変換する	76
モノグラム	298
モノクロ写真	234
［ものさし］ツール	38
モノトーン	194

◎ や行

［焼き込み］ツール	207, 220
［ゆがみ］フィルター	214
湯気	244
［油彩］フィルター	278

［指先］ツール	209, 254, 306
［横書き文字］ツール	73

◎ ら・わ行

ラスタライズ	166
ラップアラウンド（巻き戻す）	299
立体感	222
料理写真	244
輪郭エディター	248
リンク	158
類似色相	84
レイヤー	132
レイヤーカンプ	168
レイヤースタイル	161, 249
レイヤースタイルの書き出し	165
レイヤースタイルの拡大・縮小	164
レイヤーの角度補正	38
レイヤーのグループ化	142
レイヤーの削除	135
レイヤーの整列	140
レイヤーの選択	136
レイヤーの描画モード	148
レイヤーの複製	134
レイヤーの不透明度	153
レイヤーマスク	154, 237
レイヤーをファイルに書き出し	146
レベル補正	127, 244
レンガ塗り	77
［レンズ補正］フィルター	229
露光量	288
ワークスペース	326
ワープテキスト	73, 75
ワープ変形	266
歪曲収差の補正	289

著者紹介

藤本 圭（ふじもと けい）

1972年生まれ。(株)テイク・フォト・システムズ代表取締役。フィルムメーカーのスタジオカメラマンから責任者を経て退職。その後、コマーシャルスタジオのデジタル化や大型写真館の立ち上げなどを請け負い、現在は主にブライダルフォトやPhotoshopによる写真加工を行う。その他に写真スタジオの効率化やデータベースを含めたPhotoshopのワークフロー構築、Photoshopのセミナーなど幅広く活動する。得意な領域は大学時代に勉強した人間の視覚や認識と画像の関係。

Photoshopやグラフィック以外に好きな分野は製本や什器制作。会社にある製本用の機材を使い自分専用のオリジナルポートフォリオやバインダーの制作や什器を設計制作する。

イラスト制作	龍口経太
HDR・パノラマ撮影	島田寿朗
撮影	鈴木健太
執筆アシスタント	吉本真奈美　中山宇宴
編集	岡本晋吾

■本書サポートページ
http://isbn.sbcr.jp/98267/

本書をお読みになりましたご感想、ご意見を上記URLからお寄せください。

Photoshop 10年使える逆引き手帖【CC 完全対応】【Mac&Windows 対応】

2018年 7月　3日 初版第1刷発行
2018年10月　30日 初版第2刷発行

著者	藤本 圭
発行者	小川 淳
発行所	SBクリエイティブ株式会社
	〒106-0032　東京都港区六本木2-4-5
	TEL 03-5549-1201（営業）
	http://www.sbcr.jp
印刷・製本	株式会社シナノ
カバーデザイン	株式会社 細山田デザイン事務所
本文デザイン・組版	クニメディア株式会社

落丁本、乱丁本は小社営業部にてお取り替えいたします。定価はカバーに記載されております。

Printed in Japan ISBN 978-4-7973-9826-7